石油高等院校特色规划教材

井下作业设备与工艺

杨 志 张 杰 主编

石油工业出版社

内容提要

本书主要讲述了石油与天然气工程、海洋油气工程专业领域的井下作业设备与工艺，主要内容包括井下作业地面设备、常用生产管柱与工具、常用修井工具、生产管柱的受力与变形、常规修井工艺技术以及井下作业典型案例，重点介绍了井下作业施工流程及其相关工具的功能和使用。本书融先进性、技术性、实践性于一体，具有较强的实用性。

本书既可以作为石油与天然气工程专业、海洋油气工程专业的本科生教材，也可供与石油工业相关的机械工程及自动化等相关专业使用，还可供油气田企业相关人员培训及自学使用。

图书在版编目(CIP)数据

井下作业设备与工艺/杨志，张杰主编. —北京：石油工业出版社，2017.8(2019.8 重印)
石油高等院校特色规划教材
ISBN 978-7-5183-1989-3

Ⅰ.①井… Ⅱ.①杨…②张… Ⅲ.①井下作业-机械设备-高等学校-教材 Ⅳ.①TE358

中国版本图书馆 CIP 数据核字(2017)第 161888 号

出版发行：石油工业出版社
(北京市朝阳区安华里 2 区 1 号楼 100011)
网 址：www. petropub. com
编辑部：(010)64523579 图书营销中心：(010)64523633
经 销：全国新华书店
排 版：北京密东科技有限公司
印 刷：北京中石油彩色印刷有限责任公司

2017 年 8 月第 1 版 2019 年 8 月第 2 次印刷
787 毫米×1092 毫米 开本：1/16 印张：12.75
字数：320 千字

定价：29.00 元
(如发现印装质量问题，我社图书营销中心负责调换)

前 言

井下作业是石油工程中极其重要的内容，其涉及范围很广。一直以来，西南石油大学都没有适合石油与天然气工程专业、海洋油气工程专业本科在校学生的有关井下作业设备与工艺的教材。本教材根据这两个专业学生的知识结构和今后可能从事的工作方向，优选相关内容进行有机整合，使之既体现专业性又注重实用性，以拉近理论知识与现场生产作业的距离。每章后面都有对应习题供读者练习。

本书由西南石油大学海洋油气工程研究所杨志、张杰担任主编。具体编写分工如下：第一章第一节由张杰编写，第二节、第三节、第六节由杨志编写，第四节由赵志红编写，第五节由王国华编写；第二章第一节、第二节由杨志编写，第三节由杨志、刘平礼、曾凡辉、赵志红编写；第三章第一节至第六节由杨志编写，第七节至第九节由王国华编写；第四章由朱海燕编写；第五章第一节至第七节、第十一节由张杰编写，第八节至第十节由杨志编写；第六章第一节至第四节由张杰编写，第五节由王国华编写。全书由西南石油大学海洋油气工程研究所熊友明教授主审。

本书在正式出版之前，已经在西南石油大学石油与天然气工程专业、海洋油气工程专业的本科教学中试用两届，反馈的教学效果比较理想。

在此，要向教材中引用的相关书籍及技术资料的众多同行和前辈们致谢！向有关引用资料涉及的油气田单位表示感谢！本书的出版得到了中央财政资金的资助，在此特表感谢！

因编者水平有限，书中难免存在错误和欠缺，敬请读者批评指正。

编 者

2017 年 5 月

目　录

第一章　井下作业地面设备

第一节　修　井　机

一、概述

1. 修井作业与修井机

在石油与天然气勘探开发的各项施工中,修井作业是一个重要环节。油井在生产过程中,随时会发生故障,造成油井减产甚至停产,例如:井下砂堵、井筒内严重结蜡、渗透率降低、油气水层互相窜通、生产油井枯竭等油井本身的故障;油管断裂,油管连接脱扣,套管挤扁、断裂等油井结构损坏故障;抽油杆弯曲、断裂或脱扣,抽油泵工作不正常等井下采油设备故障。出现以上故障后,只有通过修井作业来排除故障,更换设备,调整油井参数,才能使油井恢复正常生产。

修井作业的主要内容,可归纳为以下三个方面:

(1)起下作业,如对发生故障或损坏的油管、抽油杆、抽油泵等井下采油设备和工具的提出、修理、更换、再下入井内,以及抽汲、捞砂、机械清蜡等。

(2)井内的循环作业,如冲砂、热洗循环钻井液等。

(3)旋转作业,如钻砂堵、钻水泥塞、扩孔、磨削、侧钻及修补套管等。

修井作业是油田稳产的重要措施,修井机是修井作业的关键设备。修井机是一台或两台动力机驱动绞车和转盘,绞车用动力机、绞车、井架(含天车、游车大钩、大绳等)均安装在汽车载重底盘、专用底盘或牵引式底盘上的石油修井装置。

修井是在地面操作修井设备,对几百米甚至几千米的油气水井进行修理。例如,在油水井维修中,利用绞车、井架、游车大钩和其他工具起下油管、抽油杆和检泵、清砂等;在大修作业中,利用转盘、水龙头和井下工具进行侧钻加深、打捞解卡和套管修理等施工;在增产增注措施中,利用循环设备进行酸化压裂、找窜封窜、堵水等作业。

修井机的分类方式很多,最常见的有以下几种:

(1)按驱动形式,可分为机械驱动、电驱动、液压驱动、复合驱动。

(2)按传动形式,可分为链条传动、皮带传动、齿轮传动、液力传动。

(3)按移运形式,可分为橇装式、自行式、车载式、拖挂式。

(4)按适用地域,可分为常规型、沙漠型、滩涂型、海洋型、极地型。

(5)按结构形式,可分为常规式、斜井式、连续油管式、不压井式。

2. 修井机的基本特点

修井机采用自走式底盘、中空桁架伸缩式井架,具有越野性好、移运方便等特点。车载柴油机输出动力,可单发动机作业或双发动机并车作业,适用于10000m以内的修井作业或3000m以内的中浅井钻井作业。具体特点如下:

(1)修井机结构标准化设计,产品零部件互换性强,维护保养方便。

（2）车上发动机分别驱动底盘行驶和为钻修作业时提供动力，无需专用的底盘发动机，降低了整机成本，大型修井机可采用双发动机并车驱动。

（3）动力采用 CAT 系列柴油机和液力机械传动箱（ALLISON）。

（4）井架设计制造符合 API－8C《钻井和采油提升设备规范》，经有限元分析和应力试验检测，结构件表面经抛丸处理。

（5）电、气、液路系统集中控制，关键零部件、组件采用原装进口件，性能可靠，操作方便。

（6）绞车系统采用单滚筒或双滚筒两种形式。主滚筒采用整体式里巴斯绳槽❶，可使大绳排列整齐，延长大绳使用寿命；主滚筒刹车毂采用喷水冷却或强制水循环冷却，辅助刹车可选用水刹车或气控水冷盘式刹车。

（7）采用专门设计制造的自走式底盘，具有载荷分布合理、越野性能好、操作轻便等优点。

3. 修井机的主要功能

修井机主要用来完成各种修井和钻井勘探任务，如油井完钻后的试油求产、分层采油以及处理生产井中的检泵修井等起下及旋转作业。

修井机主要通过绞车系统提升及下放钻具，通过转盘旋转系统完成钻井及旋转作业。

修井机一般具备以下三个方面的基本功能：

1）起下钻具的功能

修井机的起下作业功能主要通过绞车系统和游车系统来完成。

绞车系统动力由车台发动机经液力机械变速箱、分动箱（并车箱）、角传动箱等传动部件来传递。绞车挡位是通过操纵司钻操作箱上的换挡阀控制液力机械变速箱的挡位来实现的。绞车系统有主刹车和辅助刹车两种形式。主刹车一般为滚筒上的轮毂与刹车带摩擦制动；辅助刹车有水刹车和盘式刹车两种形式。

游车系统是提升负荷的承载机构，通过游车大钩和天车滑轮组组成 2×2、3×4、4×5、5×6等形式的绳系来满足各种型号的修井机单绳最大负荷和作业提升负荷的要求。

2）旋转的功能

旋转功能的实现要求修井机必需配备转盘、钻台、水龙头等设备，给井下钻具提供一定的转速和扭矩，进行钻、磨、套、铣等作业。

转盘传动箱一般采用五正一倒挡和五正五倒挡两种形式。

3）行驶的功能

修井机的基本特征就是具有机动行驶能力，能适应各种路面的行走，以满足修井作业时间短、搬迁频繁的特点。

修井机通过专用的自走式底盘承载和行驶，与普通车载式底盘不同的是其行驶动力和作业机构的动力共同来自一台（或两台）发动机，通过分动箱把动力分别传到车上（作业）和车下（行驶），也有车上（作业）和车下（行驶）各用一台发动机的。

4. 修井机的技术参数

（1）名义修井深度：在规定的游动系统有效绳数（游动系统中除快绳和死绳外的工作绳

---

❶目前在我国起重行业流行的“折线绳槽”一词，是指从国外引进的一种适合钢丝绳多层卷绕的绳槽形式。由于这种绳槽在卷筒周向的大部分区段上保持与法兰端面平行，只在很小的区段上与法兰端面相交，因此绳槽必然出现拐折现象，故而得名“折线绳槽”。折线绳槽起源于美国，是由美国 Lebus 国际有限公司的创始人 Frank. L. Lebus 发明的，故国外一般称这种绳槽为“Lebus Grooves”，即 Lebus 绳槽。

数)下,用不同的管柱修井时的最大修井深度。

(2)最大钩载:在规定的最多绳数下起下管柱、处理事故或进行其他特殊作业时允许大钩承受的最大载荷。

(3)额定钩载或公称钩载:在规定的游动系统有效绳数下,匀速提升名义修井深度的管柱时,大钩所承受的载荷。其数值相当于名义修井深度的管柱重量、游动系统重量、附加载荷之和。该数值表示修井机的正常工作能力。

(4)井架高度:指地面到天车的距离。

修井机分为九个级别,其基本参数见表1-1。其型号含义如图1-1所示。

表1-1 修井机基本参数表

<table>
<tr><td colspan="3">修井机型号</td><td>XJ350</td><td>XJ600</td><td>XJ700</td><td>XJ900</td><td>XJ1100</td><td>XJ1350</td><td>XJ1600</td><td>XJ1800</td><td>XJ2250</td></tr>
<tr><td colspan="3">最大钩载,kN</td><td>350</td><td>600</td><td>700</td><td>900</td><td>1100</td><td>1350</td><td>1600</td><td>1800</td><td>2250</td></tr>
<tr><td rowspan="4">名义修井深度m</td><td>小修深度</td><td>$2\frac{7}{8}$in 加厚油管</td><td>1600</td><td>2600</td><td>3200</td><td>4000</td><td>5500</td><td>7000</td><td>8500</td><td></td><td></td></tr>
<tr><td rowspan="3">大修深度</td><td>$2\frac{7}{8}$in 钻杆</td><td></td><td></td><td>2000</td><td>3200</td><td>4500</td><td>5800</td><td>7000</td><td>8000</td><td>9000</td></tr>
<tr><td>$3\frac{1}{2}$in 钻杆</td><td></td><td></td><td></td><td>2500</td><td>3500</td><td>4500</td><td>5500</td><td>6500</td><td>7500</td></tr>
<tr><td>$4\frac{1}{2}$in 钻杆</td><td></td><td></td><td></td><td></td><td></td><td>3600</td><td>4200</td><td>5000</td><td>6000</td></tr>
<tr><td colspan="3">额定钩载,kN</td><td>200</td><td>300</td><td>400</td><td>600</td><td>800</td><td>1000</td><td>1200</td><td>1500</td><td>1800</td></tr>
<tr><td colspan="3">绞车功率,kW</td><td>80~150</td><td>120~180</td><td>160~257</td><td>257~330</td><td>280~400</td><td>330~450</td><td>400~500</td><td>450~600</td><td>550~735</td></tr>
<tr><td colspan="3">井架高度,m</td><td colspan="3">18,21</td><td>29,31</td><td colspan="3">31,33,35</td><td colspan="2">36,38</td></tr>
<tr><td colspan="3">游动系统绳数</td><td colspan="3">4</td><td colspan="3">6</td><td>8</td><td>8,10</td><td>10</td></tr>
<tr><td colspan="3">提升钢丝绳直径,mm</td><td colspan="3">22</td><td colspan="3">26</td><td>26,29</td><td>29,32</td><td>32</td></tr>
<tr><td colspan="3">大钩最大提升速度,m/s</td><td colspan="9">1~1.5</td></tr>
</table>

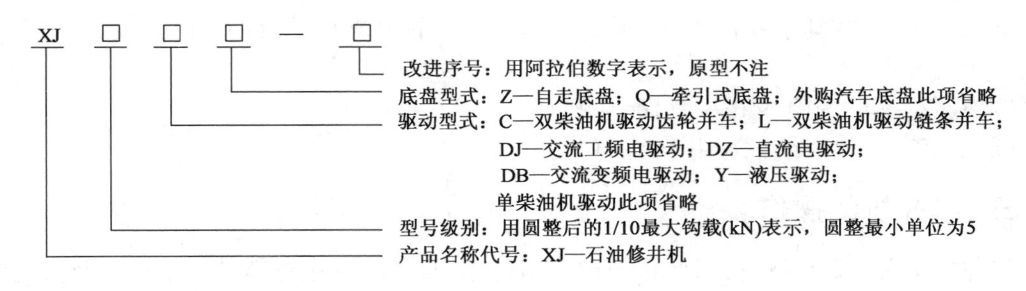

图1-1 修井机的型号含义

二、修井机的结构

一般修井机的结构主要包括:动力部分、传动部分、绞车部分(包括井架、天车、游动系统等)、液压系统、气路控制系统、电路控制系统、自走底盘、辅助部分等。

(1)修井机的动力部分一般采用高速柴油机,在动力的配置上又分为单发动机和双发动机,单发动机为车上、车下共用,双发动机分为车上、车下共用两台发动机和车上、车下各由一台发动机供给动力。

(2)传动部分一般采用发动机和液力机械变速箱直接连接,如果车上、车下共用两台发动机，那就需要一个并车箱，液力机械变速箱和并车箱、角传动箱之间用传动轴连接，然后通过链条和捞砂滚筒或主滚筒连接，再通过链条到转盘角传动箱，爬坡链条箱到转盘，也可由并车厢（角传动箱）通过传动轴直接到爬坡链条箱到转盘。捞砂滚筒、主滚筒、转盘一般采用气动轴向气囊推盘离合器控制，也可用气动胎式离合器控制。

（3）绞车分为单滚筒和双滚筒，单滚筒为只有一个主滚筒，双滚筒则为主滚筒和捞砂滚筒，主滚筒为了排绳整齐采用了里巴斯绳槽。

井架一般采用高强度角钢焊制，中空桁架结构，大吨位修井机的井架也可用高强度矩形管焊制，井架可根据修井机型号不同有一节、两节的分别，小吨位的修井机采用一节井架，两节井架中的第二节一般用液压油缸顶出。

天车大都采用班德轮式结构，这种结构可防止大绳打扭。

游动系统由游车和大钩两部分组成，二者用销轴连接。

（4）在修井机中有两套各自独立的液压系统，即主液压系统和液压转向助力系统。

①主液压系统的主要作用是修井机到井场就位后，调平车辆和井架的立放，以及辅助作业如液压小绞车、崩扣液缸、液压钳等。

②液压转向助力系统，用于车辆行驶时减轻驾驶员转动方向盘的力量。

（5）修井机中气路控制系统主要起控制作用，如各离合器接合及脱开、发动机的油门、变速箱的换挡、液压泵的控制、修井机行驶时油门、换挡及刹车的控制。

（6）电路控制系统，主要是供给车辆的仪表显示、车灯及发动机起动用电，为24V直流电。

（7）自走底盘，优化设计专用底盘，具有车身短、转弯半径小、机动灵活等优点；越野能力强，可适应泥泞、戈壁、山区、滩涂等复杂道路行驶；选用重型车桥，桥载能力大，前桥采用液压助力转向，操作轻便，平头单坐金属驾驶室，视野开阔。

（8）辅助部分。

①钻台，包括转盘、水龙头，是油水井的大修及钻井的关键设备，它的传动有链条传动和传动轴直接传动。

②水刹车（盘式刹车），在大吨位修井机中用于下钻时减慢钻具的下降速度，减轻刹车毂及刹车带的磨损。

③液压小绞车，用于起吊工具，配合施工。

④崩扣液缸（锚头绞车），用于卸扣（崩扣）。

三、修井机的操作

修井机是大型贵重设备，因此在操作使用过程中，要特别注意遵守操作规程及安全注意事项。

1. 修井机的启动

首先检查发动机的润滑油油面、散热器内的液面及柴油箱内的油面，检查发动机周围有无影响发动机旋转的异物，发动机启动后，首先检查机油压力是否正常，然后仔细听听发动机有无异常响声，发电机是否发电，打气泵打气是否正常，是否达到规定的温度。

检查修井机周围有无影响车辆行驶的障碍物，清理车上的杂物及检查部件是否固定牢固（游动滑车及所有绷绳）。

用一挡起步，先挂挡，后松手刹，轻踏油门，中速行驶，时速不要超过50km，不要靠路边行驶，以防压垮路基，车辆倾倒，造成事故，转弯时注意道路弯度，不要勉强通过，还要注意车辆上方，防止挂断空中悬挂的电线。

关于桥间锁和轮间锁，一般情况下不建议使用，尤其是轮间锁。当车辆陷入地下无法行驶时，可接合前桥驱动，在正常道路行驶时，不要接合前桥驱动。

修井机进入井场时一定要注意道路及井场路面情况，防止车辆下陷。

2. 修井机的就位及井架的立放

井架的起放必须至少有两人负责观察，井架竖起时，绷绳有无牵挂、上节井架升起时扶正器是否达到规定的位置，及上节井架到位的时间，及时通知操作人。

首先按说明书的要求，平好井场，挖好绷绳坑。如果该井需要动转盘，那就先摆好钻台及井架底座，然后摆好船型底座。车辆倒上船型底座后，发动机熄火，把动力选择手柄移到"绞车"位置。启动发动机，待气压达到规定压力后，挂合液泵，把液路系统"工况选择"阀手柄移到"调整"位置，发动机转速调到 1100 ~ 1300 转左右。此时操纵六联阀中的四个支腿液缸的控制阀手柄，调平车辆后，上紧支腿锁紧螺帽，联结车辆尾部和井架底座的联结杆，从井架上解下所有绷绳，仔细检查井架起升时有无牵挂的地方，然后操纵井架竖起液缸的控制阀手柄，达到 2MPa 压力时，打开针型阀手柄，让油液循环 3min 左右，关闭针型阀，再打开液缸顶部排气帽，进行排气，直到无气泡出现，关闭排气帽，操纵手柄，使井架缓慢升起，井架快立直时，操作一定要慢，以防井架起升速度过快，造成后倾倒塌事故。井架到位后，立即上好井架下体和底座的联结螺栓，在井架起升过程中，一定要注意钢丝绳不要挂坏东西。

上节井架升起前，检查各绷绳悬挂情况，并对伸缩液缸进行排气（液缸压力约 1MPa 左右），然后操纵伸缩液缸控制阀手柄，使上节井架缓慢上升。当第一道扶正器出现时，上节井架停止上升，观察扶正器是否到位，到位后的两个扶正器应该在同一平面。井架继续上升到第二道扶正器出现时再观察第二道扶正器是否到位。上节井架快到预定位置时，应放慢上升速度，听到轻微金属撞击声后，再上升 10 ~ 30mm 后停止，然后操纵伸缩液缸控制阀手柄，使上节井架慢慢下降，坐在锁块上。如果没有坐住，井架继续下降，可操纵伸缩液缸控制阀手柄，使井架重新上升到预定位置后，再使井架下降，直到上节井架坐稳为止。马上上去人插好保险插销（如有必要）及井架照明灯的插头，此时将液路系统"工况选择"阀手柄移到中位，操纵液泵控制手柄，使液泵停止运转，紧接着拉好防风绷绳，紧到规定张度，然后再拉好二层台绷绳及负荷绷绳。

以上操作过程特别要强调的是动作轻柔，不要操之过急，各操纵手柄不可猛提猛放，井架起放前一定要对液缸进行排气，另外井架起升过程中要注意观察绷绳有无牵挂的地方。

双发动机的修井机，在用一台发动机工作时，另一台发动机的动力输出离合器必须处于分离状态。

3. 安装附属设备

安装好司钻控制箱、走道、护栏，插好各处定位插销，摆好所有扶梯，调试检查设备。

调试检查设备关系到设备的安全运转及井场工作人员的人身安全，应当由大班司钻专职负责，逐项检查测试。

（1）检查车上各传动轴紧固螺栓是否扭紧。

（2）检查各润滑部位，及时添加符合要求的润滑油及润滑脂。

（3）检查液气路各控制阀手柄是否处在安全位置，液气路管线、接头、仪表是否有松动及泄漏。

(4)检查滚筒刹车机构,动作是否灵活可靠。

(5)检查大绳有无断丝及压扁等情况,不合格钢丝绳及时更换。

(6)应检查天车防碰机构,必须动作灵敏、正确、可靠。

4. 注意事项

(1)操作时应注意集中精力,不可疏忽大意。

(2)井架起放时各液压手柄要轻提轻放,密切注意井架升降过程。

(3)操作动作应平稳,严禁猛提、猛放、猛刹、猛墩。

(4)当大钩悬重达到30t以上下钻时应使用辅助刹车(水刹车或盘式刹车),以降低大钩下降速度,减轻刹车块及刹车毂的磨损,严禁大钩下放途中挂合水刹车。

(5)严格控制大钩下放速度,防止刹车失灵,造成墩钻事故。

(6)根据大钩悬重合理选择挡位及提升速度。

(7)注意观察循环冷却水的温度,最高不超过66℃。

四、修井机的维护保养

修井机是比较复杂的设备,因此它的维护保养也比较复杂。根据设备的结构,保养工作可分为以下几个部分:动力部分(主要是发动机及相关电路)、传动部分(包括绞车部分)、液路部分、气路部分。

1. 动力部分(包括发动机及电路)的保养

(1)检查发动机冷却水,不足应加注至离水箱口10~15mm处。

(2)检查化验发动机机油,不足应加注至油面刻度位置,不合格者更换机油、机油滤子。

(3)检查清洗柴油粗滤清器,更换柴油细滤清器。

(4)检查清洁空气滤清器,滤清器节流损失应不大于672mm水压差,不合格者更换。

(5)检查燃油、冷却水、润滑管路有无渗漏,如有渗漏应整改。

(6)检查紧固发动机、水箱及附件固定螺栓,润滑风扇头轴承。

(7)检查风扇、发电机、空压机传动皮带张紧及磨损情况,如长度不一致或有破损应更换,如张紧度不足应调整。

(8)校对发动机机油压力表、油温表、水温表、变矩器压力表、温度表。

(9)测量进气歧管中冷器压力、涡轮增压器背压(涡轮增压器出口与外界压差不大于645mm水压差)。

(10)检查调整发动机怠速(630~680r/min)、高速(2000~2100r/mm)。

(11)检查发动机停控装置、紧急熄火装置。

(12)清洁电瓶,检查电液,液面应高出极板10~15mm。清洁、紧固极桩及连线。检查电路、仪表、灯光,如线路老化应更换,如仪表不灵或不显示应申请设备修保中心检修。

(13)检查风扇轴头是否松旷,检查风扇叶片是否干净清洁、有无裂纹,检查散热器有无严重油污灰尘。

(14)检查发动机固定螺栓是否固定牢靠。

2. 传动部分(包括绞车部分)的维护保养

(1)检查各部链条的磨损情况及链条箱的润滑油面。

(2)检查滚筒有无异常响声,给轴承加注润滑脂。

(3)检查、调整刹把高度,检查、调整刹车毂和刹车带之间的间隙,一般在3~5mm之间,否则会造成刹车刹不住或空游车放不下来的情况。

(4)检查刹带死端及活端位置是否正确。

(5)检查各传动轴螺栓有无松动,花键套及十字轴有无松旷、磨损,加注润脂。

(6)检查角传动箱的润滑油面,检查角传动箱有无异常响声。

(7)检查天车滑轮轴承有无松旷、磨损,加注润滑脂。

(8)检查游车大钩滑轮轴承无松旷、磨损,加注润滑脂。

(9)检查各部联结螺栓有无松动。

(10)检查各部有无漏油。

3. 液路部分的维护保养

液压设备具有很多优点,但使用不正确或保养不当,都会出现各种故障,影响设备的正常运转,因此液压设备的正确使用和保养是十分重要的。

(1)液压系统的压力在车辆出厂时已调好,在现场不允许调整。

(2)按使用说明书的要求,添加或更换抗磨液压油,在向油箱加油时严禁打开人孔盖。

(3)检查液压油的温度,35~65℃为正常,当温度超过规定时,应停车检查,排除故障后方可继续工作。

(4)液压系统的压力表损坏或失灵应及时更换。

(5)定期检查液压系统管件及接头的紧固情况。

(6)定期清洗、更换滤芯,正常情况下每半年清洗一次,环境粉尘较大时清洗周期应适当缩短。

(7)定期清洗液压油箱,更换液压油,正常情况下设备连续工作2000~3000h应清洗液压油箱,更换液压油。

(8)定期检查液压小绞车内的润滑油平面。

4. 气路部分的维护保养

(1)检查排污阀及干燥器的工作是否正常,有无漏气。

(2)检查打气泵皮带张度是否合适。

(3)在冬季给防冻器(如果有)加注酒精。

(4)检查气路系统的橡胶管线有无老化及龟裂。

(5)检查气路系统的阀件、管线及接头有无松动和漏气。

第二节　连续油管作业设备

连续油管也称为挠性油管,是由若干段长度在百米以上的柔性管通过焊接而成的无接头连续管。连续油管是相对于用螺纹连接下井的常规油管而言的,长度一般可达几百米至几千米。它可以卷绕在卷筒上,拉直后直接下井。

连续油管设备是一种液压驱动的修井设备,有车装和橇装两种。它的基本功能是向生产油管或套管内下入和起出连续油管,既可用于海上平台又可用于陆地油田。它可以代替一般的修井设备和钢丝作业设备进行修井、完井及钢丝作业等,特别是在气举、酸化、冲砂、洗井、打捞作业、打水泥塞、坐封油管封隔器、大斜度井及水平井作业等方面得到越来越广泛的应用。

与常规油管作业相比,连续油管作业具有许多明显的优势和特点,突出表现在以下方面;

(1)作业成本低。由于连续油管作业机设备少,搬迁、安装和作业准备时间短,加上连续油管起下作业速度快、工作量小,因此可直接降低成本,其作业费用可降低25% ~40%。

(2)增加油井产量。通过油管老井重钻或侧钻水平井,连续油管作业技术可使原本没有经济效益的老井增加产量。

(3)保护油层,作业安全。对一些敏感地层,连续油管作业安全可靠,可进行不放喷放压的带压连续作业,有效防止地层污染,保护环境,保护油层,增加产量。

(4)在水平井、定向井作业中方便快捷。在水平井和大斜度定向井中,如电测和钢丝作业,或在水平井段中的冲砂洗井作业,连续油管技术具有方便作业的优势。

(5)海上作业优势明显。连续油管作业机占地面积小,特别适合地面条件受限制的海上平台钻井和过油管作业,可缩短作业周期,增加产量,降低成本。

连续油管不能旋转,这个缺点可通过用于轻负荷钻井作业的井底容积式钻井马达来克服,使连续油管也能连接一动力短节或旋转接头进行剪切或旋转。

一、连续油管作业机

连续油管作业机主要由注入头、动力源、卷筒、防喷系统等组成,如图1-2所示。

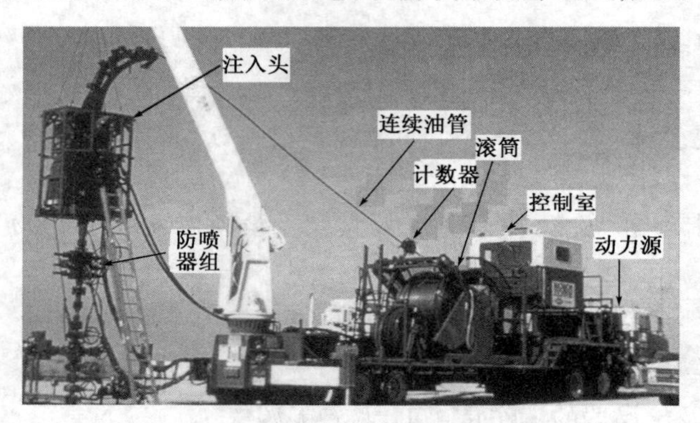

图1-2　连续油管作业机示意图

1. 注入头

注入头是将连续油管下入井内或将连续油管提出井内的装置,如图1-3所示。其基本功能有:克服连续油管起下过程中与井壁的摩擦力和井筒中流体的浮力,将连续油管下入或起出井筒;控制连续油管的起下速度;作业过程中悬持油管。

(1)驱动部分。驱动部分由两个相对而视的链条盒构成,每个链条盒中含有两条环形的内链条和外链条,链条盒上装有两个液压动力装置,如图1-4所示。连续油管的运动原理如下:液压泵对链条盒提供液压传动力量,由于内链是双向驱动,因而可带动外链产生双向运动。外链紧密压合在连续油管上,产生轴向的摩擦力,这种摩擦力要远大于连续油管本身的自重,使之可自如地对油管进行上提、下放以及震击等作业。以哈里伯顿公司的驱动装置为例,有30K和80K两种。30K的最大承载力为17t(38000lb),最大速度为26m/min(85ft/min);80K的最大承载力为36t(80000lb),最大速度为52m/min(170ft/min)。

(2)导向部分。该装置位于驱动装置之上,连续油管从滚筒输出后被置于布满滚轴的鹅颈形轨道上,并有一个弯形的护栅,罩在连续油管上,使连续油管能更便捷地沿着所定轨道运

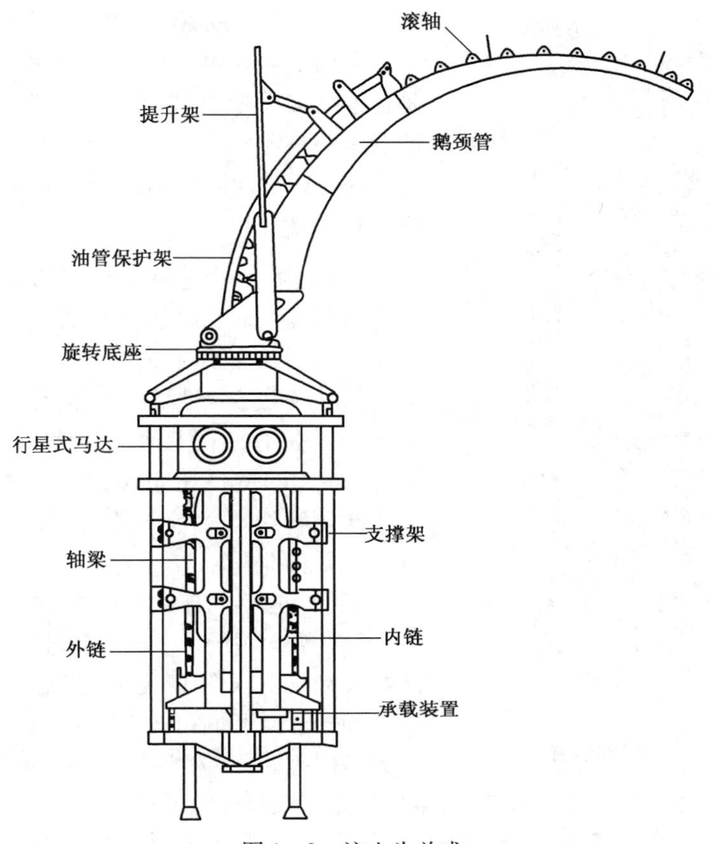

图 1－3　注入头总成

动,避免连续油管在运动中脱离轨道。根据连续油管直径不同选择不同的连续油管导向器。

(3)负荷传感器。该装置位于注入头下端和支撑架之间,与井口装置相连,注入头的重量和在井内连续油管的重量通过负荷传感器与井口和支撑架分开。油管的负荷传感器通过液压系统传递到操作间的负荷显示表上,指示油管重量和提升力;双作用传感器可以计量轴向推力。

(4)密封盒。该装置用法兰连接在注入头的底部,并在液压作用下通过弹簧加载进行开关工作,当油管通过时压紧油管可把连续油管的外环空与地面封隔。

2. 动力源

动力源由柴油机、液压泵、液压油箱及液压控制系统组成。它能向连续油管的注入头、油管滚筒控制系统、操作间及防喷器控制系统提供液压动力。

3. 卷筒

卷筒又称连续油管滚筒,是装载连续油管的部件,其外形尺寸主要由连续油管直径、连续油管长度、限高等决定,其连续油管直径与滚筒芯轴直径的关系为 1∶40。卷筒上前方装有排管器,以保持油管有序地卷绕,并有计数器用于计量连续油管下入和起出的长度。

卷筒轴是空心的,中间由高压堵头隔开。空心轴的一端装高压气液旋转接头,与液体或气体泵送装置的出口连接。连续油管的首端经空心轴与旋转接头相通,在整个作业期间可连续泵送和循环液体或气体。空心轴的另一端装旋转电接头,电接头与轴中间的高压堵头由多芯电缆连接。当连续油管用于电缆作业时,电缆穿入连续油管内部,与油管一起下入井内。电缆的首端与高压堵头相接，以传输电信号。

卷筒的转动由液压马达控制。液压马达的作用是在连续油管起下时在油管上保持一定的拉力，使油管紧绕在卷筒上。当连续油管在卷筒和链条牵引总成间断裂时，可用液压马达或块式制动器制动卷筒。

4. 防喷系统

（1）防喷器。它是一套由四组闸板组合在一起的防喷装置，即可以用液压控制又可以手动操作。这四组闸板从上到下依次为：全封闸板、剪切闸板、油管悬挂闸板、半封闸板。该系统设有平衡阀来平衡压力。在剪切闸板和油管悬挂闸板之间是一个50.8mm（2in）的低扭矩阀，它既可作为油嘴用，也可以接卸压管线。在紧急情况下，还可以接压井管线进行压井作业。

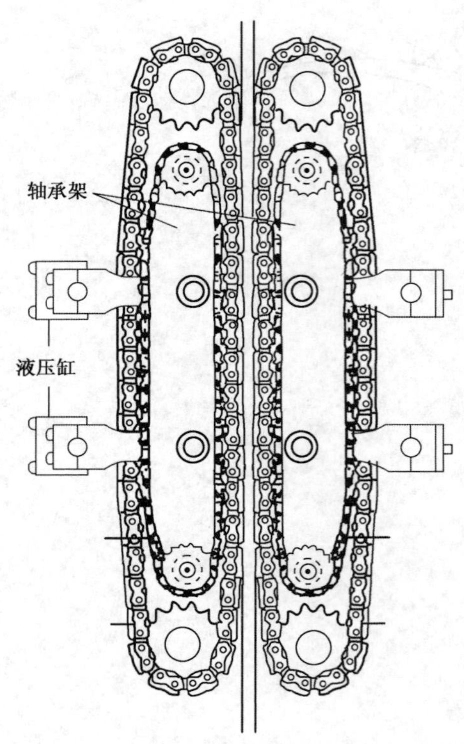

图1-4　链条驱动装置

（2）储能器。连续油管的储能器可分为两种类型：活塞型和助推型。前者多设置在驱动装置上，以防在发动机失灵等情况下，仍能控制外链挤压连续油管，防止连续油管松脱下滑；后者多设置在操作间下方，并与防喷器相连，以备在动力源失控情况下，仍能提供能量关闭防喷器。所有的储能器都只储存液氮，而且氧气含量不可超过3%。

（3）防喷管。防喷管安装在密封盒和防喷器（或防喷器和采油树）之间，下入井下工具或起出井下工具时都需要防喷管，其结构和作用与钢丝作业防喷管一样。

5. 计数器

连续油管计数器采用双滚轮同时计数，使其在某一个滚轮打滑的情况下仍然有一个滚轮起作用，避免由于滚轮打滑造成的计数不准。连续油管计数器可以通过连续油管的尺寸进行调节。

6. 控制室

连续油管的控制室可通过液压控制而升降，坐在控制室内就可以看到连续油管的运动状况和井口的情况。

控制室内的仪表盘上安装了各式的控制阀和仪表。油管滚筒和注入头由双向开关来控制其传输的方向，速度的变化由调压阀控制，其压力显示在仪表盘上的两只压力表上。同样，油管排放器的马达、柴油机的油门、柴油机的紧急关断、井口压力表、油管悬重仪、防喷器等装置的控制开关也都在控制室的仪表盘上。为防止操作失误而造成事故，防喷器开关上装有保护板以保证安全。另外在控制室还有备用的手压泵，以便在液压系统失效时，控制注入头和防喷盒，以及在储能器失效时用于防喷器紧急关断。

二、连续油管作业中常用的井下工具

（1）油管连接器：用于连接连续油管与各种井下工具。

（2）液压脱手接头：用于将设计需要留在井内的工具脱手后留在井内（如桥塞等），或当由于井下工具遇卡不能取出时，用液压脱手接头将遇卡的工具脱手后留在井内。

(3)扶正器:一般用在大于73mm(2⅞in)的油管内部,达到扶正工具的作用。

(4)万向节:为球链形连接,其偏转角可达25°,中间为空心,可以进行循环等作业并可以承受内压。万向节主要用于连续油管的打捞作业或通过大斜度井段下入各种工具,使工具串在油管内偏转自如,从而减少工具遇卡的可能性。

(5)震击器总成:包括加重杆、加速器和震击器三部分。

①连续油管用的加重杆一般用于加速器和震击器之间,通过加速器和震击器产生所需的冲击力来进行各种井下工具的投捞作用,加重杆的空心能保证连续不断循环作业。通过增加工具串的重量来产生更大的震击力以保证各种投捞作业的完成。

②加速器是用来储存能量以便进行剪切销钉、开关滑套、打捞落鱼等。加速器(向上和向下两种)连接在加重杆、震击器之上,万向节之下,如果油管尺寸大于73mm(2⅞in),在万向节和加速器之间应加一个扶正器。在组装工具时必须选择合适的下接头以便产生合适的震击方向(向上或向下)。加速器的能量储存在弹簧中,向下震击弹簧受压,向上震击弹簧受拉。压缩弹簧或拉伸弹簧的力大约需要363kg(800lb),所产生的震击力可达9t(20000lb)。

③震击器(向上或向下)用于重型作业的加速器和加重杆之间,一般采用液压式,是一种延时装置以便将能量存在加速器上,然后将能量转变成很大的震击力。震击器连接于加重杆和加速器之下,其他下入或回收工具之上。震击器在时间延时后产生无任何限制的冲程。当液压油通过活塞环端部的间隙时,产生一定时间的延时,当震击器运动一个短冲程后,旁通槽使震击器产生无阻力冲程,由无阻力冲程和加速器储存的能量一起产生一个大冲击力。震击器内液压油的黏度影响延时时间的长短,如果需要延时时间较长,则选用黏度较高的液压油。

(6)液压喷射工具:是用高压液体来冲砂,清除砂桥,清洗射孔段或裸跟井段,清洗管内壁或滑套、工作筒内的结垢物。液压喷射工具采用外装弹簧的心轴及上、下棘轮的结构。当向液压喷射工具的内部加压时,下部棘轮能使内部心轴和喷嘴头转动15°。当将泵压放掉时,上部棘轮可防止芯轴和喷嘴转动。在作业中,只需将泵压放掉,然后重新加压,即可使喷嘴旋转15°。每重复一次旋转15°,此工具就能向下冲洗、向四周冲洗,以及同时向下和向四周冲洗,可更有效地清洗射孔段及工具的内槽等。喷嘴尺寸的选择与泵压、油管压力、油管尺寸及所用的液体有关。

(7)过油管回压阀(单流阀):包含有一个或两个活门型关闭机构,当通过连续油管泵送液体时,这个机构一直是打开的。当地面有漏失或停泵时,活门自动关闭连续油管通道。回压阀在酸化作业中可作为安全工具使用,可以安装在工具管柱的任何部位,但推荐安装在连续油管连接接头以下。

(8)循环阀:用在处理封隔器上部层位和挤注操作中,在下入工具中提供一循环通道。需打开时,将球坐在内部套筒上,给油管施加压力下移套筒,打开循环孔。阀一旦打开,无法再关闭。下入封隔器作业时,坐封封隔器以后打开循环阀,可处理封隔器以上的层位。一般是在下部层位处理完以后进行。在桥塞作业中,循环阀打开后允许将桥堵剂驱替到坐封桥塞的上面。

(9)管内过滤器:与喷射工具配套使用,一般连接在喷射工具之上,目的是将泵入的液体在进入喷嘴前进行最后一次过滤,防止液体中的颗粒物堵塞喷嘴。一般在泵压过高时,需起出清洗或更换。

三、连续油管技术的应用

自20世纪80年代以来,基于生产的需要以及新技术的应用,连续油管技术作业领域不断扩大,除清蜡、酸化、压井、冲洗砂堵、负压射孔、试井、大斜度井电测、打捞以及作为生产油管等常规应用外,它还广泛应用于钻井、完井、采油、修井等作业中,解决了许多常规作业技术难以解决的问题。

(1)冲砂洗井。冲砂洗井是将残存在生产油管或套管中的砂粒、钻井液和其他岩屑冲洗出来。用水泥车或其他液泵将清水、油或其他液体通过连续油管泵入井内进行冲洗。

(2)清蜡。连续油管作业机与热油熔蜡车配套使用,循环热水、油或清蜡剂以溶解蜡垢。这种清蜡方法可以清除常规清蜡方法无法清除的蜡堵,既简便又经济,清蜡较彻底,可大大延长清蜡周期。

(3)酸化。一般低渗透油藏油井投产时必须对油井中封隔器以下或射孔井段进行酸化处理,可采用连续油管对地层注酸并调节所需的酸化压力。

(4)压井。通过连续油管循环注清水、盐水或压井液是一种已被证实了的、可行的压井方法。

(5)气举求产。连续油管作业机注液氮、泡沫工艺技术开辟了深井完井、重新完井及修井的新领域,特别是对4600m以上的深井,可选择一种或几种液氮装置与连续油管装置并用,进行常规修井和井下强化作业。

(6)钻塞。当通过连续油管循环液体不能冲洗出致密的砂层、水泥、水垢以及各种固体填充物时,可用连续油管带动井下小型动力钻具来钻开堵塞物。

(7)挤水泥封堵。采用连续油管可进行的挤水泥作业类型包括挤注环形空间、补注水泥(水锥和气锥)、封堵漏失层、报废井的封堵作业。

(8)斜井和水平井测井。连续油管具有较强的刚性,可将测井仪器下入到任何井段进行测井作业,并可循环流体以提高测井质量,同时还可消除电缆的冲击问题。采用连续油管可进行中子测井、密度测井、伽马射线测井、声波测井、井径测井等作业。

(9)起下和坐封膨胀式封隔器。在完井、二次完井、修井、增产增注、测试和井下封堵等作业中,用连续油管起下和坐封膨胀式封隔器既适用又方便,并且在坐封和解封时不需要旋转运动,如图1-5所示。

(10)完井。随着连续油管向大直径方向发展,特别是外径为60.3mm的连续油管出现以后,国外一些公司开始采用连续油管替代常规生产油管来进行完井作业。连续油管特别适用于水平井的完井及射孔作业。

(11)清洗管线。油气管线会因积蜡或水垢而堵塞,目前的解决方法是挖开堵塞段修复或更换,耗时费钱。国外已有采用连续油管作业机清洗含蜡输油管线的成功应用实例。

(12)井底电视摄像。利用连续油管将摄像机运送到井底,进行井底摄像。

(13)小井眼井钻井。采用较大直径的连续油管可进行小井眼井钻井及取心。

(14)用于老井第二次钻井或加深钻井。

(15)套管开窗侧钻。连续油管可用于对现有井筒进行开窗侧钻。

(16)用于欠平衡钻井以及钻水平井和大位移井。

(17)用做集输管线。

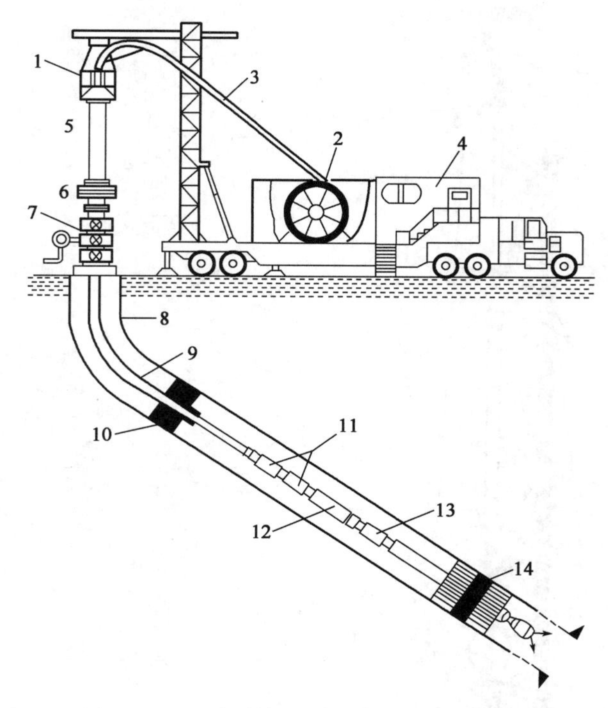

图 1－5　连续油管过油管封隔器作业示意图

1—注入头；2—滚筒；3—连续油管；4—操作间；5—防喷管；6—防喷器；7—井口；8—套管；
9—生产油管；10—生产封隔器；11—单流阀；12—定位器；13—液压解脱器；14—过油管膨胀式封隔器

第三节　钢丝与电缆作业设备

完井过程中的钢丝和电缆作业就是通过缠绕在绞车上的钢丝或电缆利用机械的上下提放达到对井下工具进行操作的目的。钢丝作业设备具有结构简单、价格便宜、重量轻、操作简单、适用范围广和易于下井等特点，在完井作业中应用广泛。电缆作业设备则重量大、价格贵、操作复杂，因此主要用于需要即时传送井内资料的情况。

钢丝与电缆作业的特点是带压操作，即通过井口防喷装置的控制达到安全作业的目的。除钢丝和电缆作业外，完井过程中还可能用钢丝绳进行作业。钢丝绳作业主要用于钢丝拉力满足不了要求的情况，其地面装置与电缆作业相同，所用井下工具除绳帽外基本上与钢丝作业相同。

一、地面作业设备

如图 1－6 所示，钢丝和电缆作业的地面设备种类基本相同。钢丝作业的井口密封系统比较简单，如图中的密封盒，而钢丝绳和电缆作业的井口密封系统较复杂，需用注脂密封系统。

(1)绞车。海上完井所用的绞车为橇装式，吊装运输方便，占地小。橇装钢丝绞车一般分为两部分：动力部分和绞车部分。动力部分是由柴油机和液压油泵组成，柴油机带动液压油泵将动力液经高压软管输送到绞车上。绞车部分主要由液压马达、传动机构和钢丝滚筒或电缆滚筒组成。双滚筒绞车则同时装有两个滚筒。

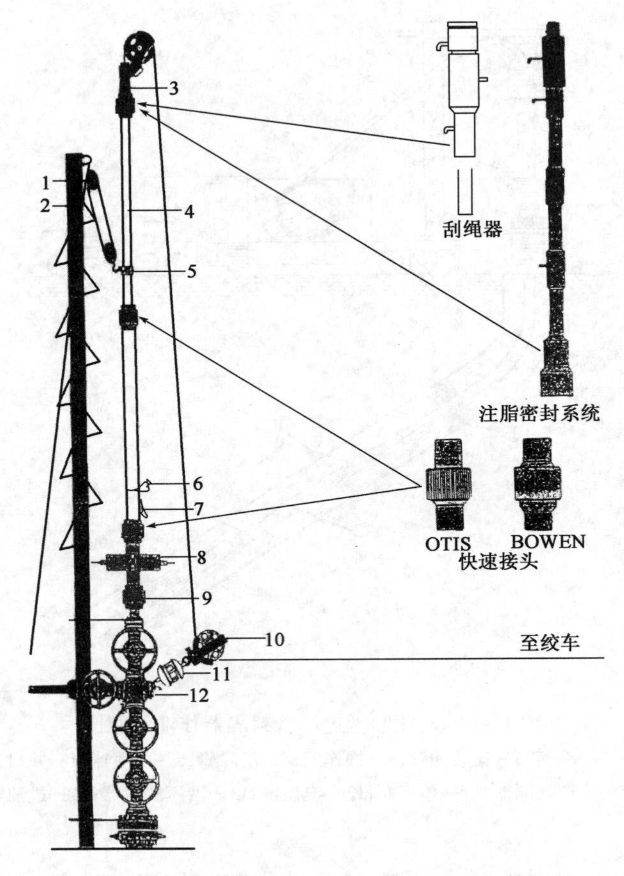

图 1-6　钢丝和电缆作业的地面设备

1—滑轮;2—扒杆;3—密封盒;4—防喷器;5—提升夹;6—泄压阀;7—钢丝夹;
8—防喷阀;9—井口连接头;10—地滑轮;11—拉力表感压器;12—采油树

(2)井口连接头,用于连接防喷阀和采油树。

(3)防喷阀(Blow out Preventer,BOP),俗称胶皮阀,又称为钢丝阀(Wireline Valve),它跟井口连接头或采油树的顶部相连接。当钢丝或钢丝绳或电缆在井下时,关闭防喷阀就可进行该阀以上设备的操作和维修。该阀能密封钢丝或电缆周围,但不损坏钢丝或电缆。

(4)防喷管。防喷管带有快速连接头,能承受高压,用于在压力下允许井下工具进出井筒。防喷管下部连接防喷阀,上部连接密封盒或电缆注脂密封系统。防喷管的长度一般为2.4m(8ft),每次作业需要使用多节防喷管。

(5)密封盒。用途是进行钢丝作业时密封钢丝并让钢丝通过但流体不能通过。

(6)注脂密封系统。用来将密封脂注入高压流管里,以润滑电缆和密封井口的常用设备。

(7)滑轮。用于将钢丝或电缆从防喷管顶部拉到钢丝或电缆滚筒上。这样将钢丝或电缆的拉力点从顶点移到采油树上,从而减少对防喷管侧拉力载荷,防止防喷管拉弯以致破坏。滑轮直径要合理,直径过小容易使钢丝或电缆疲劳。

(8)拉力表。用于指示总负载以便判断井下工作情况,避免拉力超过其拉力强度而被拉断。

(9)防掉器。安装在防喷管以下,起下钢丝或电缆时,钢丝或电缆可从防掉器的叉形瓣片中间的槽通过。工具串由井底进入井口后,工具串把瓣片顶起成竖状,工具串完全通过后,在弹簧力的作用下,瓣片倒落成水平状,把工具串挡在防喷管内,这时,工具串不会因任何故障落井。工具串下井时,用液压或手动将瓣片竖直,工具串通过后,板片会自动落下来。

(10)注油器。安装在密封盒与防喷管之间,主要用于在作业时注入润滑油润滑钢丝,从而保护钢丝,易于钢丝起下。另外,还可用于注入防冻剂等化学药剂。

(11)工具捕捉器。用于抓住井下工具串顶部打捞颈,便于钢丝作业。用液压泵加压推动衬套可释放工具串。

(12)其他。

①立杆——用于将防喷管提到防喷阀顶部并保持着这个高度以便放入或拉出钢丝工具串。

②提升夹——用于提起防喷管。

③捆链——用于将立杆紧固在采油树上。

④绳块——用于提起或下放防喷管。

⑤钢丝夹——在提起或下放防喷管或打捞作业时用于夹住钢丝。

二、井下配套工具

1. 钢丝、钢丝绳作业基本井下工具

1)基本工具串

钢丝、钢丝绳作业基本工具串包括钢丝绳帽、加重杆、震击器和万向节。钢丝、钢丝绳作业投捞工具可接在基本工具串下面,可在带压情况下,完成各种不同作业。

基本工具串上的工具,顶部都加工有外打捞颈,一旦在井下脱扣,便于打捞。

(1)绳帽。绳帽起着钢丝或钢丝绳与井下测试仪器或井下工具的连接作用。由于钢丝或钢丝绳在井下会旋转,因此,要求当钢丝或钢丝绳在井下旋转时,绳帽及其下部连接的工具、仪器不旋转或少旋转,避免井下工具、仪器由于旋转而脱扣,造成落井事故。

(2)加重杆。加重杆主要用于克服密封盒密封圈的摩擦力和井内压力产生的上顶力使钢丝作业工具能到达井下一定的深度。另外,加重杆靠其自身重量可以施加向上或向下的力而完成井下控制工具的投捞。加重杆的尺寸和重量由要求的冲击力和所投捞的井下控制工具尺寸来确定。

(3)震击器,很多钢丝、钢丝绳作业的下井工具串都要用震击器。在井下装置的投捞过程中经常需要切断销钉,或者在打捞井下装置时需要很强的力量,仅仅靠钢丝或钢丝绳拉力是远远不够的,只有靠震击器的震击力才能完成。

(4)万向节。万向节可以实现震击器与投捞工具之间的角度偏转,以利于调节工具串与油管倾斜方向一致,特别是在弯曲油管中及定向井中进行钢丝作业时,万向节是必不可少的。万向节可以用于完井钢丝作业工具各段的连接,使工具串在井内随油管偏转,从而减少遇卡。

(5)快速连接器。快速连接器安装在基本工具串和井下工具之间,目的是在多次钢丝作业之间能够快速更换井下工具,便于井口操作。

2)基本投捞工具

基本投捞工具可以打捞或投放井下装置,如果井下装置被卡死或不容易捞出,还可剪切断工具内的销钉,让工具与装置脱手,有利于处理事故。有的井下装置的正常投放也需要投捞工

具切断销钉脱手,使井下装置正常留在井下,而投捞工具起出井口。有的投捞工具可当打捞工具,也可当投放工具。

投捞颈分为外投捞颈和内投捞颈,与此对应的工具可分为外投捞颈工具和内投捞颈工具。

某些工具受向上震击作用而切断销钉,某些则受向下震击作用而切断销钉。按切断销钉方向的不同,这些工具可分为向上震击切断销钉工具和向下震击切断销钉工具。

3)辅助工具

钢丝、钢丝绳作业辅助工具包括刮管器、胀管器、铅模、油管刮刀等。

2. 电缆作业基本井下工具

(1)电缆绳帽:起连接电缆与井下仪器的作用。

(2)电缆加重杆:电缆加重杆内可穿过信号线,连接在仪器和绳帽之间,用于不能将加重杆接在仪器下部的情况。

(3)油套管接箍定位器:通过线圈的感应可探测油套管接箍的位置,用于需要精确确定接箍位置的作业。

三、钢丝和电缆作业的种类

1. 钢丝作业种类

(1)探测井筒情况,包括:

①探砂面或捞砂样;

②测量油管长度和内径;

③井下测试,若用地面直读式电子压力计或温度计等仪器,必须使用电缆,若用井下记录式机械压力计或储存数据的电子压力计可通过钢丝作业来完成;

④油套管腐蚀检测;

⑤高压物性取样。

(2)操作油气井生产管柱,包括:

①投捞堵塞器;

②开关滑套;

③投捞偏心工作筒内的装置(如气举阀、注入阀等);

④投捞钢丝安全阀;

⑤强行打开安全阀;

⑥油管补贴;

⑦投捞射流泵;

⑧投捞测试仪器及工具。

(3)处理井下事故,包括:

①井下切钢丝;

②打捞井下钢丝;

③捞砂;

④打捞井下落物。

2. 电缆作业种类

(1)坐封桥塞;

(2)射孔枪定位;
(3)套管正压射孔;
(4)过油管射孔;
(5)油管穿孔;
(6)切割油管;
(7)测试。

第四节　地面辅助设备

在井下作业中,地面除了修井机、连续油管作业机等主要设备外,还需要其他辅助设备(如锅炉车、压裂设备、罐车、压风机等)才能完成各项施工。

一、锅炉车

将立式直流水管锅炉及其配套设备组装在运载汽车上的专用加热设备称为锅炉车,有时也称蒸汽车。锅炉车一般选用卡车作为运载车,移动迅速方便,并能适应各种道路的行驶;采用立式水管锅炉,燃料使用柴油,具有点火迅速、升温时间短、操作简便、安全可靠的特点,能适应石油矿场各种工作的需要。锅炉车用途如下:

(1)加热原油等各种修井用液体,以完成热洗、清蜡、循环等作业。

(2)刺洗井内起出的油管、钻杆、井下工具等,完成检泵作业。

(3)进行井口设备和各类工具的热洗、保温及其他工作。

锅炉车主要由运载汽车、车台发动机、传动箱、锅炉、水泵、鼓风机、燃料泵、油箱、水箱和管路仪表等组成。其锅炉结构如图1-7所示,主要由炉体和盘管两大部分组成。炉体由外壳、辐射夹板、内壳和炉砖等组成;盘管分上、中、下三层,上盘管预热水,经下盘管加热为饱和蒸汽,最后由中盘管供给过热蒸汽。

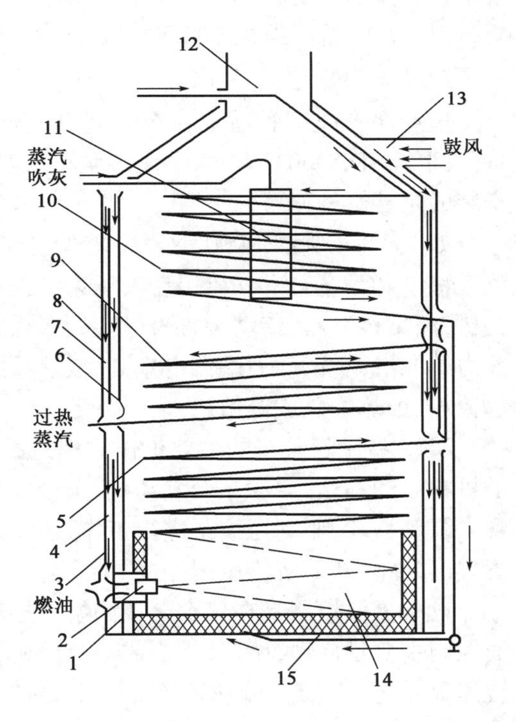

图1-7　锅炉结构图

1—下内壳;2—喷油口;3—下辐射板;4—下外壳;5—下盘管;6—上内壳;7—上外壳;8—上辐射板;9—中盘管;10—上盘管;11—洗烟灰口;12—烟囱;13—风管;14—炉膛;15—炉砖

二、压裂设备

压裂设备的发展直接影响着压裂、酸化工艺的发展。一套压裂设备包括:多台压裂泵车,1~2台混砂车,一台压裂仪表车、管汇车、仪表控制车和其他辅助设备,如图1-8所示。在施工过程中混砂车将压裂液、支撑剂和各种添加剂混合后,通过连接管汇提供给多台压裂泵车,压裂泵车将混合液进行增压,通过高压管汇汇集后注入井底,压裂仪表车对作业全过程进行监控并进行施工分析和记录。

图 1－8　常规压裂设备施工布置图

1. 压裂泵车

压裂泵车主要由运载汽车、车台发动机、变速箱、压裂泵、操作台和管汇等组成。压裂泵是压裂泵车的工作主机，它的作用是向井内注入高压、大排量的压裂液。现场施工对压裂泵车的技术性能要求很高，压裂泵车必须具有压力高、排量大、耐腐蚀、抗磨损性强等特点。下面以 YL105－1490 型压裂泵车（2000 型）为例，介绍压裂泵车的整车概况和主要技术参数。

1）整车概况

压裂泵车是一种在底盘车上装有一台卧式三缸高压柱塞泵或五缸高压柱塞泵的移动设备。例如，SJX5360TYL105 型压裂泵车上安装的是三缸柱塞泵，SJX5341TYL105 型压裂泵车上安装的是五缸柱塞泵。

如图 1－9 所示，2000 型压裂泵车主要由底盘车和车台两部分组成。底盘车主要是完成整车移动和为车台发动机启动液压系统提供动力，台上部分是压裂泵车的工作部分，主要由发动机、液力传动箱、传动装置、柱塞泵、吸入管汇、排出管汇、安全系统、燃油系统、动力端系统、液力端润滑系统、动力端润滑系统、散热系统、电路系统、气路系统、液压系统、仪表控制系统、远控箱、加热炉总成等组成。

2000 型压裂泵车的主要工作原理是通过底盘车取力带动一个液压油泵，油泵驱动车台发动机的启动马达，启动车台发动机，车台发动机所产生的动力，通过液力传动箱和传动轴传送到大泵动力端，驱动压裂泵进行工作，压裂泵将压裂液吸入吸入管汇，经泵增压后由高压排出管排出，注入井下实施压裂作业。

设备操作控制是在仪表车或网络远控箱或车旁控制箱上进行的。操作控制系统对发动机的控制主要是启动、调速、停机或紧急停机，同时设有发动机高水温低油压报警指示灯、发动机转速显示等；对液力传动箱的控制主要是换挡、解锁及复位操作。同时显示传动箱的闭锁状态，以及对液力传动箱高油压低油温报警指示等；通过超高压保护表来限制大泵最高工作压力，同时在控制面板上能显示大泵的工作压力和流量，有大泵超压报警功能，大泵润滑油温、油压设有报警指示灯。

压裂泵车还配有超高压保护装置和机械超压保护安全阀。自动超压保护装置采用电控形式，施工时，可根据现场作业的压力需要，设定任一压力保护值，在进行压裂施工作业时，操作

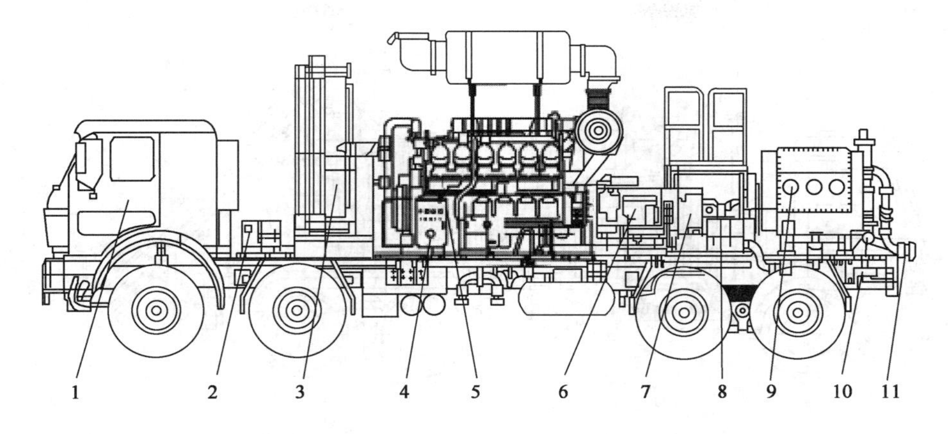

图 1 - 9　2000 型压裂泵车

1—底盘车;2—液压系统;3—车台发动机冷却水箱;4—网络控制箱;5—车台发动机;
6—液力传动箱;7—刹车装置;8—传动轴;9—压裂泵;10—吸入管汇;11—排出管汇

人员在控制面板上调定最高安全施工压力,当实际排出压力超过这个值时,超压保护装置起作用使柴油机快速回到怠速状态,当超压解除后,可以立即重新启动柱塞泵进行工作,机械超压保护安全阀是根据压力泵车的最高工作压力预先设定的压力保护值,当工作压力超过设定值时,安全阀泄压,从而起到保护作用。

压裂泵车主要用于深井、中深井、浅井的各种压裂作业,还可以用于水力喷砂、煤矿高压水力采煤、船舶高压水力除锈等作业。它可以单机进行压裂作业,也可以联机作业。

2)主要性能参数

2000 型压裂泵车的性能参数根据车台上装有的柱塞泵的缸数不同而不同,见表 1 - 2。

表 1 - 2　2000 型压裂泵车的主要性能参数

压裂车型号	YL105 - 1490
最大工作压力,MPa	105
最大工作流量,L/min	2547(三缸泵)或 7169(五缸泵)
柱塞泵的最大输入功率,kW	1491(三缸泵)2866(五缸泵)
整机外形尺寸(长×宽×高),mm×mm×mm	约 10800×2500×4000
轴距,mm	1700 +4800 +1300
总重量,kg	35730

2. 混砂车

混砂车的主要功能是将液体和多种支撑剂按一定的比例要求混合,然后将混合好的液体以一定的压力输送给压裂车,以配合压裂车施工。HSC60 型混砂车如图 1 - 10 所示。其工作流程为:吸入泵(离心泵)向混砂罐提供清水、输砂器向混砂罐提供干砂、液添泵向混砂罐提供交联剂以及干粉添加等,经混砂罐内搅拌器充分搅拌后,由砂泵(离心泵)从罐内吸出,供给压裂车的柱塞泵吸入端。此过程为连续动态过程,上述所有执行均为液压驱动,并可无级变速,最终实现各种介质按比例、按排量的混合液排出。

目前国内的 2000 型压裂机组中所配备的混砂车有输出排量 75bbl($12m^3$)和 100bbl($16m^3$)两种规格,分别为 HS210 型和 HS360 型。也有适合中小型压裂、酸化作业的配套混砂

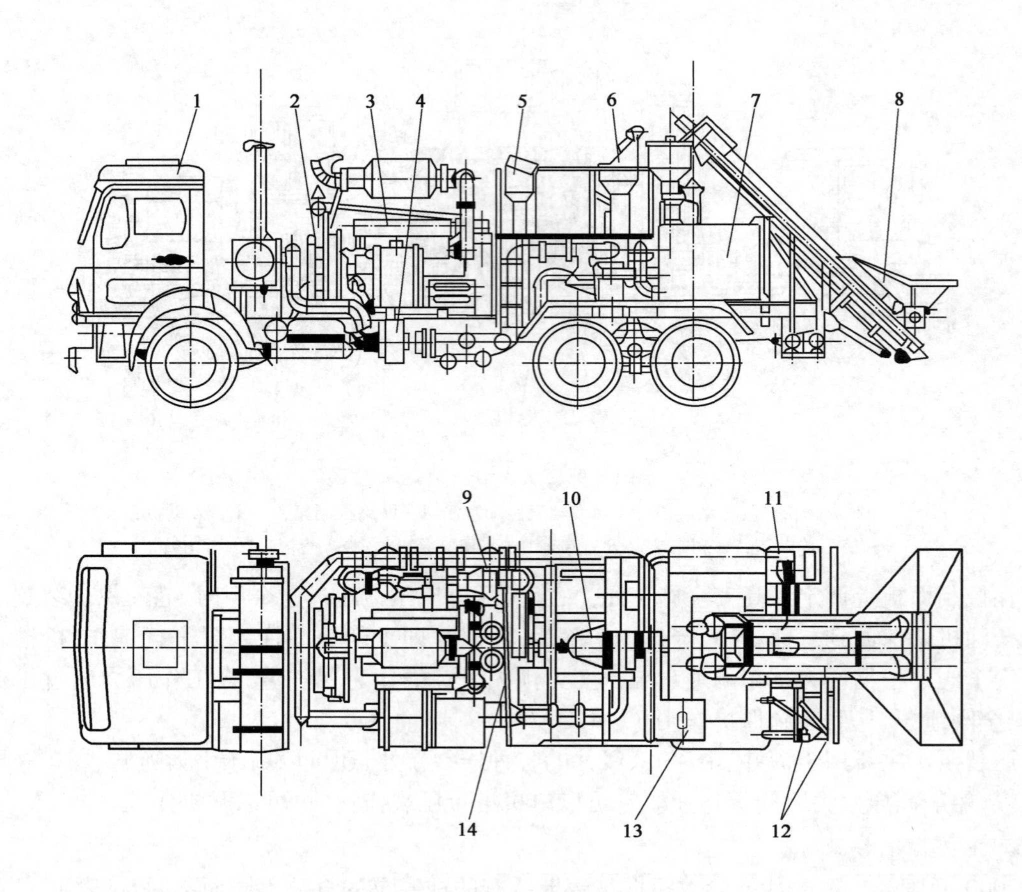

图 1 - 10　HSC60 型混砂车示意图

1—运载汽车;2—散热器;3—柴油机;4—分动箱收传动系统;
5—操作台;6—液压控制台;7—混合罐;8—输砂器;9—供液系统;
10—排出系统;11—灌注泵;12—液体添加泵系统;13—干粉添加系统;14—轮传动系统

车 HSC60 型,它的输出排量为 40bbl($6m^3$)。

各种型号混砂车的配置和性能参数不同,但在其工作原理和结构基本类似,下面以 HS360 型混砂车为例,介绍常用混砂车的整车概况和主要技术参数。

1)整车概况

HS360 型混砂车能实现比例混砂,并能按压裂工艺的要求有效地向压裂车供应不同要求的压裂液,适用于大中型压裂、酸化施工。该车配有两台规格为 10in × 8in × 14in 和 12in × 10in × 23in 的 MISSION 砂泵,分别作为吸入供液泵和排出砂泵。

正常作业时,混砂车将压裂液经供液泵送至混合罐内,并与干添系统、液添系统和输砂系统所提供的压裂所需的辅助剂及支撑剂混合后,经排出砂泵排出至压裂泵车。混砂车的最大流量可达 $16m^3/min$(清水性能)。该车采用全液压驱动,动力分别由底盘发动机和车台柴油机提供。两部分动力经过各自的分动箱带动油泵,油泵再分别驱动各马达以实现各部工作,其传动系统如图 1 - 11 所示。

底盘发动机和车台发动机的控制机构、指示仪表、各油泵压力表以及显示混砂车工况的计量仪表均安装在操作室内的仪表台上,能够实现发动机的启动、调速、停机以及显示发动机与

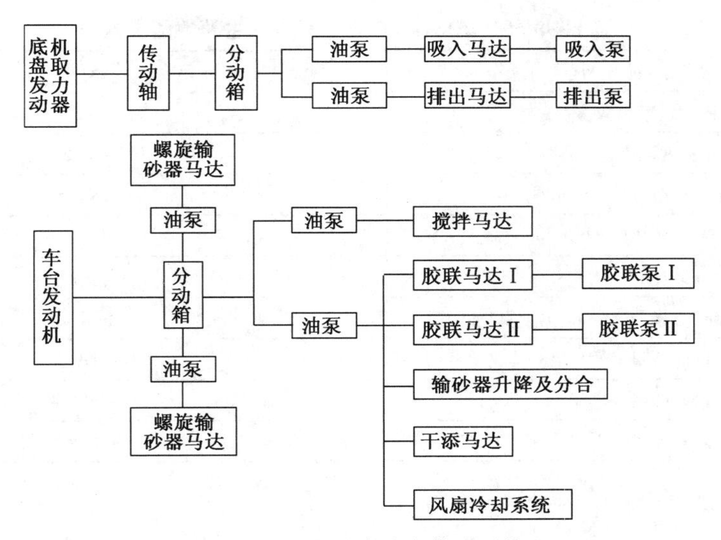

图 1－11　混砂车动力传递系统

油泵的运转情况。在仪表台上还可同时控制混砂车各部位，了解其工况，并实现集中控制。仪表台上安装有网络控制系统。

2）主要性能参数

HS360 型混砂车的主要基本性能参数见表 1－3。

表 1－3　HS360 型混砂车的主要性能参数

混砂车型号	HS360 型
砂泵最大流量，m^3/min（bbl）	15.9（100）
砂泵最大压力，MPa	0.7
螺旋输砂器输砂量，m^3/min	6
混合液罐容积，m^3	1.5
吸入管路阀门，个	8（4in 蝶阀）
排出管路阀门，个	8（4in 蝶阀）
整机外形尺寸（长×宽×高），mm×mm×mm	约 12000×2500×4200
轴距，mm	1700＋4800＋1350
总重量，kg	29000

3. 仪表车

1）整车概况

目前我国 2000 型压裂机组所配备的为 SEV5151TYB 型仪表车。该车主要由底盘车，数据采集、监测、分析系统，泵车控制系统及其附属件组成，能够集中控制 6～8 台泵车，并能实时采集、显示、记录压裂作业全过程数据，并对数据进行分析处理、打印输出。整台设备操作简单、方便、安全，技术含量高，移动性能好，能满足压裂作业的工况要求。车内配备照明系统、操作台、供电系统、计算机系统、泵车控制系统、混砂车控制系统。

压裂作业时仪表车通常要对压裂大泵的压力、套压、密度、混合液流量、基液流量、液添流量、干添流量、CO_2 流量、N_2 流量等进行采集与分析。

2）主要性能参数

SEV5151TYB 型仪表车的主要性能参数见表 1－4。

表 1-4　SEV5151TYB 型仪表车的主要性能参数

数据采集通道，个	≥8
控制压裂车台数，台	6~8
采样密度范围，kg/L	0~2.5
采样流量范围，m^3/min	0~99.6
最大压力，MPa	105
砂比，%	0~100
瞬时流量，m^3/min	0~10
累计流量，m^3	0~999.9
累计砂量，m^3	0~999.9
环境条件，℃	-30~+50

4. 压裂管汇车

1）整车概况

本书以 GHC105 型管汇车为例进行介绍。GHC105 型管汇车由装载底盘、随车液吊、高低压管汇及高低压管件、高压管件架、高压管件箱、低压管件盒、灌注泵、试压泵等组成。用于压裂车和混砂车的连接，以及压裂酸化现场作业前的试压。同时高低压管架具有足够的安装支撑和托架，具有良好的抗震性能和越野性能，能适应石油天然气压裂、酸化现场作业要求。其主要特点是各种高低压管汇件等均装在带有随车吊机的底盘上。该设备能够在 -35~50℃ 的环境下工作。

灌注泵用于现场作业时向压裂机组的地面高压管汇注水并排出空气。同时配置 3 根 2in 吸入软管（带活接头，一端为内螺纹，另一端为外螺纹），长度为 10m。该离心泵的主要性能参数见表 1-5。

表 1-5　灌注泵的主要性能参数

灌注泵类型	离心泵（进口）
额定排量，L/min	300
额定排出压力，MPa	0.7
吸入口直径，in	2（与试压泵供用一个入口）
吸入软管尺寸，in	2（带钢丝，能抗吸入负压）
吸入软管工作压力，MPa	1
排出口尺寸，in	1½（与试压泵供用一个出口）

试压泵系统由柱塞试压泵、灌注泵、单流阀、安全阀、活接头、接头等组成。作业时，将液体灌注到管路中后，启动试压泵，将管路压力增加到所要求的压力范围。试压泵的压力可在操作仪表面板旁观察。该试压泵的主要性能参数见表 1-6。

表 1-6　试压泵的主要性能参数

试压泵型号	KERR KM3250B（进口）
额定压力，psi（MPa）	15000（103）
柱塞直径，in（mm）	0.75（19.05）
转速，r/min	525

续表

试压泵型号	KERR KM3250B（进口）
最大排量，GPM（L/min）	6.6(25)
吸入口尺寸，in	2（与灌注泵供用一个入口）
排出口尺寸，in	1½（与灌注泵供用一个出口）
试压排出管，in	1（带1½in 活接头）

2）主要性能参数

GHC105 型管汇车的主要性能参数见表1－7。

表1－7　GHC105 型管汇车的主要性能参数

最大工作压力，MPa	105
配用车数，台	8（压裂车）
中心管汇尺寸，in	3
支管尺寸，in	3
吊车最大起重量，kg	12000
增压泵最大压力，psi（MPa）	15000（105）
整机尺寸（长×宽×高），mm×mm×mm	约 11600×2500×3800（不同配置有变化）

三、其他配套设备

井下作业施工配套设备除锅炉车、压裂泵车外，还有罐车、压风机、钻井泵、测试分离器等。

罐车是指储存和运送井下作业所用液体的特殊车辆，这些液体有原油、煤油、柴油、清水、钻井液、压裂液和酸液等。现场使用的罐车分为两种：一种为汽车改装厂生产的专用罐车，这种罐车一般对各种液体单一拉运（如酸液）；另一种为矿场自制，将载重汽车装上卧式罐即可，可用来拉油、水和钻井液等。

压风机是在载重汽车上安装一台压风机，外面用帆布或铁皮做护罩，以适应野外施工的需要，用于井下作业中配合气举排液、管道试压、解堵和混气冲砂等的施工。近年来普遍采用液氮车代替传统压风机。

钻井泵主要用于循环工作液、冲洗井底、鱼顶等。一般有条件的井场可配备电驱动钻井泵，无电源情况下，配备柴油驱动钻井泵。

第五节　井口及控制设备

一、井口装置

井口装置是安装在井口上的设备的通称，是回注（注蒸汽、注气、注水、酸化、压裂、注化学剂等）和安全生产的关键设备，其作用是：（1）悬挂井下油管柱、套管柱，密封油套管和两层套管之间的环形空间，以控制和调节油气井生产；（2）有序控制各项井下作业，如诱喷、洗井、打捞、酸化、压裂等的施工；（3）录取油压、套压资料和测压、清蜡等日常生产管理。井口装置主要包括套管头、油管头和采油（气）树三大部分，连接方式有螺纹连接、法兰连接和卡箍连接三种，如图1－12 所示。

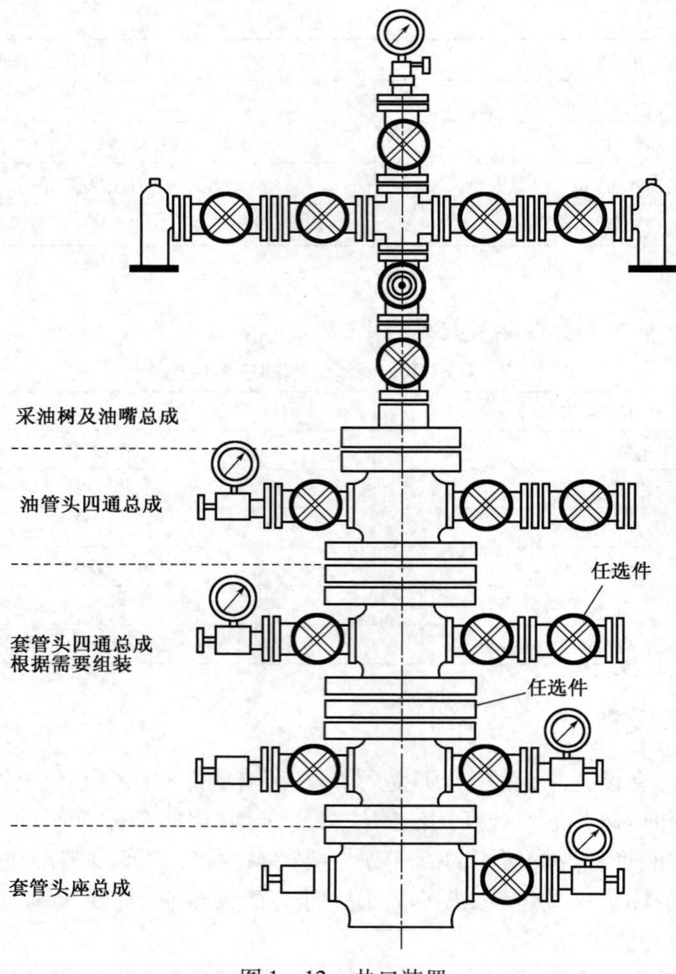

图 1-12　井口装置

套管头上连接油管头四通，主要作用是悬挂技术套管、生产套管并密封各层套管环形空间，为安装防喷器和油管头等上部井口装置提供连接。

油管头由油管头四通及油管悬挂器组成，其作用是悬挂油管柱，并密封油管柱和油套管之间的环形空间。油管头安装于采油树和套管头之间，其上法兰平面为计算油补距和井深数据的基准面。

采油树是油管头上法兰以上的所有阀门和配件的总成，用于油气井的流体控制，为油气井产出流体及注入流体提供出入口。它可以应用采油树总成进行多种不同的组合，以满足任何不同用途的需要。采油树按不同的作用又分为采油（自喷、人工举升）、采气（天然气和各种酸性气体）、注水、热采、压裂、酸化等专用井口装置，并根据使用压力等级的不同而形成系列。

油气井井口装置一般用汉语拼音字母表示：KY—采油井口装置；KQ—采气井口装置；KZ—注水井口装置；KR—热采井口装置；KS—试油井口装置；KL—压裂酸化井口装置。

井口装置的额定工作压力等级有以下几种：14MPa（2000psi）、21MPa（3000psi）、25MPa（非API 标准）、35MPa（5000psi）、60MPa（非 API 标准）、70MPa（10000psi）、105MPa（15000psi）、140MPa（20000psi）。

井口装置应符合表 1-8 一种或多种带有最高温度和最低温度的额定温度范围。最低温度是装置可承受的最低环境温度,最高温度是装置可直接接触到的流体最高温度。井口装置所采用的材料应符合表1－9的材料要求。

表1－8　井口装置的额定温度值

温度级别	作业范围,℃	
	最低	最高
K	－60	82
L	－46	82
P	－29	82
R	室温	
S	－18	66
T	－18	82
U	－18	121
V	2	121
X	－18	180
Y	－18	345

表1－9　井口装置材质要求

材料类别	工况条件	材料最低要求	
		本体、盖、端部和出口连接	控压件、阀杆心轴悬挂器
AA	一般环境(无腐蚀)	碳钢或低合金钢	碳钢或低合金钢
BB	一般环境(轻度腐蚀)		不锈钢
CC	一般环境(中度腐蚀)	不锈钢	
DD	酸性环境(无腐蚀)	碳钢或低合金钢	碳钢或低合金钢
EE	酸性环境(轻度腐蚀)		不锈钢
FF	酸性环境(中高腐蚀)	不锈钢	
HH	酸性环境(严重腐蚀)	抗腐蚀合金	抗腐蚀合金

通径是指能够通过工具或井下设备的最小垂直孔径,标准尺寸为:179mm($7\frac{1}{16}$in)、130mm($5\frac{1}{8}$in)、103mm($4\frac{1}{16}$in)、79mm($3\frac{1}{8}$in)、8mm($3\frac{1}{16}$in)、65mm($2\frac{9}{16}$in)、52mm($2\frac{1}{16}$in)、46mm($1\frac{13}{16}$in)。API标准要求井口主体垂直通径应比主体上的套管通径约大0.8mm($\frac{1}{32}$in)。符合这个要求的井口主体称为全开孔径。

1.采油(气)树

采油(气)树主要由油管头、油管挂、法兰、阀门等组成,阀门主要有油嘴(节流阀)、生产翼阀、清蜡阀、主阀和套管阀。采油树主要作用是用来控制井口压力和调节油(气)产量并把油(气)诱导到输油管去,必要时还可用来关闭井口或进行酸化压裂、清蜡等作业。

采油(气)树型号表示如图1－13所示。

1)常用自喷井采油树及油管头

常用自喷井采油树及油管头的型号有KY25－65型和CYb－250S型。典型自喷井采油树的结构如图1－14至图1－17所示。

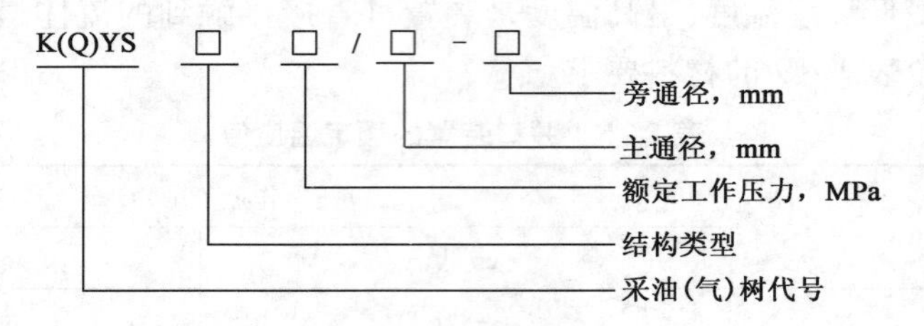

图 1 - 13　采油(气)树型号

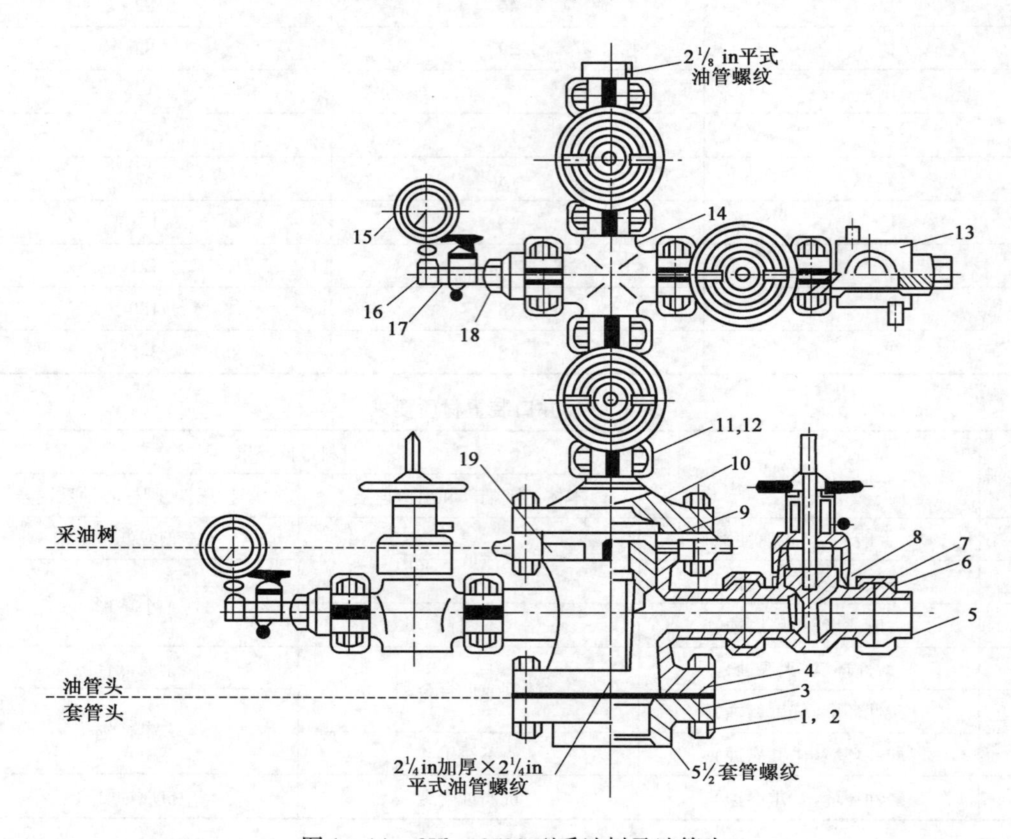

图 1 - 14　CYb - 250S 型采油树及油管头

1—螺母;2—双头螺栓;3—套管头顶法兰;4—油管头大四通;5—卡箍短节;6—钢圈;
7—卡箍;8—阀门;9—钢圈;10—采油树底法兰;11—螺母;12—双头螺栓;13—节流器;
14—小四通;15—压力表;16—弯接头;17—压力表截止阀;18—接头;19—铭牌

油管头一般有两种类型:(1)上下带法兰的双法兰油管头,如图 1 - 18 所示;(2)上带法兰和下带螺纹的单法兰油管头,如图 1 - 19 所示。油管悬挂器(带金属或橡胶密封环)与油管连接利用油管重力坐入油管挂大四通锥体内而密封,这种方式因便于操作,换井口速度快、安全,是中深井、常规井普遍使用的方式。

2)双管自喷井采油树及油管头

双管自喷井采油树是在套管内下入两根油管柱,分别开采上、下两组油层。主管柱上有封隔器分隔上、下油组,并开采下油组,副管柱开采上油组。

用于双管柱自喷分层开采的自喷井采油树及油管头常见有两种:一种是双管自喷井采油树,如图 1 - 20 所示;另一种是美国维高格雷公司的双管整体锻造自喷井采油树,如图 1 - 21 所示。

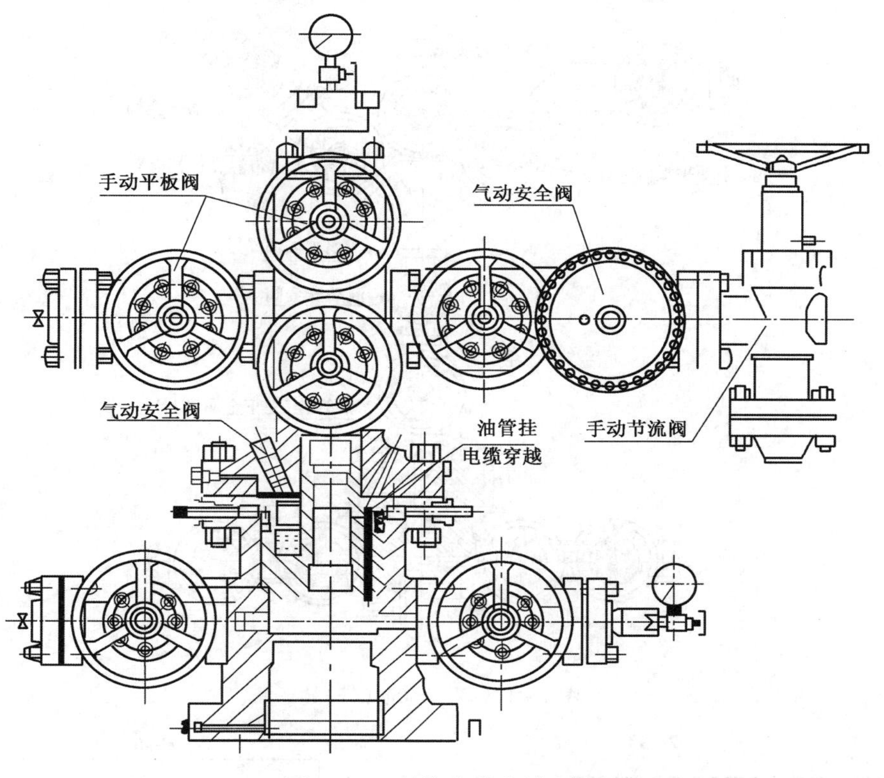

图 1－15　整体式采油(气)树

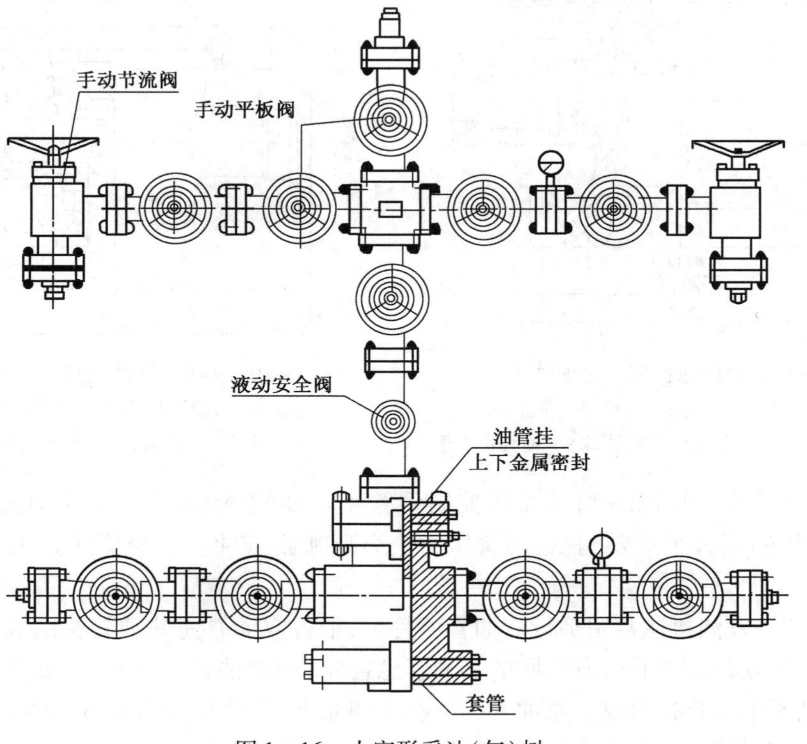

图 1－16　十字形采油(气)树

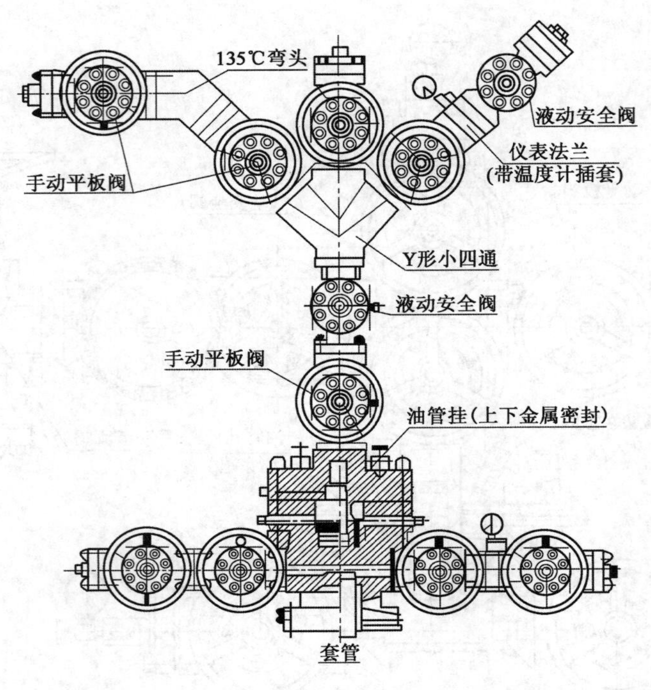

图 1－17　Y 形采油(气)树

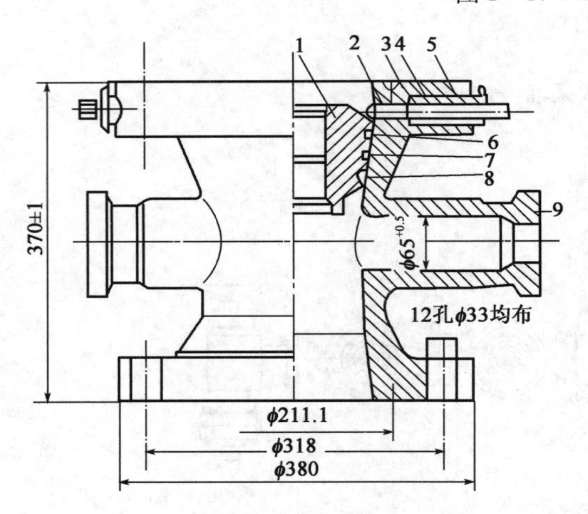

图 1－18　锥面悬挂双法兰油管头

1—油管悬挂器;2—顶丝;3—垫圈;4—顶丝密封;
5—压帽;6,8—紫铜圈;7—O 形密封圈;9—油管头四通

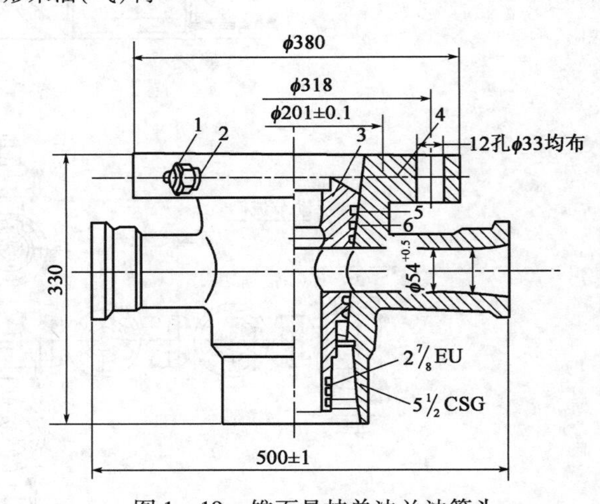

图 1－19　锥面悬挂单法兰油管头

1—顶丝;2—压帽;3—分流悬挂器;
4—油管头大四通;5—O 形密封圈;6—紫铜圈

双管自喷井采油树的右侧采油树控制主管生产及测试,油管压力表只反映主管油压;左侧采油树控制副管生产及测试,油管压力表只反映副管油压。套管压力表只反映副管的套压。

双管自喷井采油树通常用平行双油管油管头,平行双油管完井油管头的大四通与单管完井油管头的大四通基本相同,所不同的是油管悬挂器(简称油管挂)。平行双油管挂是由总油管挂和主、副两个油管挂组成。总油管挂坐在大四通上,主油管挂和副油管挂又坐在总油管挂上。主油管携有封隔器,用于开采下部油层,副油管开采上部油层。

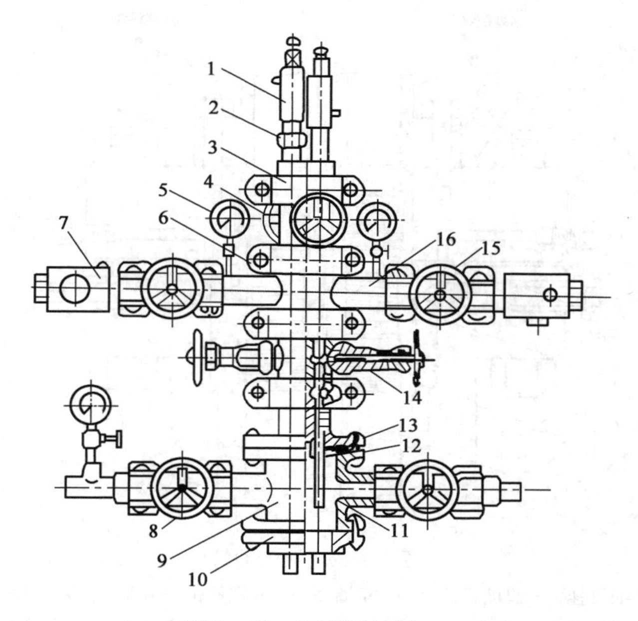

图 1－20　双管采油树

1—防喷管;2—高压活接头;3—卡箍;4—清蜡阀门;5—压力表;6—四通;7—油嘴套;8—套管阀门;9—油管头四通;10—套管头项法兰;11—变螺纹短节;12—油管挂;13—采油树底法兰;14—双孔阀;15—生产阀门;16—双三通

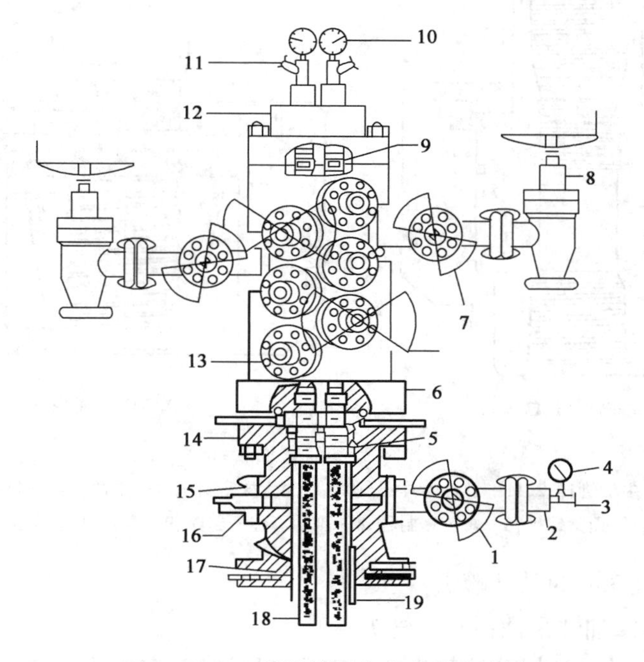

图 1－21　双管整体锻造自喷井采油树

1,7,13—VG300 型阀门;2,15—盲法兰;3,11—压力表针阀;4,10—压力表;5—油管挂;6—双管整体采油树;8—可调节流器;9—金属密封圈;12—顶部变径接头;14—双密封油管头;16—VR 型堵头;17—BT 密封;18—油管;19—套管

平行双管自喷井采油树的双管油管头的结构如图 1－22 所示,双管油管挂的结构如图 1－23 所示。

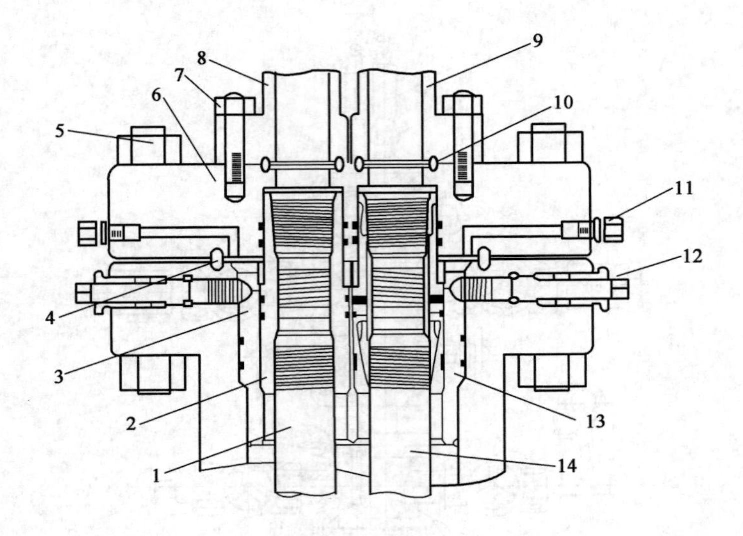

图 1 - 22　双管油管头

1—主油管;2—主油管挂;3—总油管挂;4—大钢圈;5—双头螺栓;6—油管头上法兰;7—螺栓;8—主采油树;9—副采油树;10—小钢圈;11—密封材料注入孔;12—锁紧螺栓;13—副油管挂;14—副油管

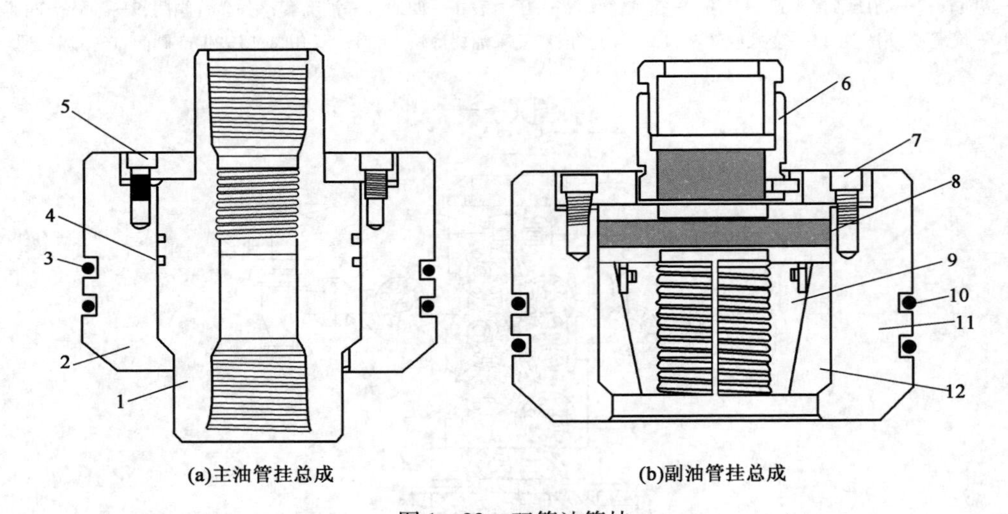

图 1 - 23　双管油管挂

1—主油管挂;2,11—总油管挂;3,10—总油管挂密封圈;4—主油管挂密封圈;5,7—锁紧螺栓;6—短节密封器;8—副油管挂密封圈;9—卡瓦;12—卡瓦座

3)有杆泵采油井采油树及油管头

(1)常规有杆泵采油井采油树及油管头。

常规有杆泵采油井采油树及油管头的作用是悬挂油管,密封油管和套管环形空间,密封光杆,以及控制油井生产。由于它承受的压力较低,结构比较简单,可以利用原自喷井采油树及油管头加以改造。它的基本结构如图 1 - 24 所示。

油管头用于悬挂油管、密封油套环形空间,四通侧面的引出管线可以测动液面深度,放套管气和热洗井等。

光杆密封器装在油管三通的顶端,结构如图 1 - 25 所示。正常生产时,松开胶皮阀门,密封元件密封光杆；更换密封元件前，关闭胶皮阀门，更换密封元件后，松开胶皮阀门，转入正常生产。

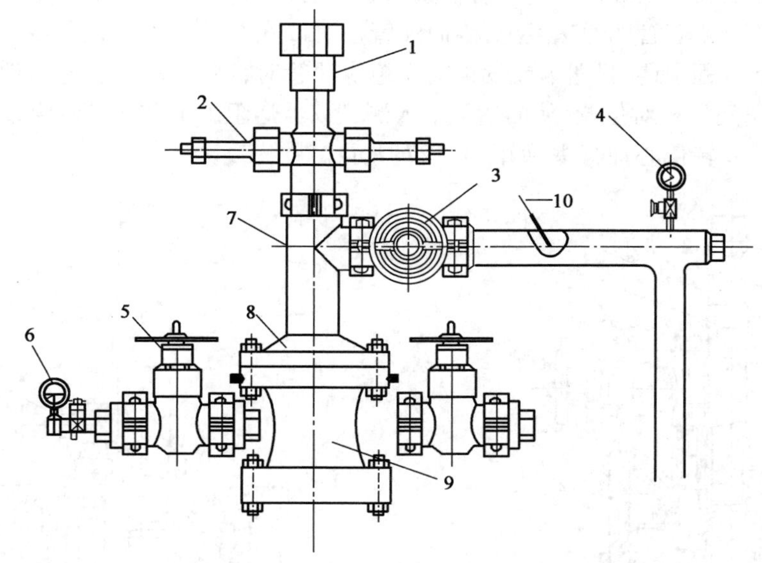

图 1－24　常规有杆泵采油井采油树及油管头

1—光杆密封器；2—胶皮阀门；3—生产阀门；4—油压表；5—套管阀门；6—套压表；7—油管三通；8—油管头上法兰；9—油管头；10—温度计

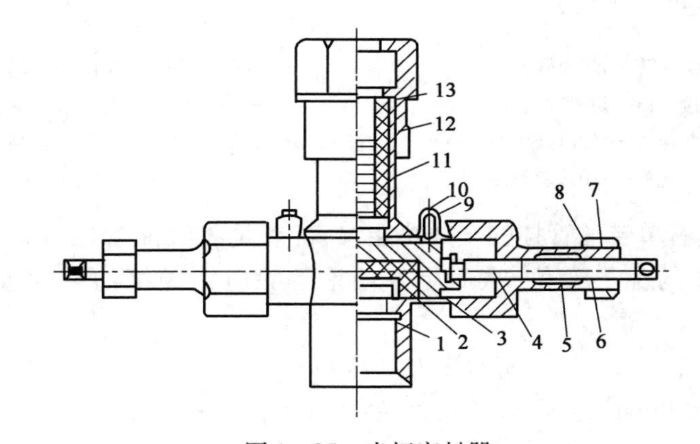

图 1－25　光杆密封器

1—主体；2—密封胶皮；3—芯子；4—丝杆；5—密封盒；6，11—密封胶皮；7，12—压盖；8，13—密封胶皮压帽；9—紫铜垫圈；10—导向螺钉

（2）环形空间测试偏心油管头。

自喷井生产测试时，测试仪器可通过油管到达油层部位。而有杆泵抽油井因油管中有抽油杆，测试仪器无法通过油管，只能通过油套管环形空间进行测试。该油管头可以偏心悬挂油管柱，形成环形空间测试通道。

①SPA Ⅰ型单转偏心油管头，如图 1－26 所示。其技术参数如下：

公称压力：16MPa；　　　　密封压力：16MPa；

测试仪器直径：≤25mm；　　法兰盘直径：380mm；

钢圈槽直径:211mm;　　　　　测试孔螺纹:ZG1¼(母);

旋转方法:油管;　　　　　　油管挂螺纹:2⅞NU。

偏心油管头油管挂使井筒中的油管柱紧靠套管内壁的一侧。偏心油管挂通过一平面球轴承坐落在套管法兰或套管四通法兰上,因而油管柱可以在套管内产生位量变化。当井下仪器在环形空间起下过程中遇阻、遇卡或发生电缆缠绕油管时,则可以转动油管,改变油管柱在套管内"月牙形"空间的相对位置,从而达到下入测试仪器遇阻解卡和解除电缆缠绕的目的。

②SPA Ⅱ型双转偏心油管头,如图1-27所示。

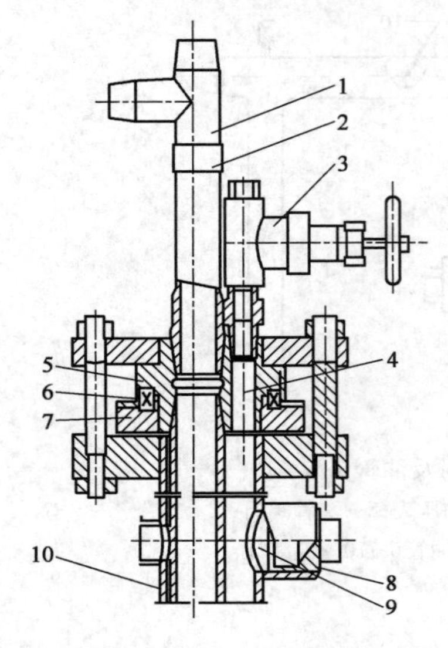

图1-26　SPA Ⅰ型单转偏心油管头

1—三通;2—转动活接头;3—防喷阀门;4—测试孔;5—偏心油管挂;6—平面球轴承;7—钢圈盖;8—解卡头;9—观察孔;10—套管短节

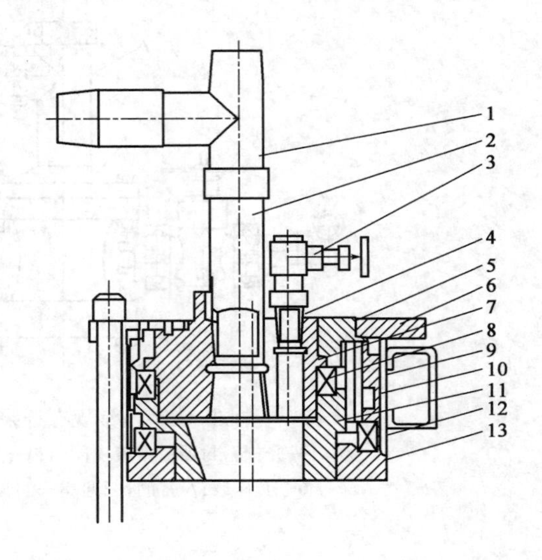

图1-27　SPA Ⅱ型双转偏心油管头

1—三通;2—转动短节;3—阀门;4—活接头;5—上盖;6—法兰盘;7—转动油管挂;8—轴承;9—外套;10—销;11—上轴承座;12—轴承;13—下轴承座

该偏心油管头具有单转油管挂的全部功能,其特点是将其油管挂分解为不同心的两件,可实现油管在套管中的偏心变位,从而更方便地解除电缆缠绕油管的故障。其技术参数如下:

公称压力:14MPa;　　　　　　密封压力:14MPa;

测试仪器直径:≤25mm;　　　　法兰盘直径:380mm;

钢圈槽直径:211mm;　　　　　测试孔直径:34mm;

旋转方法:油管;　　　　　　油管挂螺纹:2⅞NU。

4)电动潜油泵井采油树

电动潜油泵井采油树与常规自喷井采油树大同小异,只是增加了密封入井电缆引出线和隔开油套管环形空间的专用采油井口控制设备。各厂家采用不同的方法来密封井口与电缆引出线。一般分为穿膛式和侧开式两种。

穿膛式电动潜油泵井口结构如图1-28所示。井口安装时,首先将油管挂接在油管上,将电缆铠皮剥去,穿入防喷盒,然后往防喷盒中压入若干个单孔和三孔密封胶圈,最后装上防喷盒压盖并拧紧螺栓。将油管挂坐油管头大四通锥体中,安装法兰盘,拧紧法兰螺栓即完成井口安装过程。

侧开式电动潜油泵井口结构如图1－29所示。在进行井口安装时，首先将侧门打开，然后将电缆铠皮剥去0.5m长一段，将三根电缆分别压入橡胶密封垫的半圆孔中，关上侧门，拧紧螺栓，将油管挂坐入油管头中，装开口法兰，拧紧法兰螺栓即完成安装工作。

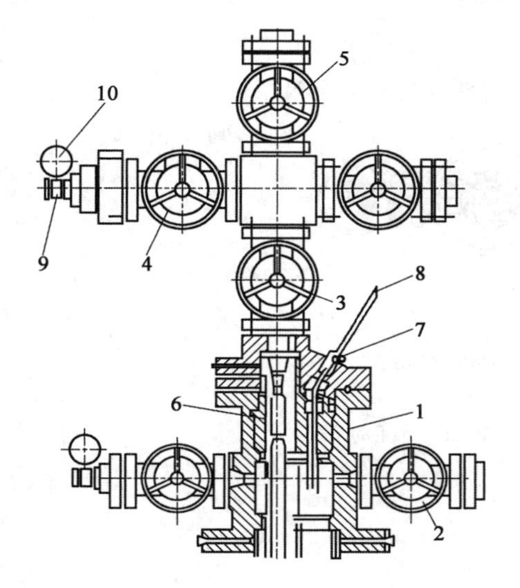

图1－28　带电缆穿透器的采油树及油管头

1—油管头；2—套管阀门；3—总阀门；4—生产阀门；5—清蜡阀门；6—油管挂；7—电缆穿透器；8—电缆；9—压力表阀；10—压力表

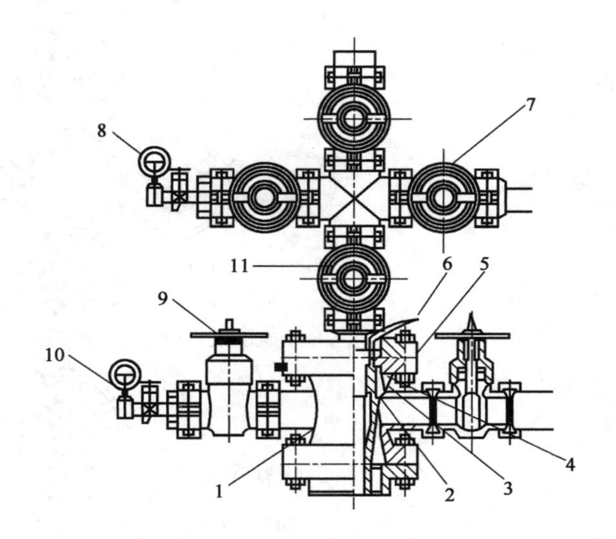

图1－29　侧开式电动潜油泵采油树及油管头

1—油管头；2—销座；3—密封橡胶垫；4—油管挂；5—采油树底法兰；6—电缆；7—生产阀门；8—油压表；9—套管阀门；10—套压表；11—采油树总阀门

5）采气树及油管头

采气树及油管头主要用于采气和注气。由于天然气的相对密度低、黏度低、气柱压力低，不论采气或注气井口都压力高、流速高、易渗漏。天然气中含有H_2S和CO_2等腐蚀性介质时，对采气树的密封性及其材质要有更严格的要求：(1)所有部件均采用法兰连接；(2)套管阀门、总阀门、油管阀门往往均成对配置，一备一用；(3)节流器一般采用针型阀，而不是固定孔径的油嘴；(4)天然气中含有H_2S和CO_2时，应根据其浓度采用不同等级的防腐材质；(5)高压高产气井井下和地面都应安装安全阀；(6)对于一些高压、超高压气井的阀门，要采用优质钢材整体锻造而成。

(1)采气树。

采气树的作用是控制气井正常生产，以及进行井下各种作业，如酸化、压裂、注气等。在气井失控时，还用它进行压井作业及气井完井测试。气田上常用采气树的型号有KQS25/65型、KQS35/65型、KQS60/65型、KQS65/65型、KQS70/65型。KQS65/65型防硫采气树的结构如图1－30所示。

(2)油管头。

油管头安装于采气树与套管头之间，其上法兰平面为计算油补距和井深数据的基准面。

基本功能为：悬挂井内油管；与油管悬挂器配合密封油管和套管的环型空间；为下接套管头、上接采气树提供过渡；通过油管头四通体上的两个侧门（接套管阀门），完成注平衡液及洗井作业。油管悬挂器则用于悬挂井内油管。

基本结构为锥面悬挂双法兰油管头，如图1－18所示。KQS25/65型防硫采气井口用219.1mm锥座式油管头，如图1－31所示。KQS35/65型、KQS60/65型防硫采气井口用152.4mm锥座式

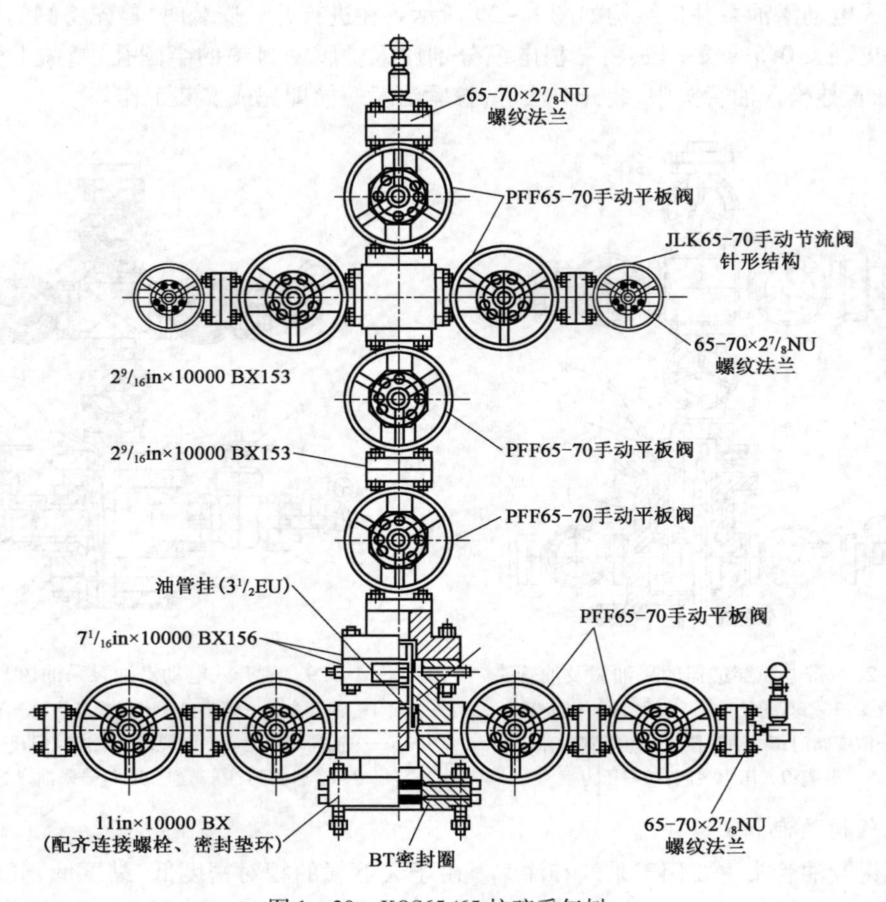

图 1-30 KQS65/65 抗硫采气树

油管头,如图 1-32 所示。KQS60/65 型防硫采气井口油管头,如图 1-33 所示。

2. 套管头

套管头由本体、套管悬挂器和密封组件组成,是连接套管和各种井油管头的一种部件。套管头的用途如下:

(1)通过悬挂器悬挂除表层套管之外的各层套管的部分或全部重量。

(2)连接防喷器等井口装置。

(3)在内外套管柱之间形成压力密封。

(4)为释放可能积聚在两层套管柱之间的压力提供出口。

(5)在紧急情况下,可由套管头侧孔处向井内泵入流体(压井液)。

(6)可进行特殊作业,如:从侧孔处补注水泥;酸化压裂时,从侧孔处注入压力平衡液。

1)型号表示方法

套管头尺寸代号(包括连接套管和悬挂套管)是用套管外径的英寸值表示;本体间形式代号是用汉语拼音字母表示,F 表示法兰连接,Q 表示卡箍连接。

单级套管头型号表示方法如图 1-34 所示。

双级套管头型号表示方法如图 1-35 所示。

三级套管头型号表示方法如图 1-36 所示。

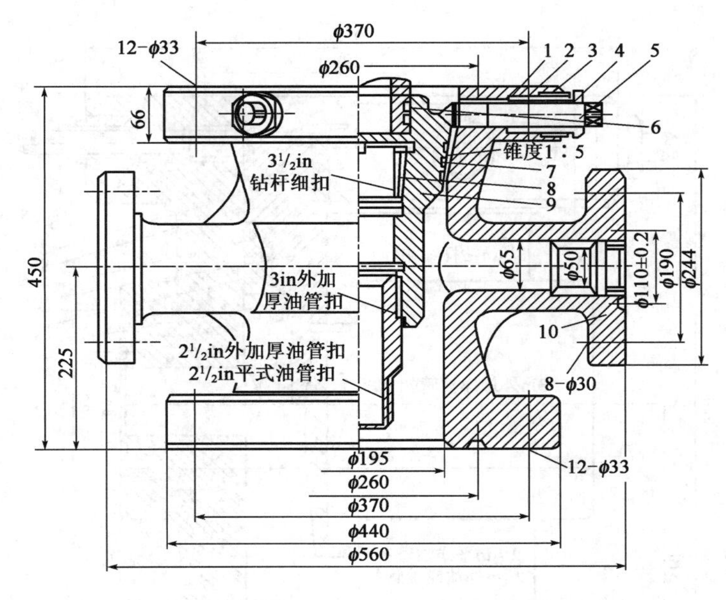

图 1-31　219.1mm 锥座式油管头

1—密封圈下座;2—密封圈;3—密封圈上座;4—压帽;5—顶丝;
6,7—O 形密封圈;8—护丝;9—油管锥挂;10—油管短节

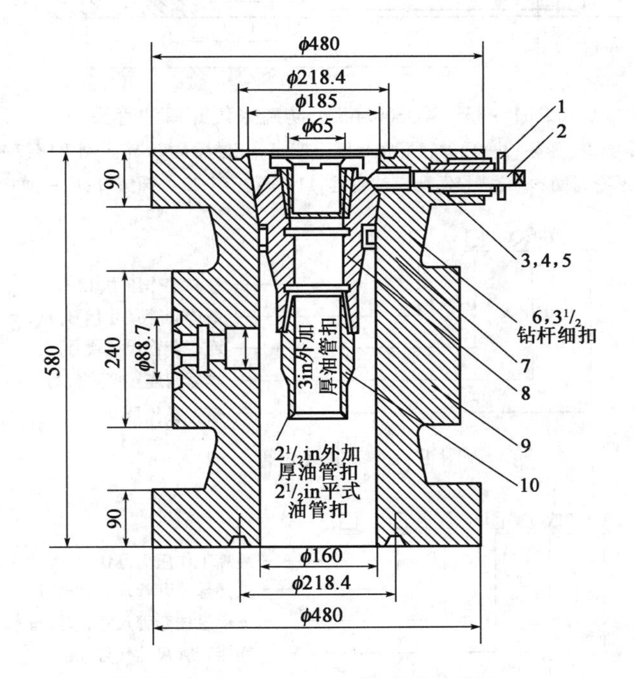

图 1-32　152.4mm 锥座式油管头

1—压帽;2—顶丝;3—密封圈下座;4—V 形密封圈;5—密封圈上座;
6—护丝;7—O 形密封圈;8—油管挂;9—大四通;10—油管短节

2)结构形式分类

套管头按悬挂套管的层数分为单级套管头(图 1-37)、双级套管头(图 1-38)和三级套管头(图 1-39、图 1-40)。

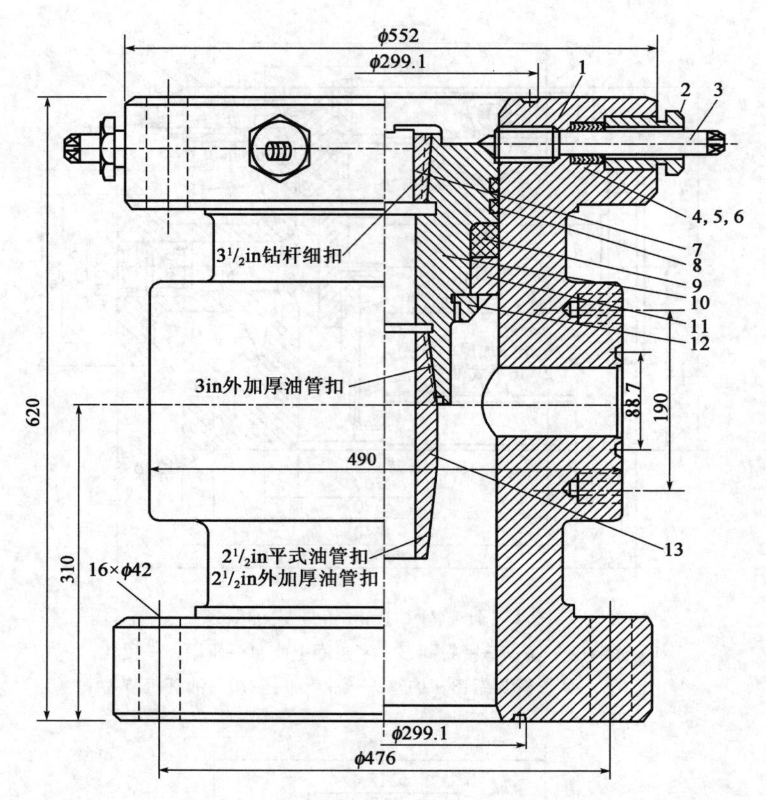

图1－33　KQS60/65型防硫采气井口油管头

1—大四通；2—压帽；3—顶丝；4—密封圈上座；5—密封圈；6—密封圈下座；7—护丝；8—O形密封圈；9—密封环；10—油管挂；11—承托环；12—圆螺母；13—油管短节

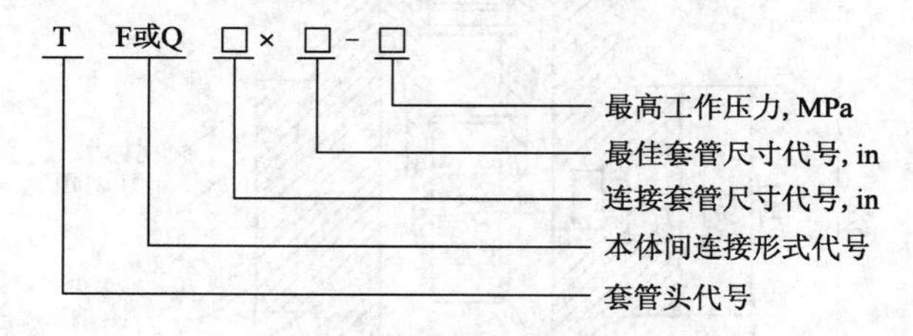

图1－34　单级套管头型号

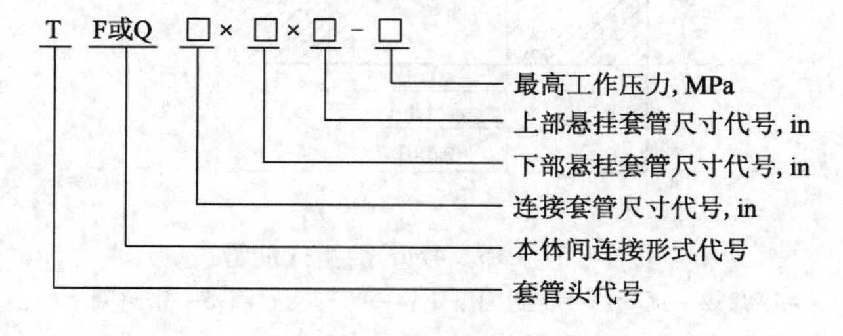

图1－35　双级套管头型号

按本体间的连接形式分为卡箍式（图1－37）和法兰式（图1－38、图1－39）。

按本体的组合形式分为单体式和组合式。单体式是指一个本体内装一个套管悬挂器（图1－37、图1－38、图1－39）；组合式是指一个本体内装多个套管悬挂器（图1－40）。

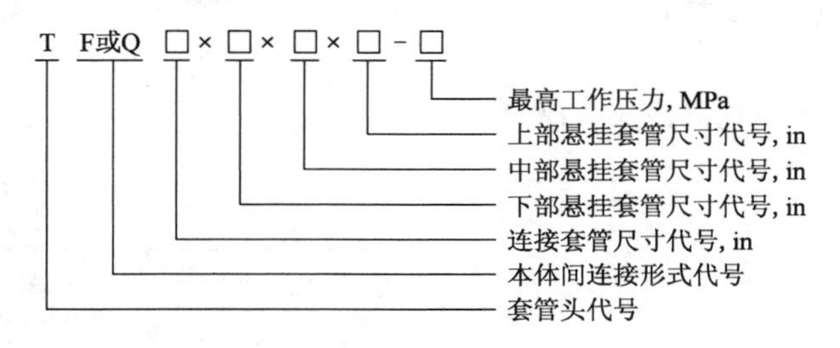

图1-36　三级套管头型号

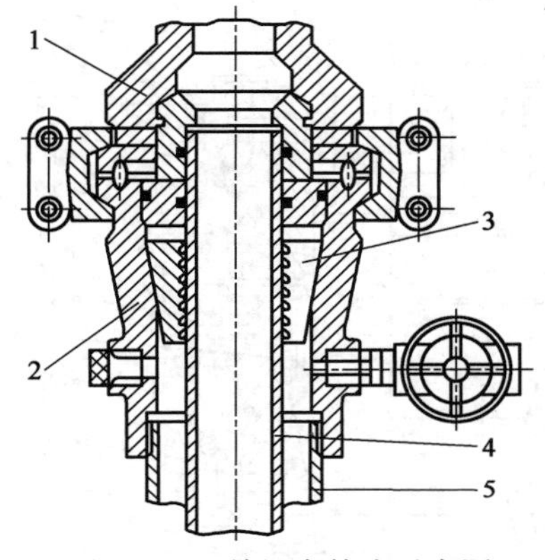

图1-37　单级套管头示意图

1—油管头;2—套管头;3—套管悬挂器(卡瓦式);
4—悬挂套管;5—表层套管

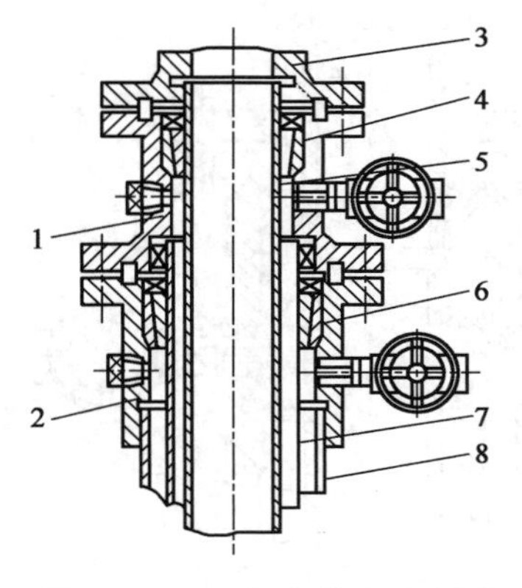

图1-38　双级套管头示意图

1—上部套管头;2—下部套管头;3—油管头;
4—上部套管悬挂器(卡瓦式);5—下部套管悬挂器(卡瓦式);
7—下部悬挂套管;8—表层套管

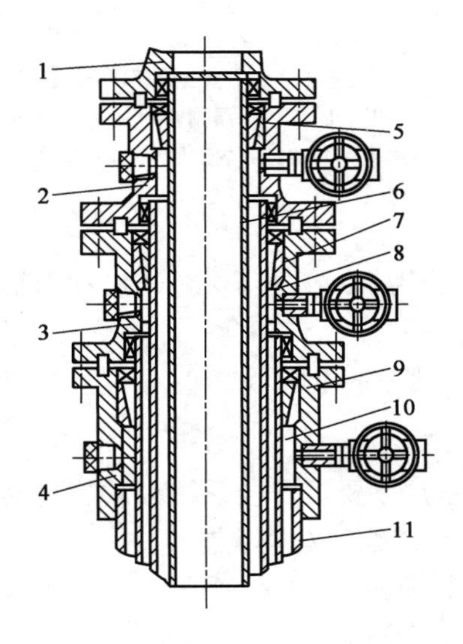

图1-39　三级套管头示意图

1—油管头;2—上部套管头;3—中部套管头;4—下部套管头;
5—上部套管悬挂器(卡瓦式);6—上部悬挂套管;
7—中部套管悬挂器(卡瓦式);8—中部悬挂套管;9—下部
套管悬挂器(卡瓦式);10—下部悬挂套管;11—表层套管

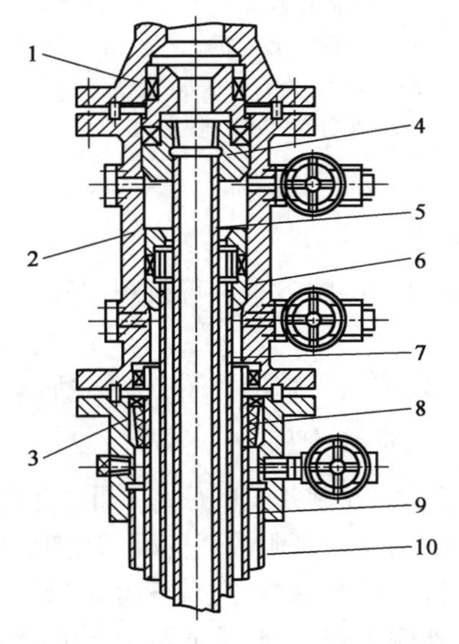

图1-40　组合式三级套管头示意图

1—油管头;2—上部组合式套管头;3—下部套管头;
5—上部套管悬挂器(螺纹式);6—中部套管悬挂器(螺纹式);
7—中部悬挂套管;8—下部套管悬挂器(卡瓦式);
9—下部悬挂套管;10—表层套管

按套管悬挂器的结构形式分为卡瓦式(图1-37、图1-38、图1-39)和螺纹式(图1-41)。

TGA型双层套管头结构如图1-42所示。

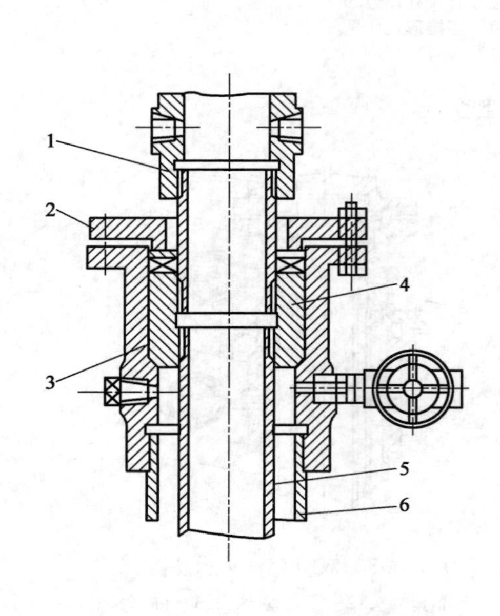

图1-41 独立螺纹式套管头示意图

1—油管头;2—止动压盖;

3—套管头;4—套管悬挂器(螺纹式);

5—悬挂套管;6—连接套管

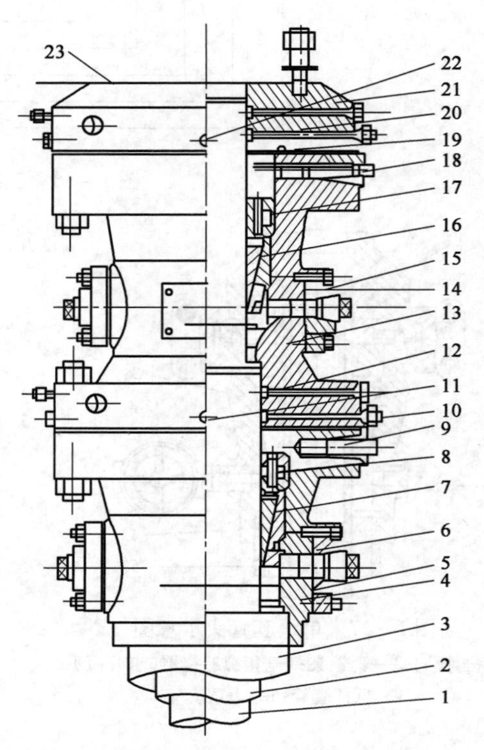

图1-42 TGA型双层套管头示意图

1—油层套管;2—技术套管;3—表层套管;4—下四通;

5,10,19—钢圈;6,15—侧法兰;7—下悬挂器;8,17—主密封;

9,18—顶丝;11,22—试压孔;12—下层副密封;13—上四通;

16—上悬挂器;20—上层副密封;21—转换法兰;23—上接油管头

3. 井口阀门

井口所用阀门有平行板阀门和斜楔阀门。连接方式分为螺纹连接、法兰连接和卡箍连接三种。

斜楔式阀门结构如图1-43所示,平行板阀门结构如图1-44所示。

4. 地面安全阀

鉴于无控制井喷的后果严重,自动关井安全系统就非常重要。安全系统必须能自动防止事故,不论能量来源或任何环节出现故障,都必须使关井系统处于安全状态。

对称结构双翼双阀采气树和"Y"形采气树均可以安装地面安全阀。采气树每翼内侧各为翼阀,外侧为安全阀,垂向流道主通径下侧为主阀,上侧为安全阀。

地面安全阀是具有活塞式执行机构的逆向动作的阀门(图1-45)。由于阀杆面积上所受压力较低,阀体内的压力推动阀门上升关闭阀门。控制压力作用在活塞上,推动阀门下降开启阀门。如果阀体无压力,一般用弹簧关闭阀门。阀体压力和活塞—阀杆面积比决定所需要的控制压力。

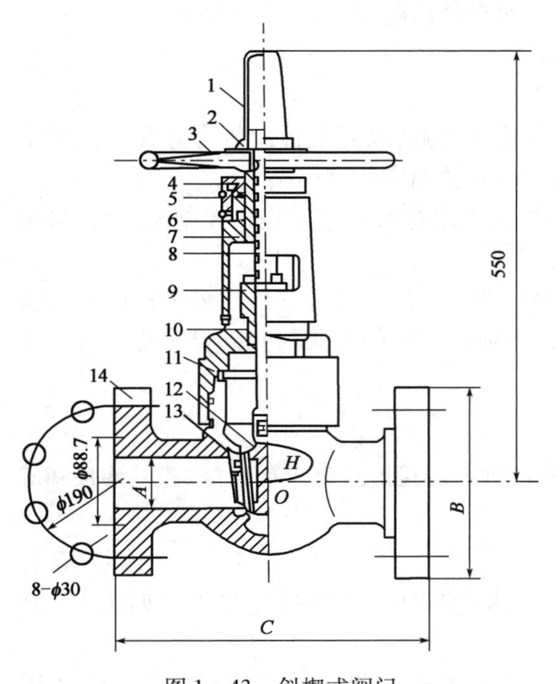

图 1－43　斜楔式阀门

1—护罩；2—螺母；3—手轮；4—轴承盖；
5—轴承；6—阀杆螺母；7—轴承座；8—阀杆；9—压帽；
10—密封圈；11—阀盖；12—闸板；13—阀座；14—阀体

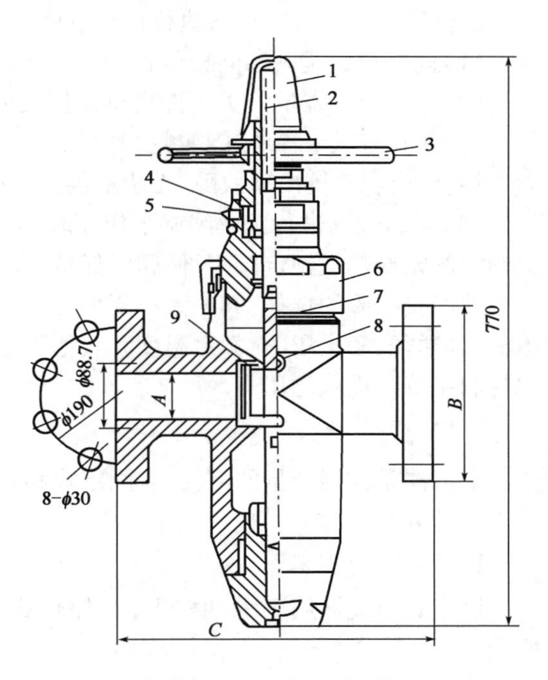

图 1－44　平行板式阀门

1—护罩；2—阀杆；3—手轮；4—止推轴承；
5—黄油嘴；6—阀盖；7—阀板；8—阀座；9—密封圈

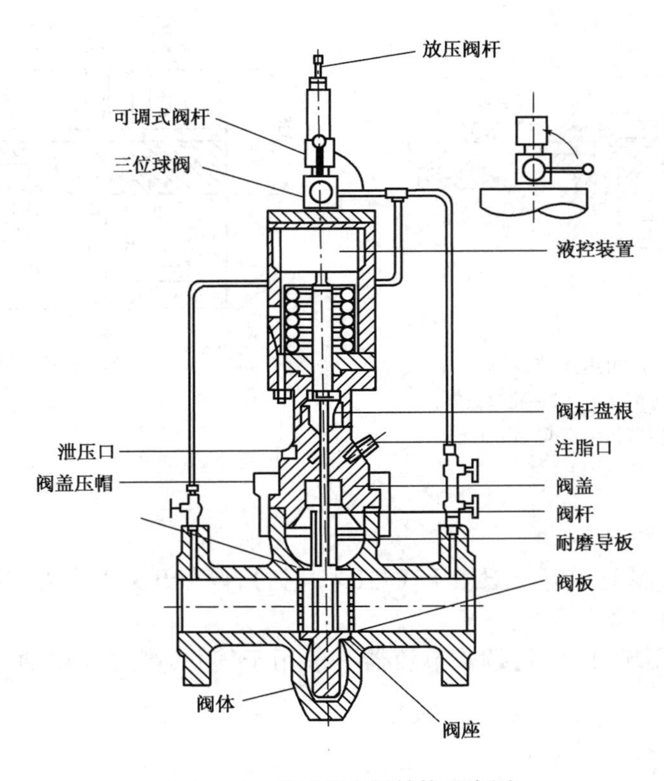

图 1－45　井口安全阀结构示意图

地面安全阀都有一个从执行机构缸体上面的螺纹套伸出的阀杆，其原因如下：

(1)阀杆位置是观察闸板位置的一个指示器；

(2)位置指示器的开关可能提供遥控反馈信号；

(3)可以连接一个人工机械操作的或液压操作的压力缸，以便在控制压力源在安全阀下游的场合，或者系统出现故障，无法提供控制压力时打开关闭安全阀；

(4)当通过阀进行钢丝绳起下作业时，或者当控制系统检修而不能提供控制压力时，可接上锁定阀帽或热敏锁定阀帽，使阀门保持开启状态。

地面安全阀的选择：阀的大小要根据安装处的流量来决定。如果安装在采气树的垂向流道上，其通径、额定压力、额定温度和其他额定参数必须与下面的总阀门相同。执行机构应考虑控制系统可提供的压力。

5. 节流器

节流器是控制产量的部件，有固定式和可调式两种。连接形式有卡箍连接、法兰连接和螺纹连接等方式。

1)固定式节流器

固定式节流器用于采油树上，有加热式和非加热式两种。非加热式节流器如图1－46所示。

油嘴是节流元件，通过调换不同孔眼直径(d_{ch})的油嘴来控制油井的合理生产压差，油嘴的结构如图1－47所示，是用高碳合金钢经热处理制成的。孔眼直径有从2～20mm多种，间隔0.5mm为一等级，20mm以上为特殊油嘴。

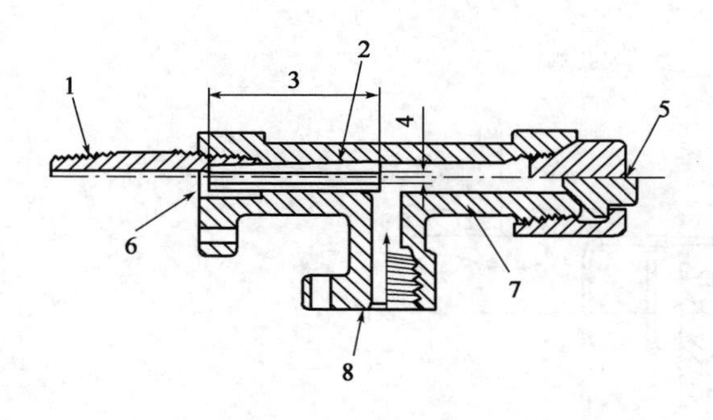

图1－46 非加热式节流器

1—接头;2—油嘴(可更换);3—孔口长度;
4—孔口直径;5—堵塞和阀盖;6—出口连接;
7—阀体;8—入口连接

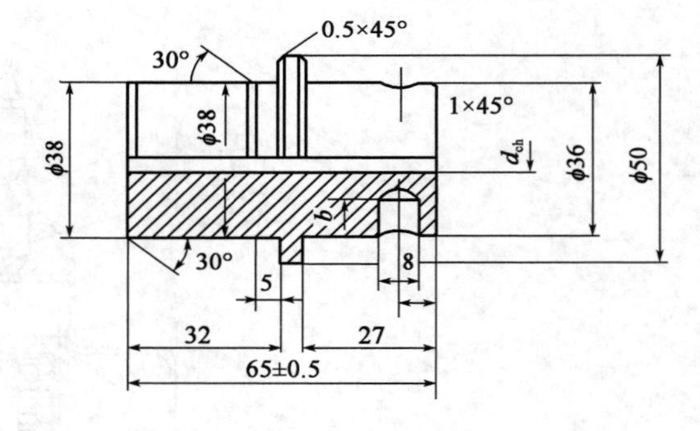

图1－47 油嘴

2)可调式节流器

可调式节流器(图1－48)一般用于气井(采气树)，调节开关大小可控制流量。可调式节流器属针阀，有手动和液动两种。

固定式节流器用于油井，可调式节流器一般用于气井，高气油比油井也可用可调式节流器。

6. 三通和四通

三通和四通的结构如图1－49至图1－52所示。

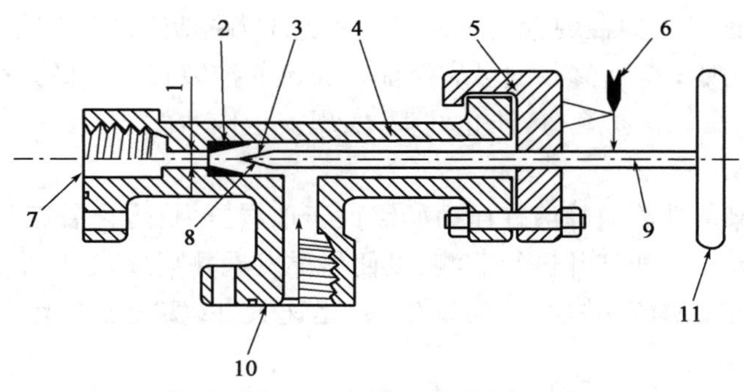

图 1－48　可调式节流器(针型阀)

1—孔口最大直径;2—阀座(可更换);3—阀杆尖端;4—阀体;5—阀盖;6—指示机构(类型可选);7—出口连接;8—节流面积;9—阀杆;10—入口连接;11—手轮或手柄

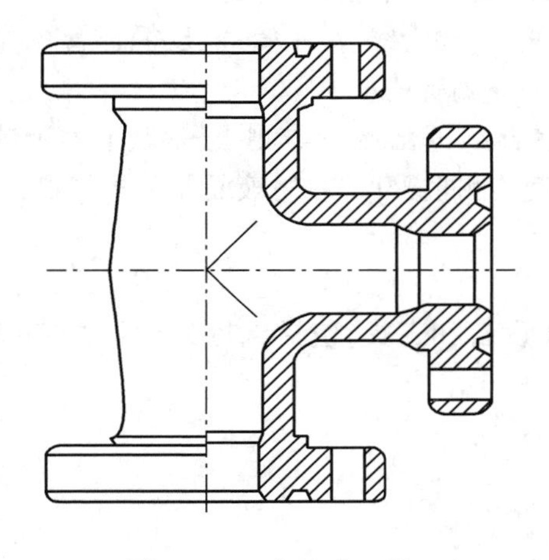
图 1－49　法兰式三通

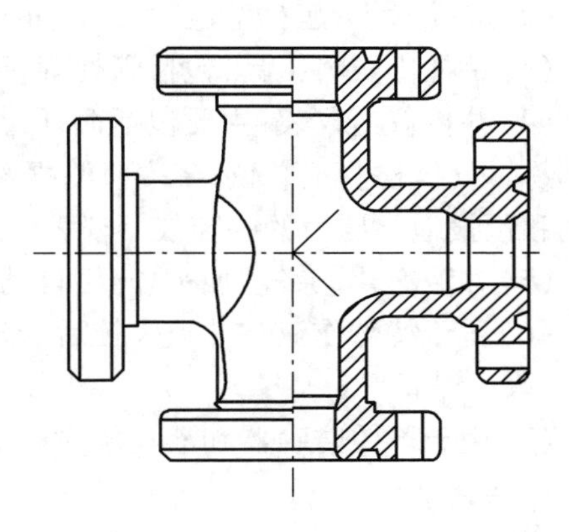
图 1－50　法兰式四通

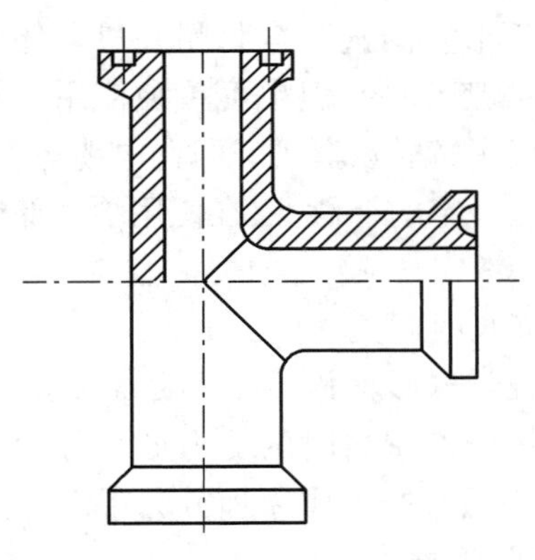
图 1－51　卡箍式三通

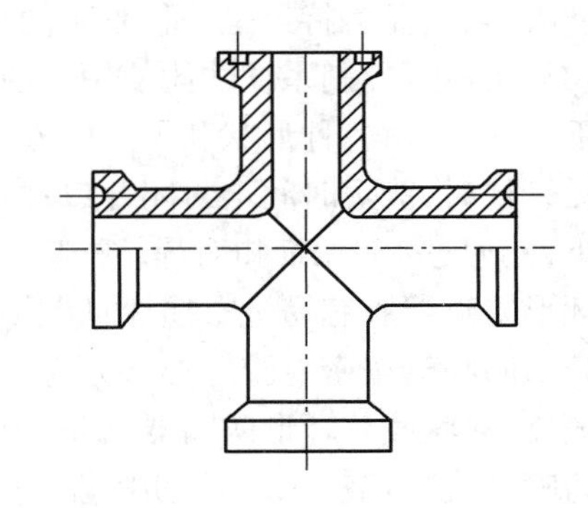
图 1－52　卡箍式四通

二、井控装置

1. 井控设备的功能与组成

1) 井控设备的功能

井控装置是指实施油气井压力控制所需要的一整套装置、仪器、仪表和专用工具，是井下作业施工必须配备的设备。井控装置是对油气井实施压力控制，对事故进行预防、监测、控制、处理的关键设备，是实现安全钻修井的可靠保证。通过井控装置可以做到有控施工，既可以减少对油气层的伤害，又可以保护套管，防止井喷，实现安全作业。

井控设备应具有以下功能：

(1)预防井喷。保持井筒内静液柱压力始终大于地层压力，防止溢流及井喷的形成。

(2)及时发现溢流。对油气井进行监测，以便尽早发现井喷预兆，尽早采取控制措施。

(3)迅速控制井喷。溢流、井涌、井喷发生后，迅速关井，实施压井作业，对油气井重新建立压力平衡。

(4)处理复杂井况。在油气井失控的情况下，进行灭火抢险、恢复井口控制等作业。

2)井控设备的组成

(1)井口装置，又称防喷装置，包括防喷器组、四通、套管头、过渡法兰等。

(2)井控管汇，包括节流管汇、压井管汇、放喷管线、压井管线、注水管线、反循环管线等；

(3)钻柱内防喷工具，包括管柱旋塞阀、止回阀、旁通阀等；

(4)井控仪器仪表，主要包括循环罐液面监测报警仪，返出流量监测报警仪，有害有毒及易燃易爆气体检测报警仪，密度监测报警仪，返出温度监测报警仪，井筒液面监测报警仪，以及监测和预报地层压力的井控仪器仪表。

(5)井液净化、除气、加重、起钻自动灌设备。

(6)适于特殊作业和井喷失控后处理事故的专用设备和工具，包括自封头、不压井起下钻装置、灭火设备等；

(7)用于开关防喷器和液动放喷阀的防喷器控制系统。

2. 防喷器

1)环形防喷器

环形防喷器由于其封井元件——胶芯呈环状而得名，曾称为万能防喷器、多效能防喷器、球形防喷器，其显著特点是一种胶芯能封闭不同尺寸的环形空间甚至全封闭井口。环形防喷器必须配备液压控制系统才能使用。通常它与闸板防器配套使用，但也可单独使用。它能完成以下作业：密封各种形状和尺寸的方钻杆、钻杆、钻杆接头、钻铤、套管、油管、电缆等工具；当井内无管柱时，能短时间全封闭井口；由于橡胶量多，具有一定的补偿性，在使用缓冲储能器的情况下，能通过 18°无细扣对焊钻杆接头，强行起下钻具。

环形防喷器胶芯易过早损坏且无锁紧装置，所以不能长时间关井。

环形防喷器按密封胶芯形状分为锥形胶芯环形防喷器、球形胶芯环形防喷器、组合胶芯环形防喷器、筒状胶芯环形防喷器、旋转胶芯环形防喷器；按胶芯密封时的受力形式分为自封式环形防喷器、机械液压式环形防喷器、手动液压式环形防喷器；按工作原理分为手动液压式环形防喷器、筒状自封式环形防喷器、机械液压控制式环形防喷器。

环形防喷器的型号表示方法如图 1－53 所示。

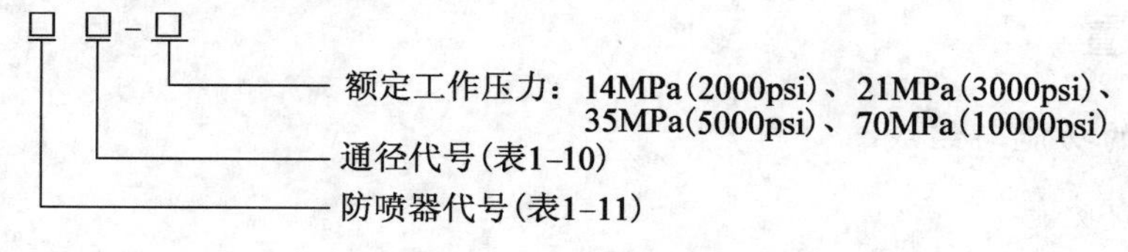

图 1－53　环形防喷器的型号

表 1－10　通径代号与规格

通径代号	通径规格,in	通径代号	通径规格,in
18	$7\frac{1}{16}$	48	$18\frac{3}{4}$
23	9	53	$20\frac{3}{4}$
28	11	54	$21\frac{1}{4}$
35	$13\frac{5}{8}$	68	$26\frac{3}{4}$
43	$16\frac{3}{4}$	76	30

表 1－11　环形防喷器代号表

环形防喷器名称	球形胶芯类	锥形胶芯类	组合胶芯类	筒形胶芯类	旋转胶芯类
代号	FH	FHZ	FHZH	FHT	FXZ

(1)锥形胶芯环形防喷器。

锥形胶芯环形防喷器结构如图 1－54 所示,顶盖与壳体螺纹连接,支撑筒用螺栓固定在壳体下部台阶上,胶芯坐在支撑筒上,活塞上部内腔呈倒截锥形,与锥形胶芯(图 1－51)配合。锥形胶芯中均匀分布有铸钢支撑筋。壳体与顶盖间装有防尘圈,防尘圈与活塞凸肩构成的环形空间为上油腔,活塞凸肩与壳体凸肩构成的环形空间为下油腔。两油腔均有油管接头与液控系统管路连接。

其结构具有以下特点:

①结构简单可靠,易于现场拆卸、安装、维护。

②胶芯呈锥形(图 1－55),由支撑筋与橡胶硫化而成,支撑筋用合金钢制造。在封井状态下可承受较大的压力而不至于撕裂。

③井压助封。关井时,作用在活塞内腔上部环形面积上的井压向上推活塞,促使胶芯密封更紧密,增加密封的可靠性,从而降低所需的液控关闭压力。

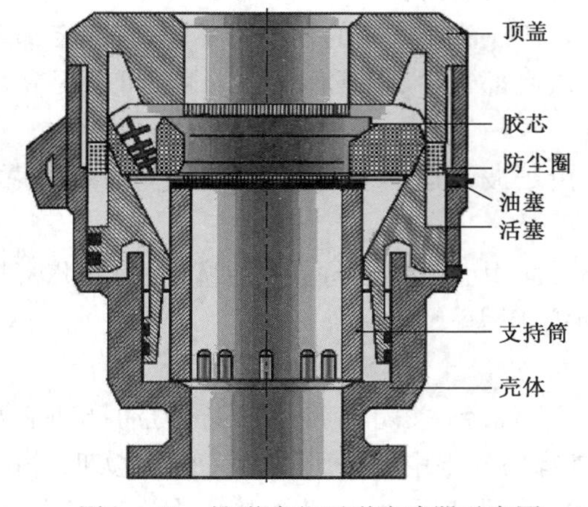

图 1－54　锥形胶芯环形防喷器示意图

图 1－55　锥形胶芯

④寿命可测。自顶盖探孔内插入测杆顶住活塞,测出封井后测杆的上移距离,经过计算可得出胶芯的使用寿命。

其工作原理如下:

①锥形胶芯环形防喷器关井时,来自液压系统的压力油进入下油腔(关闭油腔)推动活塞迅速上移,胶芯受顶盖的限制不能上移,在活塞内锥面的作用下被迫向井眼中心挤压收缩,环抱钻具,封闭井口环形空间。当井内无钻具时,胶芯向中心挤压、收缩直至胶芯中空部位填满

橡胶为止，从而全封井口，同时上油腔里的液压油通过液控系统管路流回油箱。

②打开锥形胶芯环形防喷器时，来自液控系统的压力油通过液控管线进入上油腔(开启油腔)推动活塞迅速下移。活塞内锥面对胶芯的挤压力迅速消失，胶芯靠橡胶自身的弹性向外扩张、恢复原状，井口全开。同时下油腔里的液压油通过液控系统管路流回油箱。

(2)球形胶芯环形防喷器。

环形胶芯环形防喷器结构如图1－56所示，由顶盖、壳体、防尘圈、活塞、胶芯等组成。胶芯呈半球形，铸钢支撑筋径向均布，顶盖内腔为球面，活塞半剖面呈“Z”字形，如图1－57所示。

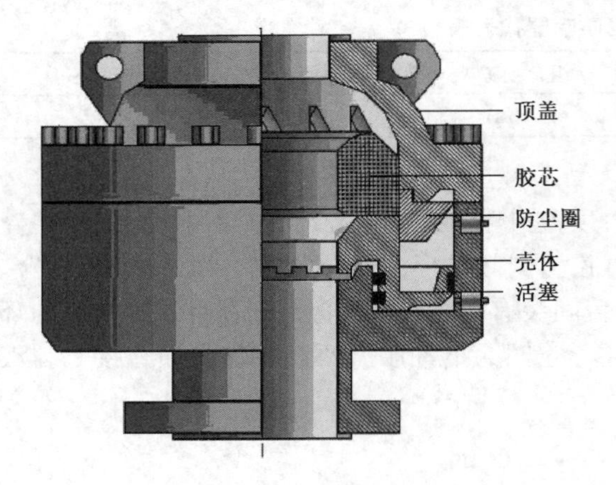

图1－56　球形胶芯环形防喷器示意图

图1－57　球形胶芯

球形胶芯具有以下特点：

①球形胶芯由沿半球面呈辐射状的弓形支撑筋与橡胶硫化而成，在胶芯打开时，支撑筋将离开井口、恢复原位，即使在胶芯严重磨损时也不会阻碍井口畅通。

②不易翻胶，在封井状态下可承受较大的压力而不至于撕裂。

③漏斗效应。球形胶芯从自由状态到封闭状态，各横截面直径的缩小量不同，胶芯定部缩小量大、底部缩小量小，因为胶芯顶部挤出橡胶最多、底部最少，形成倒置漏斗状，可以提高密封性能，使钻杆接头易于进入胶芯。

④橡胶储备量大，特别适合海洋浮式钻井船上由于波浪运动引起钻具和胶芯频繁摩擦的场合。

⑤井压助封。关井时，作用在活塞内腔上部环形面积上的井压向上推活塞，促使胶芯密封更紧密，增加密封的可靠性，从而降低所需的液控关闭压力。

⑥胶芯寿命长。

其工作原理如下：关闭球形胶芯环形防喷器时，下油腔(关闭油腔)中的压力油推动活塞迅速上移，胶芯被迫沿顶盖球面内腔自下而上，自外缘向井眼中心挤压、收拢、变形，实现封井。打开防喷器时，上油腔(开启油腔)中的压力油推动活塞迅速下移，胶芯的挤压力迅速消失，胶芯靠橡胶自身的弹性向外扩张、恢复原状，井口打开。

(3)组合胶芯环形防喷器。

组合胶芯环形防喷器(图1－58)的胶芯由内外两层胶芯组成。内胶芯有支撑筋且支撑筋沿圆周切向配置，其上下端面彼此紧靠；外胶芯为纯橡胶制作且橡胶较软。封井时内胶芯变形小，所需推挤力也较小，封井所需油耗量也较少；封井时外胶芯变形量较大但只是传递压力而不移动，因此磨损量小、寿命长。通常外胶芯的寿命是内胶芯的3～4倍。

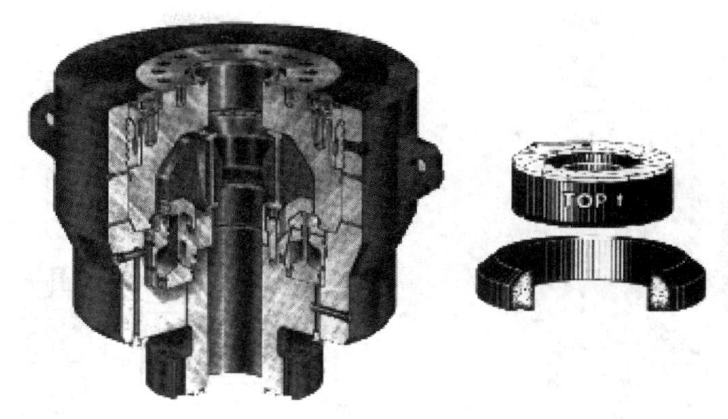

图 1－58 组合胶芯环形防喷器

由于内胶芯的支撑筋上下端面彼此紧靠接触，当井内有钻具时不能采用切割法更换胶芯。组合胶芯环形防喷器体积小、质量小，但结构复杂且新胶芯的封零密封性能也不理想，在我国使用很少。

封井时，活塞在油压作用下向上移动，推举外胶芯，外胶芯被迫向中心挤压内胶芯。内胶芯在外胶芯的包围挤压作用下向中心收拢变形，支撑筋则转动相应角度并向中心平移，内胶芯橡胶迅速向中心聚集，从而实现封井。开井时，活塞向下移动，内外胶芯依靠自身弹性恢复开井状态。

（4）旋转防喷器。

旋转防喷器是在修井作业过程中，密封油套环空带压作业的工具。在井内带压工况下，实现对钻具的上、下活动密封加旋转密封，低压下对钻具实现起下操作密封。胶芯为方、圆结合或球形整体自封结构。具有密封压力高、结构尺寸小、安装方便的特点；同时，具有防止井口溢流和井喷功能；可方便地进行反循环洗井、边循环边套铣、磨铣、钻水泥塞等修井工作。

旋转防喷器按密封结构可分为主动密封（液压封井式）与被动密封（自封封井式）两类，如图 1－59、图 1－60 所示。液压封井旋转防喷器是在环形防喷器的内腔顶部增设了一套旋转轴承系统，在封闭井内钻具和井眼的环空后，胶芯能随钻具一起带压旋转。

自封封井式旋转防喷器用于试油、修井、完井等作业过程中关闭井口，防止井喷事故发生，具有结构简单、易操作、耐压高等特点。自封封井式旋转防喷器靠井内环形空间的压力和胶皮芯子的伸缩能力，使油管和油管接箍均能通过，并密封油套管环形空间，在不压井起下作业时用来密封油套管环形空间的一种井口装置。

2）闸板防喷器

闸板防喷器是井下作业主要的井控设备，能承受高压，通过控制井口压力来实现对井内压力、地层压力的控制，有效防止井喷的发生。其主要功能为：

（1）当井内有钻具时，可用与管柱尺寸相匹配的半封闸板（又称管子闸板）封闭井口环形空间。

（2）当井内无管柱时，可能全封闸板（又称盲板）全封井口。

（3）当处于紧急情况时，可用剪切闸板迅速剪断井内管柱并全封井口。

（4）在封井情况下，通过与四通及壳体旁侧出口相连的压井管汇、节流管汇进行压井液循环、节流放喷、压井、洗井等特殊作业。

（5）与节流管汇、压井管汇配合使用，可有效地控制井底压力，实现近平衡压井作业。

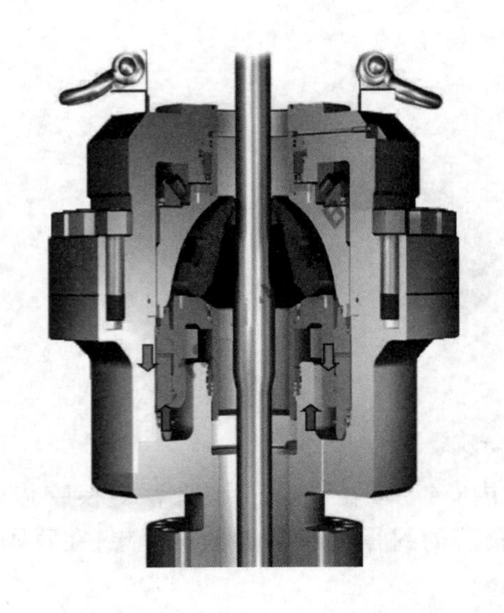

图 1-59　液压封井式旋转防喷器

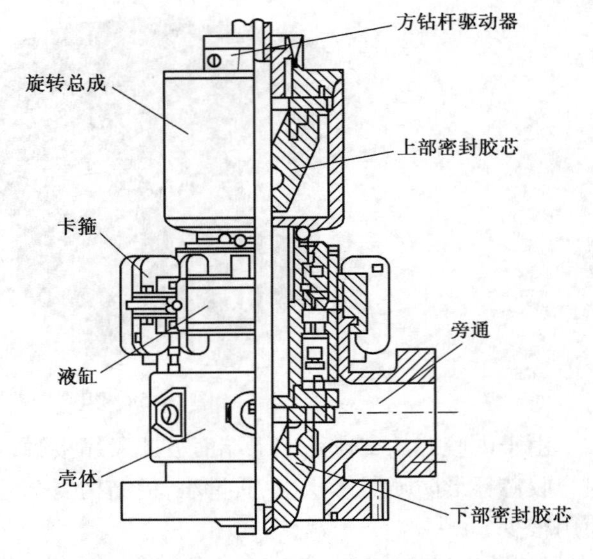

图 1-60　自封封井式旋转防喷器

当利用侧孔节流、放喷时，容易导致壳体的冲蚀，因此，通常不使用壳体侧孔节流或放喷。井口防喷器组的下部装有四通，四通两翼装设节流管汇与压井管汇，压井作业通过这些专用管汇进行。

闸板防喷器的种类很多，按闸板驱动方式可分为手动闸板防喷器和液压闸板防喷器两大类；按闸板用途可分为全封闸板防喷器、半封闸板防喷器、变径闸板防喷器、剪切闸板防喷器和电缆闸板防喷器；按闸板腔室分为单闸板防喷器、双闸板防喷器、三闸板防喷器。双闸板防喷器（图 1-61）应用较广泛，通常安装一副全封闸板及一副半封闸板。

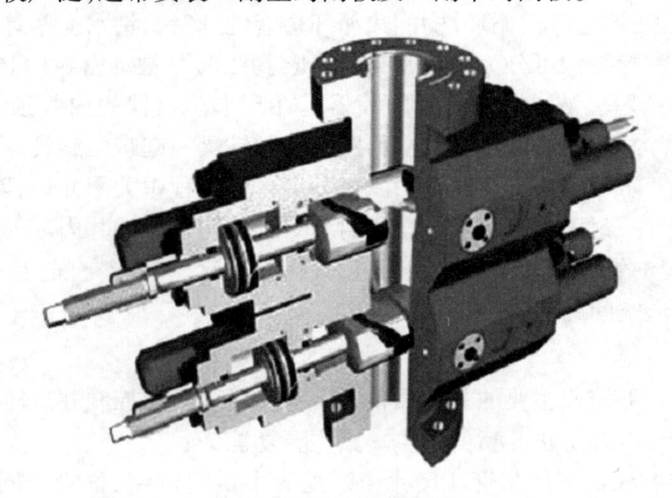

图 1-61　双闸板防喷器

闸板防喷器的型号如图 1-62 所示。

闸板防喷器主要由壳体、侧门、油缸总成、闸板总成、锁紧机构组成。当液控系统高压油从油管座经过壳体内部油路进入左右液缸闸板关闭腔时，推动活塞带动闸板轴及左右闸板总成沿壳体闸板室分别向井口中心移动，实现封井。当高压油进入左右液缸闸板开启腔时，推动活塞带动闸板轴及左右闸板总成向离开井口中心方向运动，打开井口。闸板开关由液控系统换

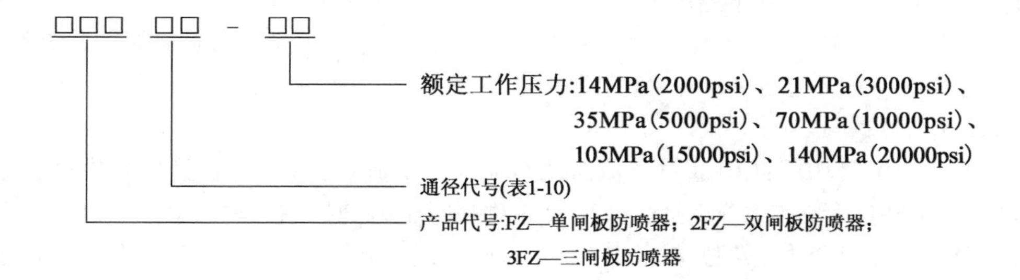

图1－62　闸板防喷器的型号

向阀控制。一般在3～15s内即可完成闸板开、关动作。闸板防喷器可用以长期封井。半封闸板在封井时不宜上下活动管柱,也不能旋转管柱。

闸板防喷器要有四处密封起作用才能有效地密封井口,即闸板顶密封与壳体的密封;闸板前密封与管柱、壳体及前密封相互间的密封;壳体与侧门之间的密封;闸板轴与侧门间的密封。

闸板的密封过程分为两步:一是在液压油作用下闸板轴推动闸板前密封胶芯挤压变形密封前部,顶密封胶芯与壳体间过盈压缩密封顶部,从而形成初始密封;二是在井内有压力时,井压从闸板后部推动闸板前密封进一步挤压变形,同时井压从下部推动闸板上浮贴紧壳体上密封面,从而形成可靠的密封,亦即井压助封作用。

试油修井用闸板防喷器与钻井闸板防喷器,除型号、结构有所不同,其他如原理、性能、规范、操作方法、保养等基本相同。

3. 井控管汇

井控管汇包括节流管汇、压井管汇、防喷管线、放喷管线等,是确保成功地控制井涌,实施油气井压力控制技术的必要设备。节流管汇的结构如图1－63所示;压井管汇主要由单流阀、平板阀、三通和压力表等组成。

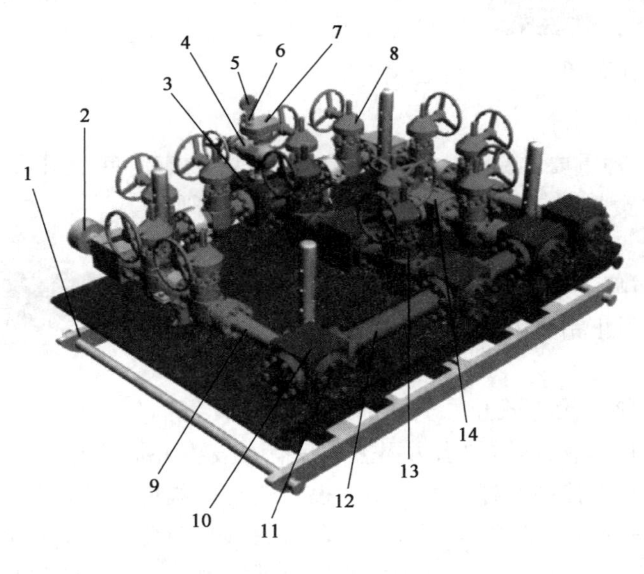

图1－63　节流管汇

1—升降式底座;2—105/78液动节流阀;3—五通;4—52/105平板阀;5—压力表;6—截止阀;7—仪表法兰;8—平板阀;9—法兰短节;10—四通;11—盲法兰;12—法兰短节;13—平板阀;14—手动节流阀

目前，节流管汇、压井管汇的压力等级与防喷器相同，分别为14MPa、21MPa、35MPa、70MPa、105MPa、140MPa。节流压井管汇的压力等级应与全井防喷器的最高压力等级匹配。管汇的公称通径一般不小于62mm，额定温度为-29～121℃（PU级），工作介质为天然气、钻井液，抗H_2S。

节流管汇的主要功用：(1)通过节流阀的节流作用实施压井作业，替换出井内被污染的钻井液，同时控制井口套压与立管变化，恢复液柱对井底压力的控制，制止溢流；(2)通过节流阀的泄流作用降低井口压力，实现"软关井"；(3)通过放喷阀的大量泄液（气），降低井口套管压力，保护井口防喷器组；(4)起分流、放喷作用，将溢流物引出井场外，防止井场着火和人员中毒，确保作业安全。

压井管汇的主要功用：当用全封闸板全封井口时，通过压井管汇往井筒里强行灌加重钻井液，实施压井作业；当已经发生井喷时，通过压井管汇往井筒内强注清水，以防燃烧起火；当已经发生井喷着火时，通过压井管汇往井筒内强注灭火剂，以助灭火。

4. 管柱内防喷工具

钻井或其他井下作业过程中，当井发生溢流井涌时，为了防止地层流体以及钻井液沿钻柱水眼向上喷出损坏水龙带而导致井喷，需要使用钻具内防喷工具来控制钻柱内压力。钻具内防喷工具主要有方钻杆上下旋塞、钻具止回阀、钻具旁通阀等。

1）方钻杆旋塞阀

方钻杆旋塞阀，也称为钻杆安全阀，如图1－64所示。方钻杆上旋塞阀位于方钻杆的上部，左旋螺纹；方钻杆下旋塞阀位于方钻杆的下部，右旋螺纹。上下旋塞的结构相同，都采用球阀结构，控制方式采用手控（用扳手），按要求转动90°即可以实现开关。

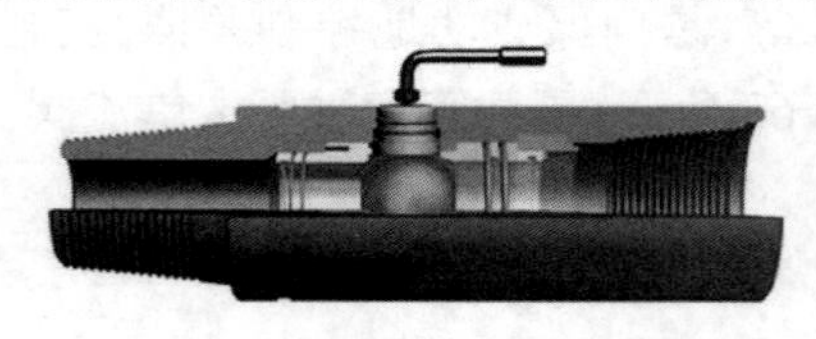

图1－64　方钻杆旋塞阀

方钻杆旋塞阀的使用要求：其额定工作压力与现场防喷器工作压力级别相一致；为防止钻柱内部压力损耗，旋塞内径应大于或等于方钻杆内径；试压标准为在额定工作压力状态下进行密封试压，以稳压30min，压降不小于0.5MPa为合格。

2）钻具止回阀

钻具止回阀是一种重要的钻具内防喷工具。一般主要有箭型止回阀、投入式止回阀、活门式止回阀（浮阀）、弹簧强制复位式止回阀、手动止回释放阀等。

(1)箭型止回阀。箭型止回阀（图1－65）是阻止井喷、井涌的重要钻杆内防喷工具。它随钻柱一起下入井中能自动控制钻井液回压，阻止钻具内流体上窜倒流，这种阀结构简单、装卸便利。

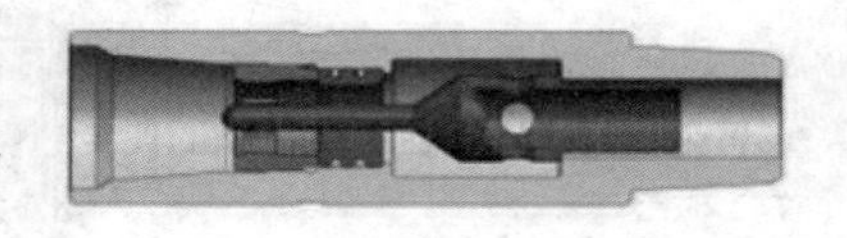

图1－65　箭型止回阀

(2)投入式止回阀。投入式止回阀平时不放在钻井管柱中，因而不影响钻井作业，不增加水力损失。只有在发生井涌或在一定压力下强行起钻时，才将此阀投入钻柱中，以控制钻杆压力。钻杆投入式止回阀由联顶接头和投入式止回阀两部分组成，如图1－66所示。联顶接头下接止动环，接头内有锯齿形槽，联顶接头下面与钻铤相接，上面与钻杆相接。投入止回阀由阀体、卡瓦、上下挡团、胶筒、钢球、弹簧等组成。发生井涌时，将钻杆投入式止回阀投到钻杆内，开泵循环使阀落入联顶接头，卡瓦便自动张开卡在槽内。这时如果井涌逆流，阀体便上升使胶筒膨胀，封住阀外环隙，这样便可以强行起钻。

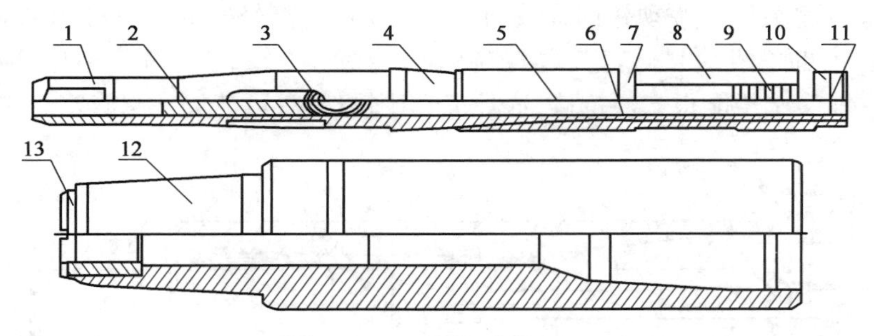

图 1－66　钻杆投入式止回阀

1—锥形头;2—弹簧;3—钢球;4—本体;5—胶筒;6—螺钉;7—上下挡圈;

8—锥套;9—卡瓦;10—螺母;11—固定螺钉;12—联顶接头;13—止动环

(3)浮阀。浮阀一般有弹簧式(图 1－67)和翻板式(图 1－68)两种形式。工作时连接在钻柱中,在井喷时阀芯在压力的作用下与阀体密封,阻止钻具内流体喷出。

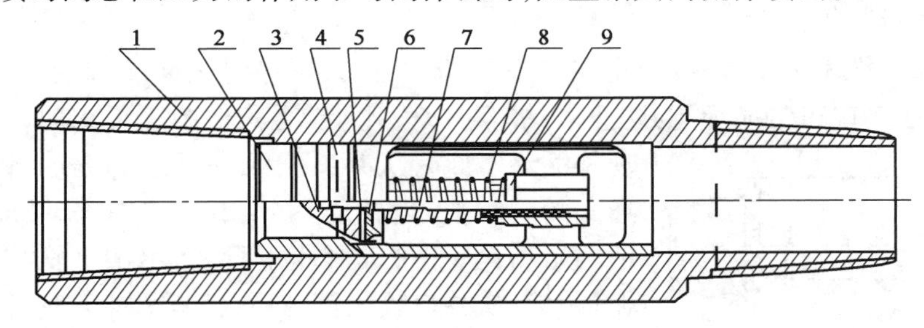

图 1－67　弹簧式钻具浮阀

1—本体;2 阀体;3—阀芯;4—密封圈;5—密封盘;6—压盘;7—阀杆;8—弹簧;9—导向阀

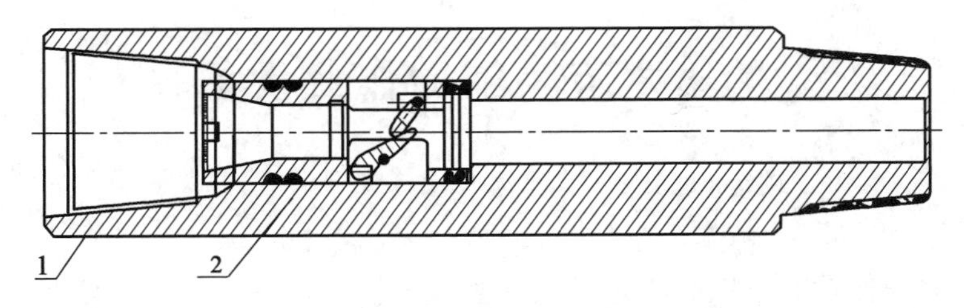

图 1－68　翻板式钻具浮阀

1—接头体;2—浮阀总成

(4)弹簧强制复位式止回阀。弹簧强制复位式止回阀(图 1－69)是一种用于钻柱内阻止井喷、井涌的止回阀,可连接在方钻杆下与钻头之间任意处连接。在钻进过程中,正循环钻井液压力使阀芯打开保证钻井的正常进行。钻具内在负压或上下压力基本平衡状态下,弹簧复位推动阀芯,使阀芯的圆锥密封面与阀座的圆锥密封面封住,阻止回流,这样可进行连接钻具或强行起钻。

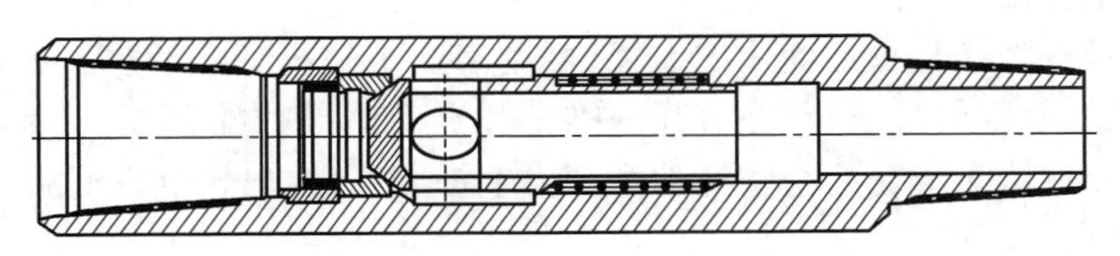

图 1－69　弹簧强制复位式止回阀

(5)手动止回释放阀。手动止回释放阀(图1－70)是国外普遍推广应用的一种钻具内防喷工具。在起下钻时发生井喷或溢流,需控制钻具内流体上窜,一方面希望尽可能多的下钻杆到井内,另一方面又希望能很方便抢接,这种工具比较理想,可替代备用旋塞。

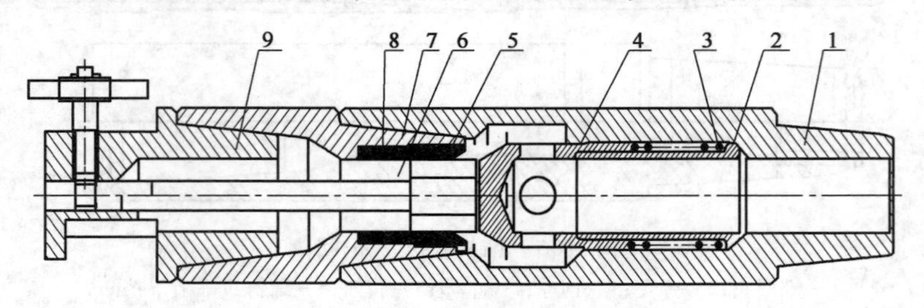

图1－70　手动止回释放阀

1—下接头;2—弹簧座;3—弹簧;4—阀芯;5—密封套;
6—释放杆;7—上接头;8—O形密封圈;9—释放接头

3)钻具旁通阀

钻具旁通阀(图1－71)一般配置在钻头上端,在正常钻进时只起配合接头的作用。当井下钻头水眼无法实现正常循环、为防止卡钻等事故发生,或有其他施工要求时,将由该阀来实现外循环。此时从井口投入一合适的钢球,钢球下落到旁通阀的阀座上,当钻压达到18～25MPa时,即可剪断阀座的两个剪销,并推动阀座下行,露出四个斜孔,即可实现外循环。当从井口投入钢球后,钻具只能实现外循环;如需正常循环时,要提出钻具,卸下旁通阀,取出钢球,使阀座复位,重新配置剪销。

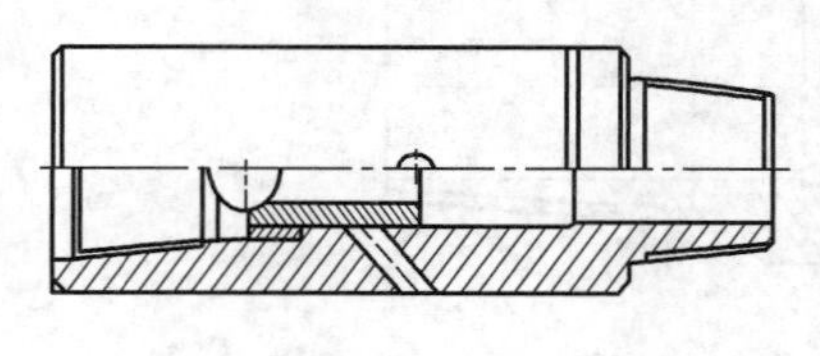

图1－71　钻具旁通阀

第六节　辅助作业设备

一、卡瓦

卡瓦是在井下作业起下钻时将钻杆或油管等管柱卡紧在井口法兰盘上或转盘台上的专用工具,它能减轻工人的劳动强度,提高起下速度。根据动力来源将卡瓦分为手动卡瓦和动力卡瓦两大类。手动卡瓦就是利用人力完成卡紧或松开管柱的工作;动力卡瓦则是利用气体或液体的压力推动卡瓦工作,完成规定的动作。

1. 手动卡瓦

手动卡瓦常用的有三片式卡瓦、四片式卡瓦和卡盘式卡瓦三种。

1)三片式卡瓦

三片式卡瓦主要由卡瓦体、卡瓦把和卡瓦牙组成,其结构如图1－72所示。

三片式卡瓦是一种在转盘上使用的卡瓦,可用来起下钻杆。当管柱下行时,合上卡瓦,使管柱和卡瓦牙接触,并随管柱下行,在方瓦内锥度和卡瓦体锥的配合下,卡瓦将管柱卡紧在转盘中;当上提管柱时,依靠卡瓦牙与管柱的摩擦力上提卡瓦,提出转盘方瓦后分开卡瓦,使其与管柱脱离,立在转台上。

在使用时,可根据不同规格的管柱更换不同尺寸的衬板和卡瓦牙,使之相互紧密配套。下结时，要防止吊卡压在卡瓦上，以免压坏卡瓦牙，使其掉入井中造成卡结事效。

2）四片式卡瓦

四片式卡瓦有两种，一种是在井口法兰盘上起下油管时使用的；另一种，其原理与三片式卡瓦相同。

3）卡盘式卡瓦

卡盘式卡瓦是一种井口法兰盘上安装的卡瓦工具，适用于起下油管。卡盘式卡瓦，主要由底板、曲柄机构、卡瓦牙、手把等组成，如图 1－73 所示。

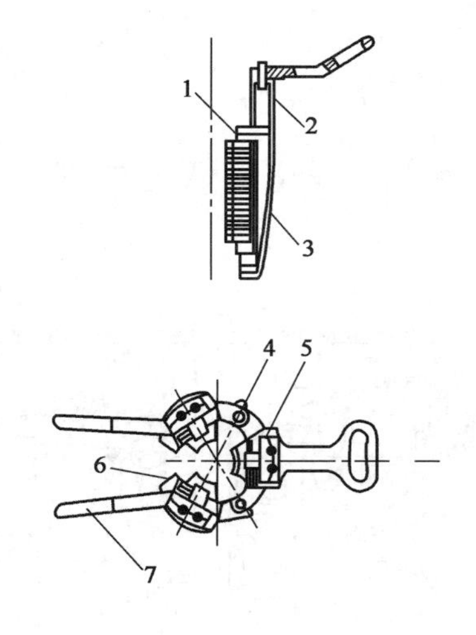

图 1－72　三片式卡瓦结构示意图

1—衬板；2—销钉；3—卡瓦体；4—铰链；5—压板；6—卡瓦牙；7—卡瓦把

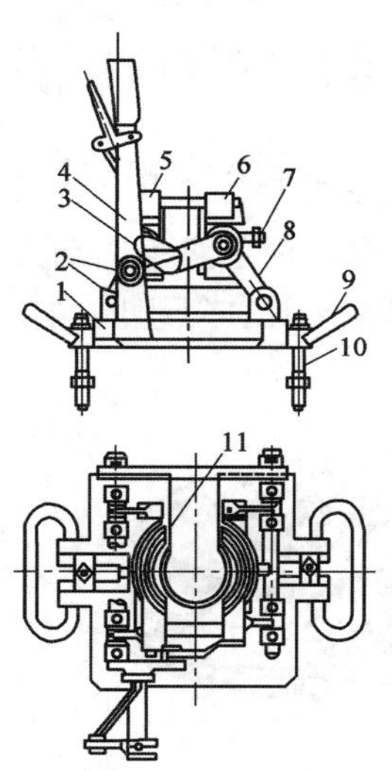

图 1－73　卡片式卡瓦的示意图

1—底板；2—耳环；3—曲柄机构；4—手把；5，6—壳体；7，10—螺栓；8—拉杆；9—提环；11—卡瓦牙

卡盘式卡瓦的工作原理是：将手把向上抬起，通过曲柄机构使拉杆向两边撑开，从而带动壳体张开，同时固定在壳体上的卡瓦牙也随壳体向外分开，此时允许管柱从中间自由通过；将手把向下压，通过曲柄机构带动拉杆和壳体向内收缩，同时卡瓦牙向中心靠拢卡紧管柱。

使用时，通过螺栓将底盘固定在井口法兰盘上，防止其径向移动。该卡瓦的卡瓦牙可以更换，使用于卡紧 2in 和 2½in 油管。

这种卡瓦的优点是使用方便、重量轻；缺点是当管柱较少或起下钻不平稳时，因管柱跳动卡瓦易松开而发生落井事故，所以初下或起至最后几根管柱时，在松开吊卡之前，应用脚踏住手把。手动卡瓦的技术规范见表 1－12。

表 1－12　手动卡瓦的技术规范

名称规格	形式	卡瓦牙内径 mm	最大工作负荷 kN	用途	外形尺寸，mm			质量 kg
					长	宽	高	
2in 油管卡盘	卡盘式	60.3	500	卡 2in 油管	790	304	340	227
2½in 油管卡盘	卡盘式	73	500	卡 $2^1/_2$in 油管	790	304	340	227
2⅞in 钻杆卡瓦	四片式	73	750	卡 $2^7/_8$in 钻杆	332	165	580	83
3½in 钻杆卡瓦	三片式	86.5	1000	卡 $3^1/_2$in 钻杆	766	332	559	105
4½in 钻杆卡瓦	三片式	112.7	1000	卡 $4^1/_2$in 钻杆	766	332	559	95

2. 动力卡瓦

动力卡瓦是指利用空气或液压油通过工作缸及连杆机构推动卡瓦上提下放、卡紧或松开管柱的一种井口专用设备。井下作业对动力卡瓦的要求如下：

(1)在提放管柱时，卡瓦应松开并上升到一定的高度。

(2)能平稳地下放并卡紧管柱。

(3)卡瓦能够移开井口而不妨碍钻、冲、磨、套铣等其他作业。

(4)卡瓦牙应便于更换。

动力卡瓦有装在井口法兰盘上和装在钻盘内的两种，修井常用装在井口法兰盘上的动力卡瓦。

1)安装在井口法兰盘上的动力卡瓦

安装在井口法兰盘上的动力卡瓦主要由控制台、工作汽缸、定位销、大方瓦、阶梯补心、底部导向、滑环、卡瓦体等组成，如图1－74所示。

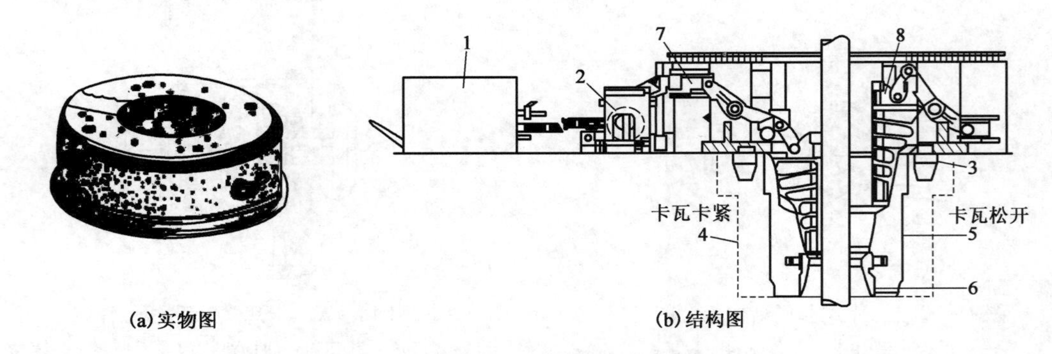

图1－74　安装在井口法兰盘上的动力卡瓦

1—控制台；2—工作汽缸；3—定位销；4—大方瓦；5—阶梯补心；6—底部导向；7—滑环；8—卡瓦体

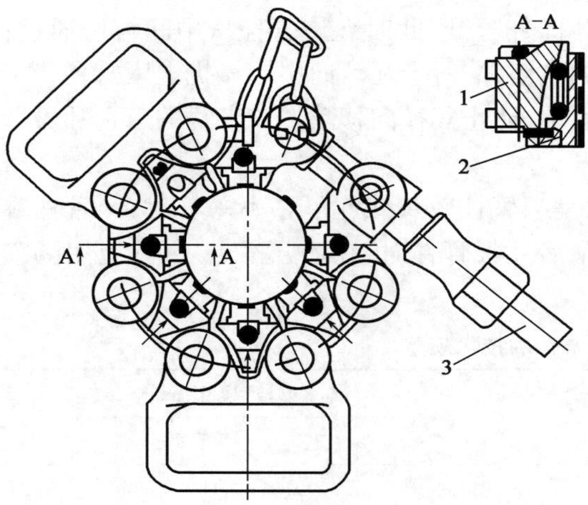

工作原理：上提管柱，同时扳动控制阀，使工作缸内的活塞下行带动滑环下移，通过拨叉、杠杆机构，使卡瓦体在管柱与卡瓦牙摩擦力的诱导下上行，让管柱从中间自由通过。当活塞上行时，通过拨叉带动滑环上移，经过杠杆机构和卡瓦体的自重使卡瓦沿底部导向下行，在锥孔内收拢，卡紧管柱。

这种动力卡瓦的侧面有活门，可随时打开移离井口，便于其他作业。

图1－75　安全卡瓦

1—牙板套；2—卡瓦牙；3—调节丝杆

2)安全卡瓦

安全卡瓦是用于卡紧并防止没有台肩的管柱从卡瓦中滑脱的工具，主要由牙板套、卡瓦牙、调节丝杆等组成，如图1－75所示。

安全卡瓦靠拧紧调节螺杆的螺母初步卡紧管柱，卡紧在卡瓦之上一定距离。当管柱下滑时，卡瓦牙沿牙板套斜面滑动，从而将管柱卡的更紧，以防止管柱落井。安全卡瓦使用节数见表1－13。

表 1-13 安全卡瓦使用节数

卡瓦外径,mm	节数	卡瓦外径,mm	节数
95.2~117.5	7	190.5~219.1	11
114.3~142.9	8	215.9~244.5	12
139.7~168.3	9	241.2~269.9	13
165.1~193.7	10	—	—

3)负荷 100t 气动卡盘

这是一种可坐在井口或转盘上的机械化设备,该气动卡盘具有结构紧凑、卡紧可靠、适应性强、安装维修方便等特点,主要适用于中深井的井下作业。负荷 100t 气动卡盘的工作原理和动力卡瓦相同,其结构如图 1-76 所示。主要技术参数如下:

(1)最大载荷:1000kN;

(2)适用管柱:2½in 和 3in 油管;

(3)汽缸压力:0.8MPa;

(4)汽缸行程:72mm;

(5)外形尺寸:730mm×402mm×416mm;

(6)质量:174kg。

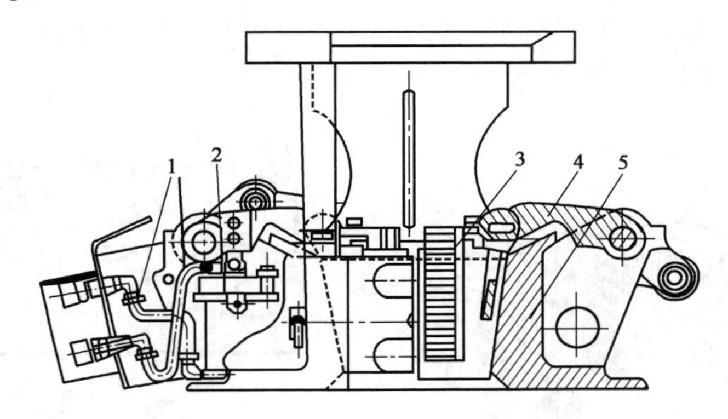

图 1-76 负荷 100t 气动卡盘结构图

1—气路;2—工作汽缸;3—卡瓦;4—转臂;5 卡盘体

3. 卡瓦的材料

卡瓦体一般用中碳合金钢铸造,热处理后硬度为 207~328HB。

卡瓦牙是卡瓦的重要零件,牙的齿形、材料、硬度等对牙的使用寿命、卡紧管柱的能力及管柱体外表的损伤有重要影响。目前卡瓦牙大多采用 20CrMo、12CrNi 低碳钢合金钢作为卡瓦牙的材料,经过渗碳淬火后,其硬度可达 43~52HRC,也可采用高碳合金钢进行高频加热淬火处理。

卡瓦牙属易损零件,其更换应力求方便。

4. 卡瓦的使用

(1)在使用动力卡瓦时,应先检查工作汽缸、控制阀、气管线和杠杆等零件的完好情况,以保证灵活方便、安全可靠,还要注意润滑保养。

(2)卡瓦牙磨损过大时要及时更换。

(3)起下钻时,一定要先刹住滚筒后再卡紧卡瓦,等管柱被卡住后再打开吊卡。当管柱较少时,一定要平稳操作,避免因管柱跳动使卡瓦松开而造成管柱落井事故。

(4)对卡瓦上的油、蜡等脏物,尤其是卡瓦牙上的脏物要及时清除干净,以防卡瓦打滑,造成掉钻事故。

二、吊卡

吊卡是扣在钻杆接头、套管或油管接箍下面,用以悬挂、提升和下入钻杆、套管或油管的工具。吊卡悬挂在游车大钩两侧吊环的下面,起下作业时卡在管柱接箍下面的本体上。根据所卡管柱的不同,吊卡分为管类吊卡和杆类吊卡两种。

1. 管类吊卡

管类吊卡是用来进行吊起油管、钻杆、套管的作业。修井上常用的有活门式、月牙形和羊角形三种。

1)活门式吊卡

活门吊卡的结构如图1－77所示。这种吊卡适应较重负荷,一般用于起下钻杆、套管,但活门不够保险,尤其在往地面放油管时,锁扣容易碰到井架拉杆而打开,造成事故。使用时应注意这一点。

2)月牙形吊卡

月牙形吊卡的结构如图1－78所示,主要由吊卡体、月牙和锁扣手柄等组成。这种吊卡承受负荷较小,一般用于起吊油管。

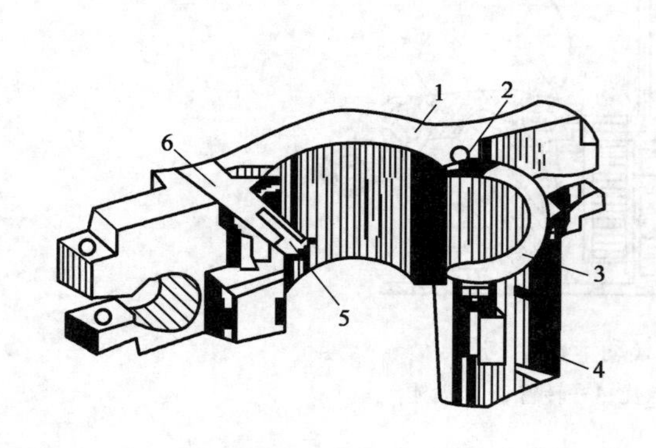

图1－77　活门式吊卡

1—吊卡体;2—活门销子;3—活门;4—手柄;
5—锁扣销子;6—锁扣

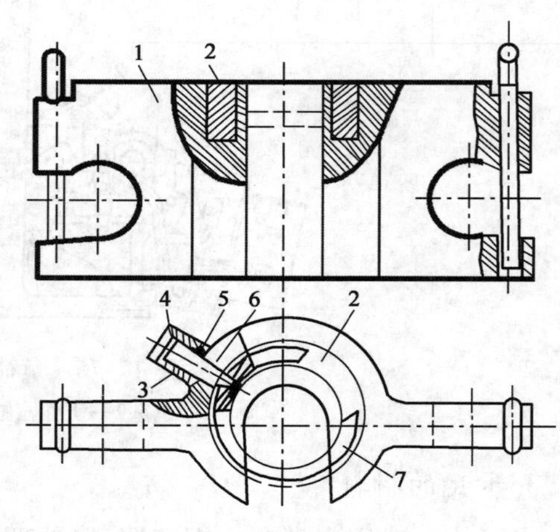

图1－78　月牙形吊卡

1—吊卡体;2—凹槽;3—插栓;4 锁扣手柄;
5—弹簧;6—弹簧底垫;7—月牙

3)羊角形吊卡

羊角形吊卡是仿造美国牛角吊卡生产的井口工具,具有使用方便、安全可靠、承受负荷大等特点。羊角形吊卡的出厂产品名为DDK型对开式双保险吊卡,结构如图1－79所示。

此外,现场使用的还有闭锁式吊卡等。常用管类吊卡的技术规范见表1－14。

2. 杆类吊卡

杆类吊卡是指起下抽油杆的专用井口工具,它挂在抽油杆吊钩的下面,可卡吊不同规格的抽油杆。常用的有大庆抽油杆吊卡和CKD型抽油杆吊卡。

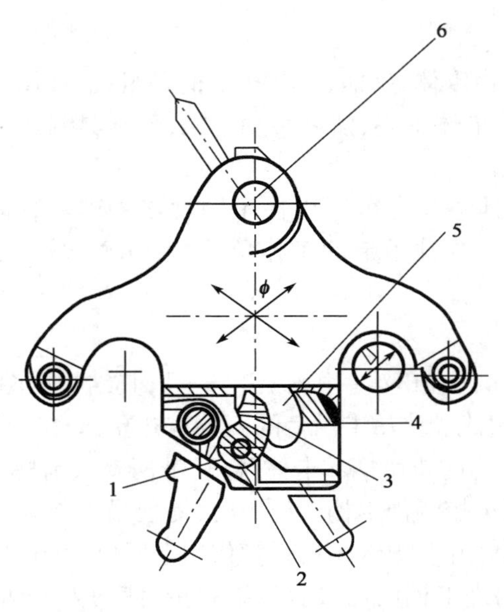

图1-79 DDK型对开式双保险吊卡

1—销板;2—短销;3—锁销;4—锁孔;5—右体锁舌;6—轴销

表1-14 常用管类吊卡的技术规范

吊卡类型	名义尺寸 in	开口直径 mm	外形尺寸,mm		起重量 kN	质量 kg	功用
			宽度	高度			
活门式吊卡	2	62	450	205	230	40.5	吊起油管
	2½	77	440	210	300	40.3	吊起油管
	3	91	495	230	350	52.0	吊起油管
	4	116	525	230	400	69.0	吊起油管
	2½	76	540	230	1300	72.0	吊起钻杆
	3	92	540	230	1300	69.0	吊起钻杆
	4	117	600	245	1400	92.0	吊起钻杆
月牙形吊卡	2	62	435	205	230	23	吊起油管
	2½	77	480	205	300	54	吊起油管
	3	89	600	205	420	74	吊起油管
	4	115	600	280	650	121	吊起油管
羊角形吊卡(DDK型对开式双保险吊卡)	2⅜	69,63	—	—	1125	—	吊起钻杆
	2⅞	84,76	—	—	1125	—	吊起钻杆
	3½	102,92	—	—	1125	—	吊起钻杆
	2⅜	63,63	—	—	750	—	吊起油管
	2⅜	63,68	—	—	750	—	吊起油管
	2⅞	76,76	—	—	750	—	吊起油管
	2⅞	76,82	—	—	750	—	吊起油管
闭锁式吊卡	2	63,65	440	200	490.33	—	吊起油管
	2½	76,82	440	200	490.33	—	吊起油管

1)大庆抽油杆吊卡

大庆抽油杆吊卡，主要由卡体、吊柄、卡具和手柄等组成，如图 1－80 所示。使用时，将吊卡推到油杆上，使油杆位于卡体中心，然后转动手柄，使卡具封闭卡体缺口，将抽油杆接头卡住，进行起下抽油杆的作业。

这种吊卡的特点是卡具中间有可以更换不同规格的卡套，即一个吊卡配几个卡套，便可起下不同尺寸的抽油杆。这种吊卡的工作负荷为 50kN，适用于一般井深的抽油杆起下作业。

2)CKD 型抽油杆吊卡

CKD 型抽油杆吊卡是玉门油田第一机械厂的产品，其结构如图 1－81 所示，主要由卡体、吊柄、销柱和内、外卡柄等组成。该吊卡吊柄的两端有开孔，套在卡体两边的销柱上，吊柄可绕卡体旋转 270°，便于操作。为防止吊柄和卡体脱离，吊柄套入销柱可将销柱外端铆住。内、外卡柄相连，按动外卡柄。便可控制内卡柄。使用时，提起吊卡将缺口可对准抽油杆推吊柄，抽油杆便压缩内卡柄进入卡体中间，内卡柄在弹簧作用下回位，吊卡卡住抽油杆，进行起下作业；要取出抽油杆时，只要把两外卡柄向内按合压缩弹簧，使两内卡柄张开，分离抽油杆与吊卡。CKD 型抽油杆吊卡的技术规范见表 1－15。

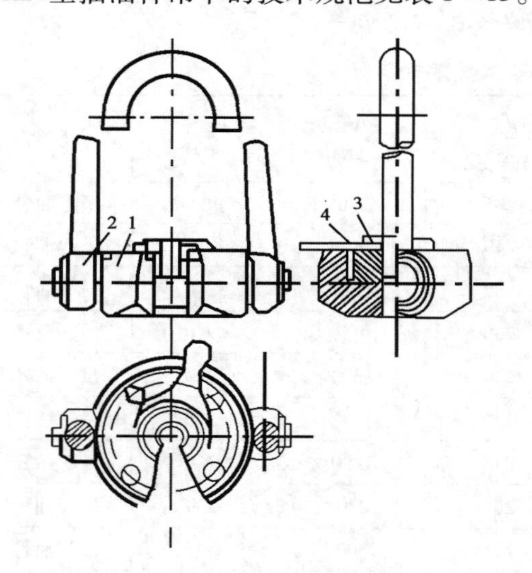

图 1－80　大庆抽油杆吊卡

1—卡体；2—吊柄；3—卡具；4—手柄

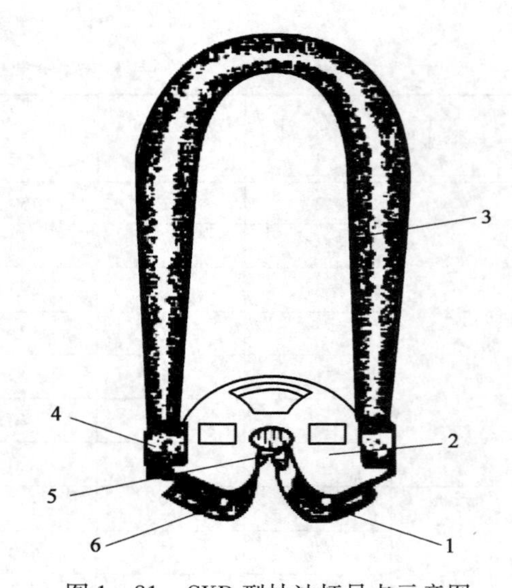

图 1－81　CKD 型抽油杆吊卡示意图

1，6—外卡柄；2—卡体；3—吊柄；4—销柱；5—内卡柄

表 1－15　CKD 型抽油杆吊卡的技术规范

吊卡型号 mm	适用抽油杆直径 in	额定负荷 kN	口径 mm	外形尺寸，mm			质量 kg
				长	宽	高	
CKD16×19	⅝～¾	200	23	200	170	530	14
CKD19×22	¾～⅞	200	26				14
CKD22×25	⅞～1	200	30				14

三、吊环

吊环是在起下作业中连接游车大钩与吊卡的工具，一般选用 45 号优质碳素钢搭接锻制后

经过正火处理制成。现场使用的吊环有单臂式(YH)和双臂式(DH)两种形式,如图1－82所示。常用的吊环负荷有300kN、500kN和750kN,在选用吊环的类型时,要与游车大钩的拉力相适应。各类吊环的技术规范见表1－16。

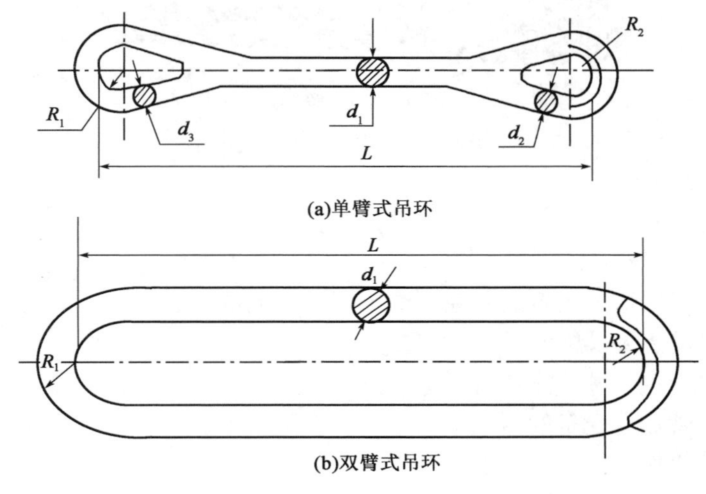

图1－82　吊环

表1－16　各类吊环的技术规范

规范 型号	负荷,kN	外形尺寸,mm			断面直径,mm			一对质量 kg
		长 L	上弧 R_1	下弧 R_2	d_1	d_2	d_3	
YH－30	300	1100	55	55	45	40	38	—
YH－50	500	1000	60	60	38	38	33	32
YH－75	700	1300	70	70	46	42	38	50
YH－150	1500	1700	100	70	52	42×52	42	92
DH－30	300	1100	60	60	25	—	—	18.6
DH－50	500	1070	50	50	60	—	—	—
DH－75	750	1200	100	75	65	—	—	—
DH－150	1500	1750	105	75	60	—	—	190

四、管钳

管钳是井下作业中上卸油管、钻杆和扭拧其他管类螺纹的工具,其结构如图1－83所示,主要由钳头、钳牙、螺母和钳柄等组成。管钳的尺寸是将钳头开到最大时,从钳头到钳尾的长度,如修井上使用的管钳有18in、24in、36in和48in,常用的为24in和36in两种。管钳的技术规范和所适用的管子直径见表1－17。

表1－17　各类管钳的技术规范使用范围

公称尺寸										
公称尺寸	in	6	8	10	12	14	18	24	36	48
	mm	150	200	250	300	350	450	600	900	1200
夹住管子最大外径,mm		20	25	30	40	50	60	70	80	100
适用管子直径,in		5～8以下	½～¾	½～¾	<1	<1	<1	2～2½	2½～3	3～4

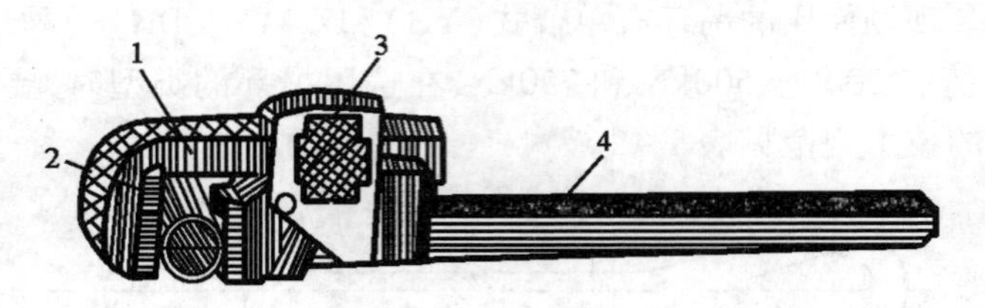

图 1 - 83　管钳

1—钳头;2—钳牙;3—螺母;4—钳柄

习　题

1. 简述修井作业的主要内容及其在石油工程中的地位。
2. 简述修井机的主要功能及其结构组成。
3. 利用连续油管进行井下作业有哪些优点?
4. 简述连续油管作业设备的组成。
5. 简述连续油管作业技术的用途。
6. 简述钢丝、电缆作业系统的组成。
7. 井下作业地面辅助设备有哪些? 在作业中有何用途?
8. 简述井口装置的设备组成与用途。
9. 简述采油树的结构组成及其用途。
10. 简述可调式节流器与固定式节流器的异同。
11. 简述井控设备的组成、作用。

第二章 常用生产管柱与工具

第一节 管 材

一、套管

一口油井，在钻井过程中或完钻之后，根据设计要求，下入一柱或几柱钢管，用以防止井壁坍塌、隔开各层的流体、形成采油采气通道等，这种钢管称为套管。

套管根据其轧制尺寸不同，形成套管规格系列；根据材质的不同，形成套管钢级系列；根据连接螺纹形式不同，形成套管螺纹类型系列。

当前，国内外油气田主要使用 API 标准尺寸系列的套管。表 2－1 列出了套管尺寸系列。

表 2－1 套管尺寸(名义外径)

常用尺寸系列(OD),mm(in)				不常用系列尺寸(ID),mm(in)		
114.3(4½)	193.7(7⅝)	298.4(11¾)	609.6(24)	153.67(1/20)	342.9(13½)	622.3(24½)
127.0(5)	196.85(7¾)	339.7(13⅜)	660.4(26)	222.25(8¾)	346.08(13⅝)	
139.7 (5½)	219.1(8⅝)	406.4(16)	762.0(30)	247.65(9¾)	546.1(21½)	
168.3(6⅝)	244.5(9⅝)	473.1(18⅝)	863.6(34)	250.83(9⅞)	371.48(14⅝)	
177.8(7)	273.0(10¾)	508.0(20)	914.4(36)	301.63(11⅞)	355.6(14)	

1. 套管的结构

常用套管的结构包括套管接箍和套管管体两部分，如图 2－1 所示。

1) 套管接箍

套管接箍就是两端加工有内螺纹，用以连接套管管体套管柱的圆筒短节。套管接箍以螺纹连接的形式装配在套管管体的一端，形成套管的内螺纹端，如图 2－2 所示。套管接箍规范按类型分为标准接箍、组合接箍、异经接箍、特别间隙接箍、特殊倒角接箍、带密封圈的接箍等。

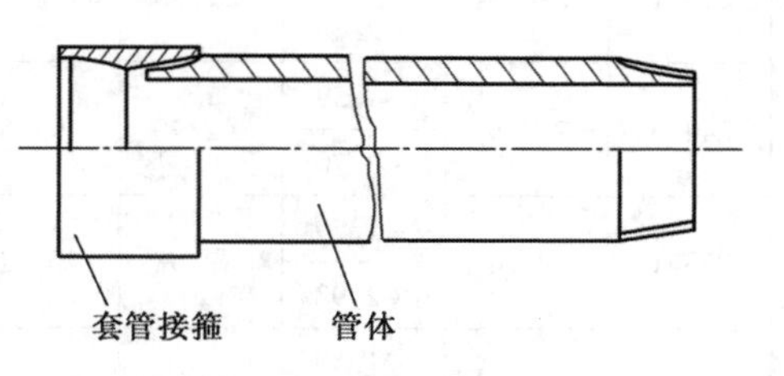

图 2－1 常用套管结构示意图

(1) 标准接箍。是指接箍的直径符合表 2－2 的要求，在实际生产中普遍使用具有良好的互换性的套管接箍。图 2－2 和图 2－3 分别为圆螺纹套管标准接箍和偏梯形螺纹套管标准接箍的结构示意图。

(2) 组合接箍。是指具有相同的规格、不同类型螺纹的套管接箍。组合接箍的最小长度和最小直径应能适用于规定的螺纹尺寸和类型。

(3) 异径接箍。用于连接套管两端不同外径而两端部具有相同或不同类型螺纹套管的接箍。异经接箍应有最小长度和最小直径，以便适应规定的螺纹尺寸和螺纹类型。在使用中，一般作为低强度级套管接箍。

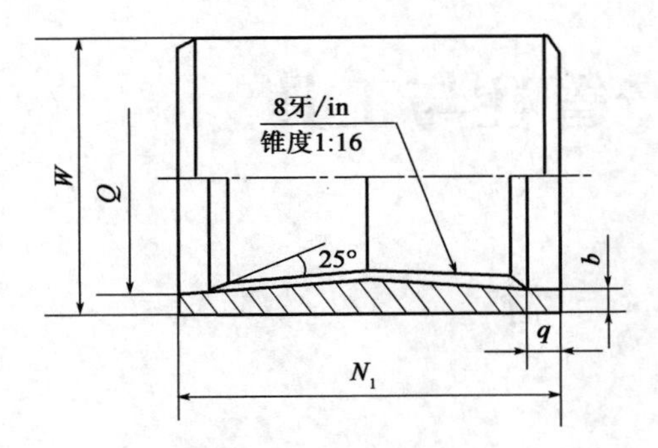

图 2-2 圆螺纹标准接箍

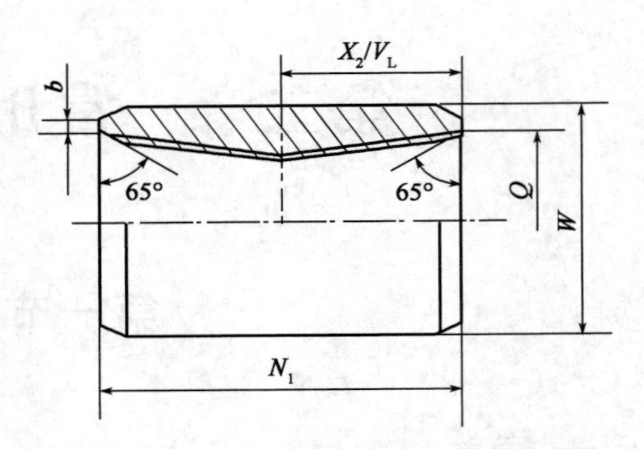

图 2-3 偏梯形螺纹套管标准接箍

表 2-2 圆螺纹套管接箍尺寸公差与质量

套管规格 mm	接箍外径 W,mm			接箍长度 N_L,mm			镗孔 直径 Q mm	承载面 宽度 b mm	质量,kg	
	基本尺寸	极限偏差		基本尺寸		极限偏差				
		Q-125 钢级	其他钢板	短接箍	长接箍				短接箍	长接箍
114.3	127.0	±1.27	±1.27	158.8	177.8		116.7	>4.0		4.15
127.0	141.3	±1.41	±1.41	165.1	196.8		129.4	>4.8		5.75
139.7	153.7	±1.54	±1.54	171.4	203.2		412.1	>3.2		6.37
168.3	187.7	±1.88	+1.88	184.2	222.3		170.7	>6.4		11.34
177.8	194.5	-1.59 +1.95	±1.95	184.2	228.6		180.2	>4.8		1.83
193.7	219.5	-1.59 +2.16	±2.16	190.5	235.0	+5.0	196.1	>6.4		15.63
219.1	244.5	-1.59 +2.45	±2.45	196.8	254.0	+3.0	221.5	>7.1		24.66
244.5	269.9	-1.59 +2.70	±2.70	199.8	266.7		246.9	>7.1		25.45
273.1	298.4	-1.59 +2.98	±2.98	203.2			275.4	>7.1	20.78	
298.5	323.8	-1.59 +3.18	±3.18	203.2			300.8	>7.1	22.64	
339.7	365.1	-1.59 +3.18	±3.18	203.2			342.1	>7.9	25.66	
406.4	431.8	-1.59 +3.18	±3.18	228.6			408.8	>7.9	34.91	
473.1	508.0	-1.59 +3.18	±3.18	228.6			475.5	>7.9	54.00	
508.1	533.4	-1.59 +3.18	±3.18	228.6	292.1		510.4	>7.9	48.42	57.54

2）套管管体

套管管体是套管结构的主体，是一种具有特定尺寸及性能要求的钢管，如图2－1所示。

套管管体是采用热轧无缝钢管经热处理后两端加工螺纹而成。

2. 套管的规格和钢级

1）套管的规格

套管根据其轧制的尺寸不同，形成套管规格系列。所谓套管规格，是指套管管体外径的设计尺寸，见表2－3。套管的规格以套管的外径的毫米数来表示。

套管壁厚：即套管管体厚度。统一规格的套管设计有不同数值要求的套管壁厚。例如ϕ139.7mm规格的套管，其壁厚设计有6.20mm、6.98mm、7.72mm、9.17mm、10.54mm等，见表2－3。

表2－3　常用套管规格钢级一览表

规格，mm	公称重量，N/m	壁厚δ，mm	钢级
127.0	168.0	5.59	J、K
	189.9	6.43	J、K
	219.2	7.52	J、K、C、L、N、P
	263.0	9.19	C、L、N、P、Q
	312.7	11.10	C、L、N、P、Q
139.7	204.5	6.20	H、J、K
	226.5	6.98	J、K
	248.4	7.72	J、K、C、L、N、P
	292.2	9.17	C、L、N、P
	336.1	10.54	C、L、N、P、Q
177.8	336.1	8.05	J、K、C、L、N
	379.9	9.19	J、K、C、L、N、P
	423.7	10.36	C、N、L、P
	467.6	11.51	C、N、L、P
	511.4	12.65	C、N、L、P、Q
244.5	526.0	8.94	H、J、K
	534.2	10.03	J、K、C、L、N
	635.6	11.05	C、L、N、P
	686.8	11.99	C、N、L、P、Q
	781.8	13.84	C、N、L、P、Q
273.1	591.7	8.89	H、J、K
	664.8	10.16	J、K
	742.5	11.43	J、K、C、N、P
	811.0	12.57	C、L、N、P
339.7	701.4	8.38	H

续表

规格,mm	公称质量,kg/m	壁厚δ,mm	钢级
339.7	796.4	9.65	J、K
	891.3	10.92	J、K
	993.7	12.19	J、K、C、L、N、P
	1052.0	13.09	C、L、N、P、Q
503.0	1373.5	11.13	H、J、K
	1556.2	12.70	J、K
	1943.4	16.13	J、K

2)套管钢级

套管根据其轧制材质成分不同,形成套管的钢级系列,见表2-4。

表2-4 套管钢级

API标准		非API标准	
适用于酸性条件	不适用于酸性条件	适用于酸性条件	不适用于酸性条件
H-40,J-55,C-75,C-90,X-52,K-55,L-80	N-80,P-110,T-95 C-95,Q-125	S-80,SS-95	S-95,S00-95,S-105,V-150,S-140,S-155

套管钢级以及钢级代号的形式表示,它由两部分组成。前面大写英文字母表示钢级,字母后面的数字代表这种钢级的最小屈服强度,强度单位为psi,强度大小为注脚数值的1000倍。例如,N-80钢级,字母N代表套管的钢级为N级钢,它的最小屈服强度为80×1000=80000psi(56MPa)。

3. 套管的标记

为了便于识别、使用套管,一般在套管上作有标记。油套管制造厂或螺纹加工厂按规定要求将套管的规格、钢级等内容有序地标印在管体或接箍的外表面上。

套管标记的方式分为模压印和漆印两种。

以环带标记为例。环带标记是指在靠近接箍端的管体以一定宽幅的色带一环或几环不同颜色在管体上的标记,用以区别套管的不同钢级,同接箍颜色标记相统一,见表2-5。

表2-5 套管钢级颜色标记

钢级	接箍颜色	管体环带颜色
H-40	黑色	无
J-55	绿色	一条明亮的绿色带
K-55	绿色	两条明亮的绿色带
N-80	红色	一条红色环带
C-75	蓝色	一条李安蓝色环带
C-75、9Gr	蓝色加两条黄色带	一条蓝色和两条黄色带
C-75、13Gr	蓝色加一条黄色带	一条蓝色和一条黄色带
L-80	红色加棕色带或纵向带	一条红色和一条黄色带
L-80,9Gr	红色加两条黄色带	一条红色带、一条棕色带、两条黄色带
C-90	紫色	一条紫色带

续表

钢级	接箍颜色	管体环带颜色
C-95	棕色	一条棕色带
T-95	粉红色	一条银白色带
P-110	白色	一条白色带
P-125	橘色	一条橘色带

4.套管的最低使用性能

套管的最低使用性能是套管选择、设计、校核的常用参数。以L80和N80钢级的7in套管为例,其使用性能见表2-6。

表2-6 7in套管的最低使用性能表

序号	项目															
1	代号	规格			7											
2		质量		lb/ft	23.0	26.0	29.0	32.0	35.0	38.0	23.0	26.0	29.0	32.0	35.0	38.0
				N/m	226.5	379.9	923.7	467.6	511.4	555.3	226.5	379.9	423.7	467.6	511.4	555.3
3	钢级				L-80						N-80					
4	外径,mm				177.8											
5	壁厚,mm				8.05	9.91	10.36	11.51	12.65	13.72	8.05	9.91	10.36	11.51	12.65	13.72
6	内径,mm				161.7	159.41	157.07	154.79	152.05	150.37	161.7	159.41	157.07	154.79	152.05	150.37
7	螺纹和接箍	通径,mm			158.52	156.24	153.9	151.61	149.33	147.19	158.52	156.24	153.9	151.61	149.33	147.19
8		标准接箍外径,mm			194.46											
9		特殊间隙接箍外径,mm			187.33											
10	直连型	通径,mm			156.24	156.24	153.9	151.61	149.33	147.19	156.24	156.24	153.9	151.61	149.33	147.19
11		机紧后螺纹外径,mm			187.11	187.71	187.11	187.71	191.26	191.26	187.11	187.71	187.11	187.71	191.26	191.26
12	挤毁压力,MPa				26.4	37.3	48.4	5904	70.2	78.5	26.4	37.3	48.4	5904	70.2	78.5
13	管体屈服强度,kN				2367	2687	3008	3315	3622	3902	2367	2687	3008	3315	3622	3902
14	最小内屈服压力MPa	平端或直连型			43.7	49.9	56.3	62.5	68.7	74.5	43.7	49.9	56.3	62.5	68.7	74.5
15		圆螺纹	短		—	—	—	—	—	—	—	—	—	—	—	—
16			长		43.7	49.9	56.3	62.5	63.7	63.7	43.7	49.9	56.3	62.5	63.7	63.7
17		偏梯形螺纹	标准接箍	同钢级	43.7	49.9	56.3	58.3	58.3	58.3	43.7	49.9	56.3	58.3	58.3	58.3
18				较高钢级	43.7	49.9	56.3	62.5	68.7	74.5	43.7	49.9	56.3	62.5	68.7	74.5
19			特殊间隙接箍	同钢级	39.6	39.6	39.6	39.6	39.6	39.6	39.6	39.6	39.6	39.6	39.6	39.6
20				较高钢级	43.7	49.9	54.4	54.4	54.4	54.4	43.7	49.9	54.4	54.4	54.4	54.4
21	接头连接强度kN	带螺纹和接箍	圆螺纹	短	—	—	—	—	—	—	—	—	—	—	—	—
22				长	1935	2274	2612	2941	3266	3564	1967	2309	2656	2990	3319	3622
23			偏梯形螺纹	标准接箍	2514	2852	3159	3519	3706	3706	2616	2968	3319	3622	3897	3897
24				较高钢级标准接箍	—	—	—	—	—	—	2616	2968	3319	3622	3395	4307
25				特殊间隙接箍	2371						2496					
26				较高钢级特殊间隙接箍	—	—	—	—	—	—	2616	2616	3213	3213	3213	3213
27		直连型		标准接头	2812	2852	3048	3386	3782	4080	2963	3003	3208	3564	3928	4293
28				选用接头	2812	2852	2999	2999	3386	3386	2963	3003	3154	3154	3564	3564

二、油管

1. 油管及接箍规范

油管是油井专用管材。油管分为平式油管(图2-4)、加厚油管(图2-5)和整体接头油管(图2-6)。平式油管是指管端不经过加厚而直接连螺纹并带上接箍。加厚油管是指两端经过外加厚以后,再连螺纹并带上接箍。整体接头油管是指一端经过内加厚连外螺纹,另一端经过外加厚连内螺纹,直接连接不带接箍。油管与接箍均用DZ1、DZ2、DZ3、DZ4钢制成。

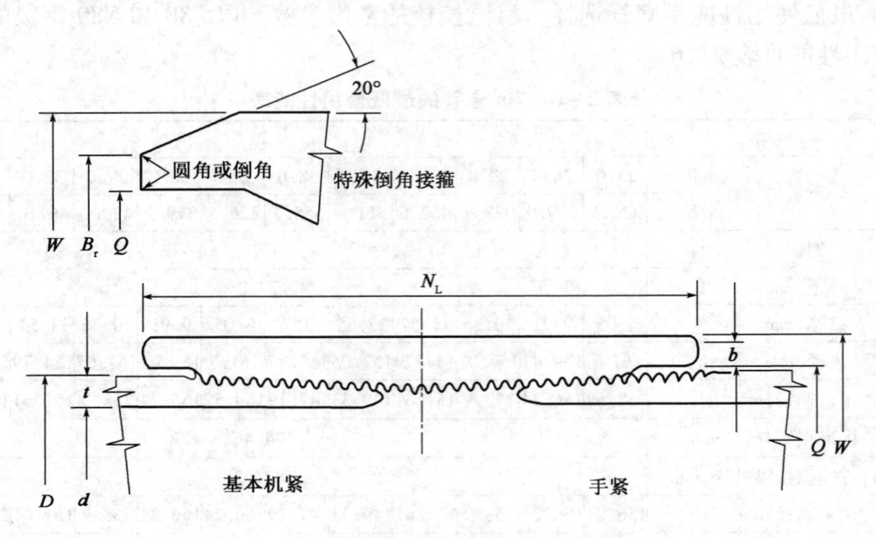

图2-4　平式油管(接箍)

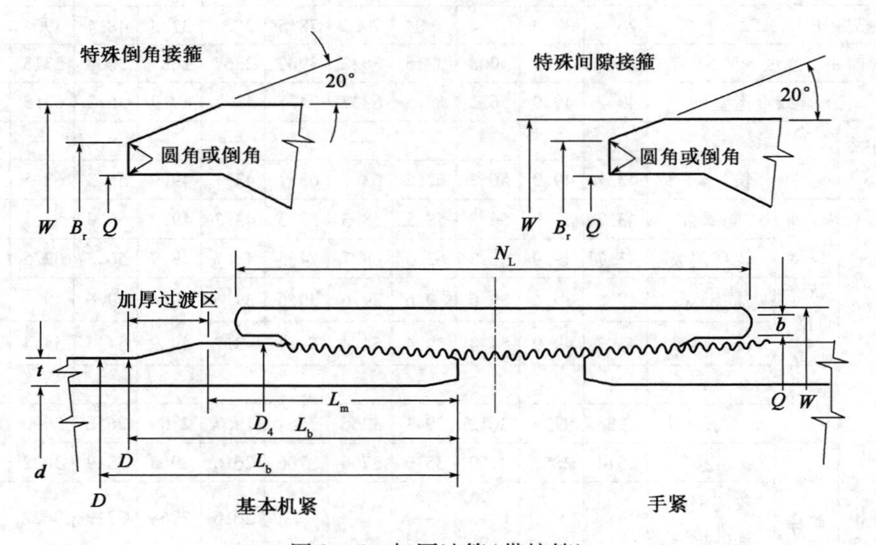

图2-5　加厚油管(带接箍)

油管两端扣型有两种:一种是10扣/in,多用于2½in以下油管;一种是8扣/in,多用于2½in以上油管(指平式油管)。对两端加厚油管、2in以下油管用10扣/in,2in以上油管用8扣/in,其锥度为1∶16。各种尺寸油管其内径要用长度为200~300mm、直径1½in(38mm)、2in(48mm)、2½in(60mm)的通径规通畅无阻。API油管及接箍规范见表2-7。

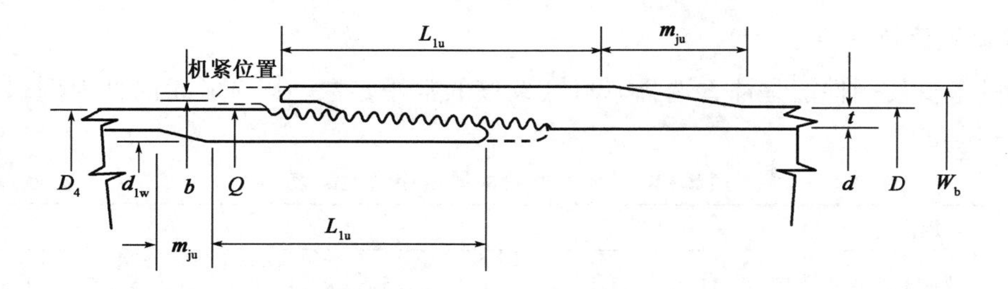

图 2 -6　整体接头油管

表 2 -7　API 油管及接箍规范

外径 D		油管尺寸,mm								接箍尺寸,mm					手旋紧时的余扣
		壁厚	内径 d	加厚部分			手旋紧面节径 D_q	螺纹总长度 L	有效螺纹长度 l_2	外径 W	长度 N_L	镗孔部分			
in	mm			外径 D_4	加厚长度 L_b	锥面长 m_{ju}						内径 Q	长度 l_0	厚度 b	
1.90	48.26	3.68	40.9				46.69	34.93	30.63	55.88	95.3	49.9	7.94	1.59	2
2⅜	60.32	4.24	51.8				58.76	41.28	36.98	73.03	108	61.9	7.94	4.76	2
		4.83	50.7												
		6.45	47.4												
2⅞	73.02	5.51	62				71.46	52.4	48.11	88.9	130.2	74.6	7.94	4.76	2
		7.82	57.4												
3½	88.9	5.49	77.9				87.33	58.75	54.46	108	142.9	90.5	7.94	4.76	2
		6.45	76												
		7.34	74.2												
		9.53	69.9												
4	101.6	5.74	90.1				99.41	60.33	54.36	120.7	146.1	103.2	9.53	3.18	2
4½	114.3	6.88	100.3				112.11	65.1	59.13	132.1	155.6	115.9	9.53	3.18	2
1.05	26.67	2.87	20.93	33.4	60.33	25.4	31.83	28.58	24.28	42.16	82.6	35	7.94	2.38	2
1.315	33.4	3.38	26.64	37.31	63.5	25.4	35.74	31.75	27.46	48.26	88.9	38.9	7.94	2.38	2
1.66	42.16	3.57	35.1	46	66.7	25.4	44.47	34.93	30.63	55.9	95.3	47.6	7.94	3.18	2
1.90	48.26	3.68	40.9	53.2	68.3	25.4	51.61	36.53	32.23	63.5	98.4	54.8	7.94	3.18	2
2⅜	60.32	4.83	50.7	65.9	101.6	25.4	63.7	49.23	43.26	77.8	123.8	67.5	9.53	3.97	2
		6.45	47.4												
2⅞	73.02	5.51	62	78.6	108	25.4	76.4	53.98	48.01	93.2	133.4	80.2	9.53	5.56	2
		7.82	57.4												
3½	88.9	6.45	76	95.3	114.3	25.4	93.06	60.33	54.36	114.3	146.1	96.9	9.53	6.3	2
		9.53	69.9												
4	101.6	6.66	88.3	108	114.3	25.4	105.76	63.5	57.53	127	152.4	109.6	9.53	6.3	2
4½	114.3	6.88	100.5	120.7	120.7	25.4	118.46	66.68	60.71	141.3	158.8	122.3	9.53	6.3	2

2. 油管最低使用性能

油管的最低使用性能是油管选择、设计、校核的常用参数。以 $2\frac{7}{8}$in 油管为例，其使用性能见表 2－8。

表 2－8　$2\frac{7}{8}$in 油管的最低使用性能表

序号															
1	代号	规格		$2\frac{7}{8}$											
2		质量（带螺纹和接箍）N/m	平式	93.4	113.9	125.5	93.4	113.9	125.5	93.4	113.9	125.5	93.4	113.9	125.5
3			加厚	94.9	115.3	127.0	94.9	115.3	127.0	94.9	115.3	127.0	94.9	115.3	127.0
4		整体接头		—	—	—	—	—	—	—	—	—	—	—	—
5	钢级			C－75			L－80，N－80			C－90			P－105		
6	外径，mm			73.03	73.03	73.03	73.03	73.03	73.03	73.03	73.03	73.03	73.03	73.03	73.03
7	壁厚，mm			5.51	7.01	7.82	5.51	7.01	7.82	5.51	7.01	7.82	5.51	7.01	7.82
8	内径，mm			62	59	57.38	62	59	57.38	62	59	57.38	62	59	57.38
9	带螺纹和接箍	通径，mm		59.61	56.92	54.99	59.61	56.62	54.99	59.61	56.62	54.99	59.61	56.62	54.99
10		接箍外径 mm	平式	88.9	88.9	88.9	88.9	88.9	88.9	88.9	88.9	88.9	88.9	88.9	88.9
11			加厚 标准	93.17	93.17	93.17	93.17	93.17	93.17	93.17	93.17	93.17	93.17	93.17	93.17
12			加厚 特殊间隙	—	—	—	—	—	—	—	—	—	—	—	—
13	整体接头	通径，mm		—	—	—	—	—	—	—	—	—	—	—	—
14		内螺纹端外径，mm		—	—	—	—	—	—	—	—	—	—	—	—
15	挤毁压力，MPa			72.2	89.8	98.9	76.9	95.8	105.5	85.4	107.7	118.7	96.6	125.6	138.5
16	内屈服压力 MPa	平段和平式		68.3	86.9	96.9	72.9	92.7	103.4	82	104.3	116.3	95.6	121.6	135.8
17		加厚标准接箍		68.3	88.9	96.6	72.9	92.7	103	82	104.3	116.3	95.6	121.6	135.2
18		加厚特殊间隙接箍		68.3	70.8	70.8	72.9	76.1	76.1	82	85.6	85.6	95.6	99.8	99.8
19	接头连接强度 N	带螺纹和接箍	平式	440471	587739	664710	469836	626892	708758	528565	705198	797297	616659	822657	930328
20			加厚	604646	751915	828886	645134	802191	884056	725665	902298	994396	846683	1052681	1160351
21		整体接头		—	—	—	—	—	—	—	—	—	—	—	—

第二节　封隔器及控制类工具

一、封隔器分类及型号编制方法

封隔器是指为了满足油水井某种工艺技术目的或油层技术措施的需要，由钢体、胶皮封隔件与控制部分构成的井下分层封隔的专用工具。试油、采油、注水和油层改造都需要使用相应类型的封隔器。有的封隔器可用于试油、采油、注水和油层改造；有的主要用于试油、采油、注水；有的仅用于采油、注水和堵水等；有的适用于常温，有的适用于高温。

1. 封隔器的分类

封隔器按封隔件实现密封的方式进行分类。

(1) 自封式封隔器：靠封隔件外径与套管内径的过盈和工作压差实现密封的封隔器。

(2)压缩式封隔器：靠轴向力压缩封隔件，使封隔件外径变大实现密封的封隔器。

(3)扩张式封隔器：靠径向力作用于封隔件内腔，使封隔件外径扩大实现密封的封隔器。

(4)组合式封隔器：由自封式、压缩式、扩张式任意组合实现密封的封隔器。

2. 封隔器型号的编制

1)编制方法

按封隔器分类代号、固定方式代号、坐封方式代号、解封方式代号及封隔器钢体最大外径、工作温度、工作压差等参数依次排列，进行型号编制，如图2－7所示。

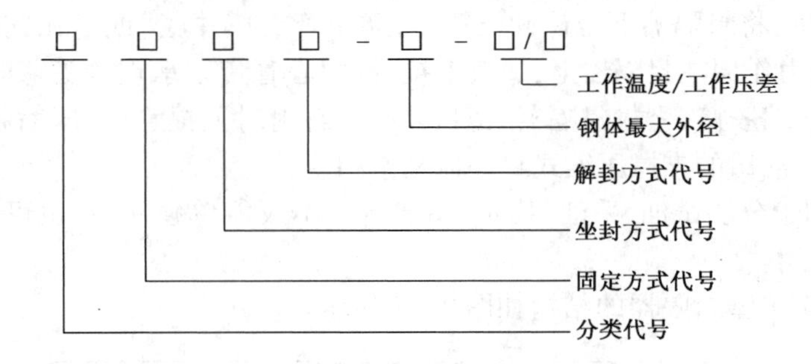

图2－7 封隔器型号

2)代号说明

(1)分类代号：用分类名称第一个汉字的汉语拼音大写字母表示，组合式用各式的分类代号组合表示，见表2－9。

表2－9 分类代号

分类名称	自封式	压缩式	扩张式	组合式
分类代号	Z	Y	K	用各式的分类代号组合表示

(2)固定方式代号：用阿拉伯数字表示，见表2－10。

表2－10 固定方式代号

固定方式名称	尾管支撑	单向卡瓦	悬挂	双向卡瓦	锚瓦
固定方式代号	1	2	3	4	5

(3)坐封方式代号：用阿拉伯数字表示，见表2－11。

表2－11 坐封方式代号

坐封方式名称	提放管柱	转动管柱	自封	液压	下工具	热力
坐封方式代号	1	2	3	4	5	6

(4)解封方式代号：用阿拉伯数字表示，见表2－12。

表2－12 解封方式代号

解封方式名称	提放管柱	转动管柱	钻铣	液压	下工具	热力
解封方式代号	1	2	3	4	5	6

(5)钢体最大外径：用阿拉伯数字表示，单位为mm。

(6)工作温度：用阿拉伯数字表示，单位为℃。

(7)工作压差：用阿拉伯数字表示，省略到个数位，单位为MPa。

例如：Y211－114－120/15型封隔器，表示该封隔器为压缩式，单向卡瓦固定，提放管柱坐封，提放管柱解封，钢体最大外径为114mm，工作温度为120℃，工作压差为15MPa。YK341－114－90/100型封隔器，表示封隔器为压缩、扩张组合式，悬挂固定，液压坐封，提放管柱解封，钢体最大外径为114mm，工作温度为90℃，工作压差为100MPa。

3.典型的封隔器

1)Y111型封隔器

(1)工作原理：将封隔器下至设计位置后，靠尾管支撑井底（或卡瓦支撑在井壁），下放管柱使一定管柱重力作用在封隔器上，通过上接头、中心管带动承重接头剪断坐封销钉，沿键下行，同时调节环压缩胶筒，坐封封隔器、密封环空。解封时上提管柱，压缩胶筒的重力消失，胶筒回收、解封。各油田的支撑压缩式封隔器基本相同。

(2)用途：用于分层试油、采油、找水、堵水等。不仅能单独使用，也可和卡瓦式封隔器或支撑卡瓦配套使用。

(3)结构：Y111型封隔器的结构如图2－8所示。

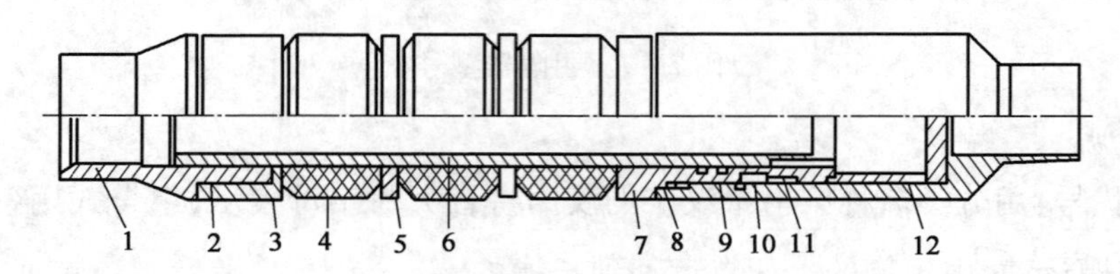

图2－8　Y111型封隔器

1—上接头；2—销钉；3—调节环；4—胶筒；5—隔环；6—中心管；
7—下压环；8，9—密封圈；10—坐封销钉；11—承压接头；12—下接头

(4)Y111型封隔器(系列)的主要技术参数见表2－13。

表2－13　Y111型封隔器(系列)的主要技术参数

封隔器型号	Y111－100型	Y111－114型	Y211－150型
最大外径，mm	100	114	150
最小通径，mm	50	62	78
坐封载荷，kN	60～80	60～80	100～200
工作压力，MPa	8.0	8.0	8.0
工作温度，℃	120	120	120
适用套管内径，in	5	5½	7

2)Y141型封隔器

(1)工作原理：为支撑和液压坐封相结合的压缩式封隔器。依靠井底或卡瓦支撑后，油管内憋液压，液压经上中心管的下孔作用于坐封活塞上，坐封销钉被剪断，坐封活塞、活塞套上行压缩胶筒封隔油套环形空间，此时活塞套上行被锁簧卡住，使封隔器始终处于工作状态。上提管柱解封。

(2)用途：用于注水、分层找水、堵水及试油。

(3)结构：Y141型封隔器的结构如图2－9所示。

(4)Y141型封隔器的主要技术参数见表2－14。

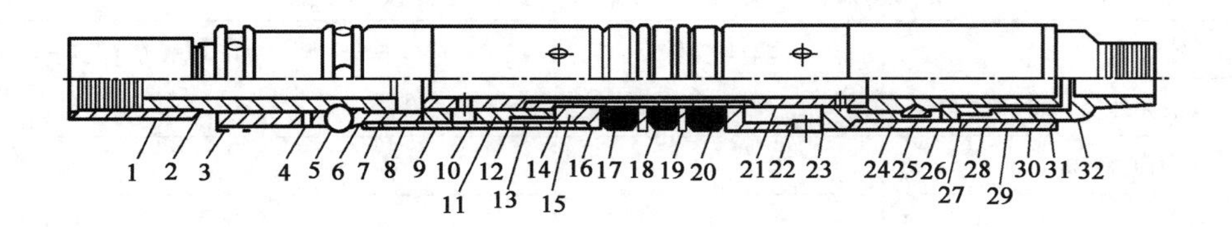

图 2－9　Y141 型封隔器

1—上接头;2—连接管;3—挡环;4—防转销钉;5—钢球;6—钢球套;
7,9,12,14—O 形胶圈;8—中间接头;10—阀套;11—上中心管;13—洗井阀;15—压帽;16—阀座;
17—长胶筒;18—中胶筒;19—隔环;20—衬管;21—小卡簧;22—挡套;23—坐封活塞;24—剪钉;
25—卡块;26—活塞套;27—悬挂体;28—下中心管;29—大卡簧;30—键;31—保护环;32—下接头

表 2－14　Y141 型封隔器的主要技术参数

最大外径,mm	114	工作压力,MPa	30
内通径,mm	60,55,52	适应套管内径,mm	117～124
总长,mm	950	工作温度,℃	120
坐封压力,MPa	12～15	胶筒型号	YS112－7－15

3)Y211 型封隔器

(1)工作原理:按所需坐封高度上提管柱后下放管柱,扶正块在弹簧的作用下紧贴在套管壁上,在提放管柱的时候,封隔器扶正部分与轨迹中心管产生相对位移,从而滑环销钉沿着轨迹中心管轨迹槽运动,由短槽的上死点运动到长槽的上死点,卡瓦沿着锥体锥面撑开,卡牢在套管壁上。同时坐封销钉在一定管柱重力作用下被剪断,上接头和轨迹中心管一起下行,压缩胶筒,使胶筒的直径变大,从而封隔油套管环形空间。解封时上提管柱,上接头上行,胶筒即收回解封。滑环销钉运动到下死点,锥体从卡瓦中退出,卡瓦收回解卡。

(2)用途:用于注水、分层找水、堵水、压裂及试油。

(3)结构:如图 2－10 所示,其外观典型特征是单向卡瓦,下端为长短相间轨迹槽。

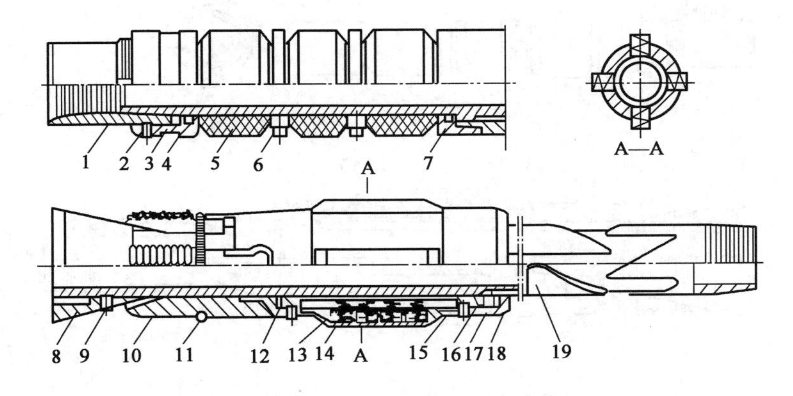

图 2－10　Y211 型封隔器

1—上接头;2—定位销钉;3—调节环;4—O 形胶圈;5—胶筒;6—隔环;7—限位套;
8—锥体;9—坐封剪钉;10—卡瓦;11—箍簧;12—卡瓦环;13—扶正块;14—弹簧;
15—扶正器座;16—隔环;17—隔环销钉;18—滑环套;19—轨道中心管

(4)Y211 型封隔器(系列)的主要技术参数见表 2－15。

表 2－15　Y211 型封隔器(系列)的主要技术参数

型号		Y211－104	Y211－114	Y211－142
最大外径,mm		104	114	142
内通径,mm		40	54	65
扶正器外径,mm	撑开	120	131	170
	压缩	105	116	145
胶筒型号		YS100－12－15	YS114－12－15	YS140－12－15
工作压力,MPa	上压	25	25	25
	下压	15	15	15
工作温度,℃		120	120	120
坐封载荷,kN		60～80	60～80	100～120
防坐距,mm		480	500	530

4)Y221 型封隔器

(1)工作原理。将封隔器下至预定位置,按所需坐封高度(600～1500mm)上提管柱后,使下接头上的换向销钉处于轨迹短槽上死点,然后正转油管柱并下放管柱,由于扶正器依靠弹簧的弹力造成扶正块与套管壁之间有一摩擦力,保证了正转管柱时轨迹套不随之转动,从而使换向销钉从轨迹套脱出,锥体随中心管下行,使单向卡瓦被锥体撑开并卡在套管内壁上,继续下行,用管柱重量压缩胶筒,密封环空。解封时上提管柱,胶筒回收解封。继续上提管柱,借助扶正器与套管的摩擦力,扶正器和卡瓦与锥体脱开回收解卡。

(2)用途:实现对采油管柱的锚定,可用于分层试油、采油、找水、堵水、压裂、酸化和防砂。

(3)结构:如图 2－11 所示,其外观典型特征是单向卡瓦,下端为长短相间轨迹槽。

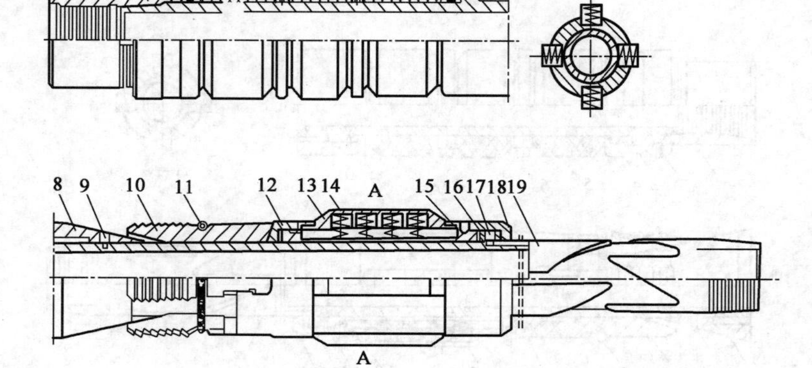

图 2－11　Y221－114 型封隔器

1—上接头;2—定位销钉;3—调节环;4—O 形胶圈;5—胶筒;6—隔环;7—限位套;8—键体;9—坐封销钉;10—卡瓦;11—箍簧;12—卡瓦座;13—扶正块;14—弹簧;15—扶正器座;16—滑环;17—滑环销钉;18—滑环套;19—轨迹中心管

(4)Y221 型封隔器(系列)的主要技术参数见表 2－16。

表 2-16　Y221 型封隔器(系列)的主要技术参数

封隔器型号		Y221-104	Y221-114	Y221-142
最大外径,mm		104	114	142
最小通径,mm		40	60	65
扶正块外径,mm	张开	120	131	170
	压缩	105	116	143
胶筒型号		YS100-12-15	YS112-12-25	YS140-12-25
工作压力,MPa	上压	25.0	25.0	25.0
	下压	8.0	8.0	8.0
工作温度,℃		120	120	120
坐封载荷,kN		60~80	60~80	100~120
防坐距,mm		480	500	530

(5)技术要求。下管柱时,管柱上提高度必须小于防坐距,一般不得超过 0.4m,否则会使封隔器中途坐封。如遇封隔器中途坐封时,可上提管柱 1m 左右,解封后继续下管柱。

5)Y241 型封隔器

(1)工作原理。油管内憋压,封隔器坐封活塞上行打开限位机构,推动卡瓦锚定部分上行并压缩胶筒,实现坐封和锚定,同时锁紧机构进入锁紧状态。反洗井时,套管液经上外套开孔流道进入,推动反洗活塞上行,打开反洗通道,经内外中心管的环空,由反洗塞套开孔流出,完成反洗井工艺;解封时,上提管柱,封隔器中心管与外层各部分发生错动解除锁紧状态,其他各部分在摩擦力和弹力作用下恢复原位,实现封隔器的解封。

(2)用途:用于注水、堵水、酸化、压裂及试油。

(3)结构:Y241 型封隔器的结构如图 2-12 所示。

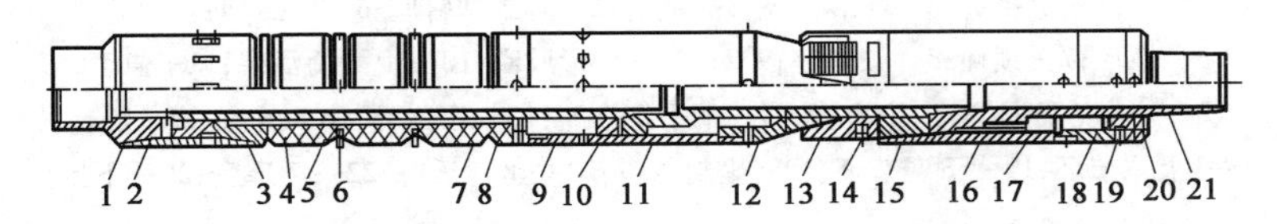

图 2-12　Y241 型封隔器

1—上下接头;2—上外套;3—上胶筒座;4—外中心管;5—内中心管;6—隔环;7—胶筒;8—下胶筒座;9—上活塞套;10—上活塞;11—下中心管;12—锥套;13—卡瓦;14—弹簧;15—下活塞;16—锁簧;17—下活塞套;18—锁套;19—坐封剪钉;20—剪钉座;21—下接头

(4)Y241 型封隔器(系列)的主要技术参数见表 2-17。

表 2-17　Y241 型封隔器(系列)的主要技术参数

型号	Y241-148	Y241-148-B	Y241-115-B	Y241-114	Y241—100
最大外径,mm	148	148	115	114	110
最小通径,mm	62	62	54	50	40
坐封压力,MPa	15~20	15~20	15~20	15~20	15~20
工作压力,MPa	60	60	60	60	60
工作温度,℃	150	150	150	150	150
解封压力,kN	15~20	15~20	15~20	15~20	15~20
适用套管规格,in	7	7	$5^1/_2$	$5^1/_2$	5

注:B 型为可洗井封隔器。

6)Y341 型封隔器

(1)工作原理。油管内憋压,液压经内中心管及下中心管孔眼分别作用在上、下两级坐封活塞上,推动双级活塞上行剪断坐封销钉,双级活塞继续上行压缩胶筒密封油套环空,同时锁套与锁环相互啮合锁紧,始终保持油套环空的密封;反洗井时,套管液经上外套开孔流道进入,推动反洗活塞上行,打开反洗通道,经内外中心管的环空,由上活塞套开孔流出,完成反洗井工艺;解封时,直接上提管柱,由于胶筒与套管之间的摩擦力作用剪断销钉,锁环失去限位,在胶筒弹力的作用下,使锁环与锁套一起下行解卡、完成解封。

(2)用途:主要用于注水、酸化和压裂等。用于注水时,一般和配水器组合使用。

(3)结构:Y341-114 型封隔器的结构如图 2-13 所示。

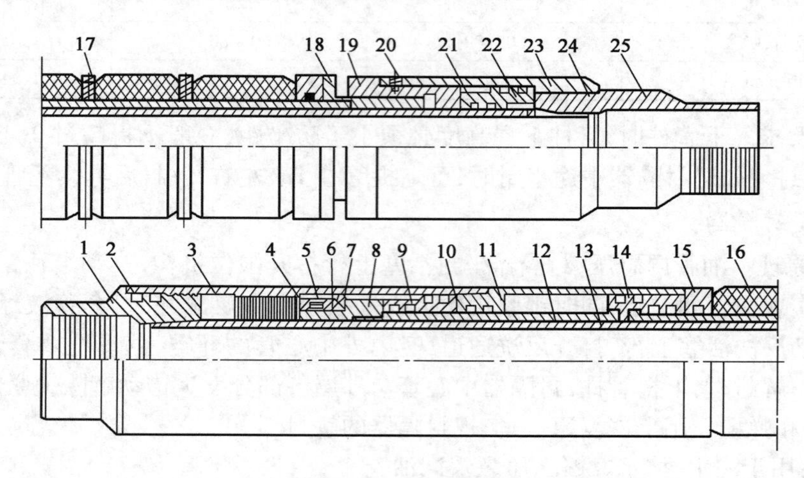

图 2-13　Y341-114 型封隔器

1—上接头;2—O 形锁环;3—锁套;4—解封剪钉座;5—解封剪钉;6—锥环;7—锁环;8—锁紧座;9,21,24—O 形胶圈;10—上平衡活塞;11—缸套;12—外中心管;13—内中心管;14—下平衡活塞;15—密封环;16—胶筒;17—隔环;18—上调节环;19—下调节环;20—坐封剪钉;22—坐封活塞;22—活塞套;25—下接头

(4)Y341 型封隔器(系列)的主要技术参数见表 2-18。

表 2-18　Y341 型封隔器(系列)的主要技术参数

封隔器型号	Y341-100	Y341-114	Y341-148
最大外径,mm	100	114	148
最小通径,mm	48	48	62
坐封压差,MPa	15		
工作压差,MPa	35		
工作温度,℃	150		
解封载荷,kN	15~20		
适用套管内径,in	5	5½	7

7)Y344 型封隔器

(1)工作原理:从油管加液压,液压推动坐封活塞上行,压缩胶筒,胶筒径向胀大,密封油套管环形空间,放掉油管内的压力,胶筒在自身弹力作用下收回,封隔器解封。

(2)用途:用于注水、堵水、酸化、压裂、分层找水、试油、热洗清蜡等。

(3)结构:Y344 型封隔器的结构如图 2-14 所示。

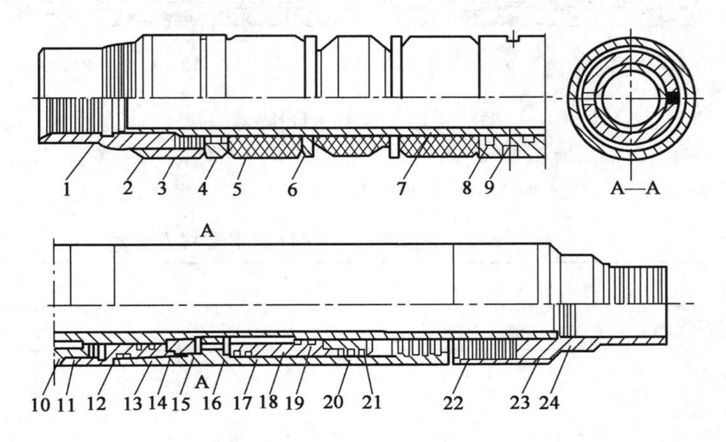

图 2-14　Y344 型封隔器

1—上接头;2—上井帽;3—调节环;4—密封环;5—胶筒;6—隔环;7—中心管;8,12,16,18—O 形胶圈;9—剪钉;10—承压环;11—承压接头;13—活塞套;14—拉钉;15—解封拉钉;17—活塞;19—卡簧压帽;20—卡簧;21—衬簧;22—卡簧挂圈;23—下井帽;24—下接头

(4)Y344 型封隔器(系列)的主要技术参数见表 2-19。

表 2-19　Y344 型封隔器(系列)的主要技术参数

型号		Y344-116	Y344-150
最大外径,mm		116	150
最小通径,mm		50	76
坐封压力,MPa		2	2
工作压力,MPa	上压	8	8
	下压	80	80
工作温度,℃		150	150
解封压力,MPa		油管泄压	油管泄压

8)Y441 型封隔器

(1)工作原理:坐封时,油管憋压,推动上坐封活塞上行,下坐封活塞下行,随着泵压上升,坐封销钉被剪断,上坐封活塞上行压缩胶筒密封油套环空,下坐封活塞下行推开卡瓦锚定在套管上,同时锁环与锁套相互啮合。当泵压达到额定坐封压力时,实现坐封和锚定并锁紧。封隔器需要解封时,由于坐封时下坐封活塞下行后上锁块退出,内外中心管之间解锁,因此上提管柱带动内中心管向上剪断上接头与上胶筒座之间的连接销钉,内中心管上行一定距离后带动上胶筒座、外中心管、上锥体上行解封解卡,同时下部锁块失去支撑,下接头与外中心管脱开,带动下锥体下行,锚定机构双向脱开解卡。

(2)用途:用于注水、堵水、分层测试等。

(3)结构:Y441 型封隔器的结构如图 2-15 所示。

(4)Y441 型封隔器(系列)的主要技术参数见表 2-20。

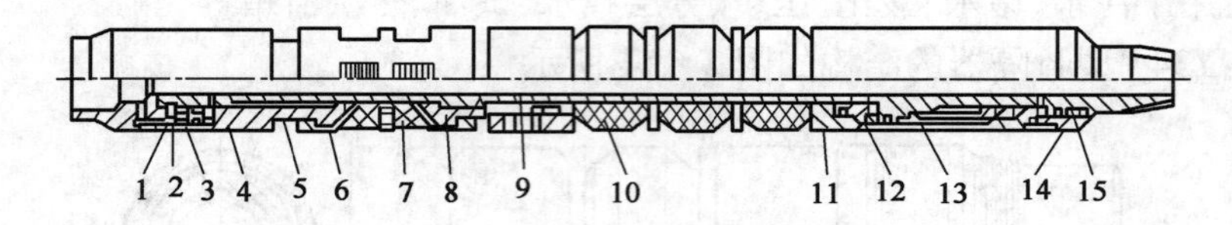

图 2－15　Y441 型封隔器

1—锁块；2—解锁活塞；3—销钉；4—O 形密封圈；5—上锥体；6—卡瓦套；7—卡瓦；
8—下锥体；9—中心管；10—胶筒；11—活塞套；12—坐封活塞；13—锁环；14—剪环套；15—剪环

表 2－20　Y441 型封隔器（系列）的主要技术参数

型号	Y441－148	Y441－114
管柱最大外径，mm	148	114
通径，mm	62	42
坐封压力，MPa	15	
工作压差，MPa	35	
工作温度，℃	135～150	
解封负荷，kN	40～60	

9）Y411 型封隔器

（1）工作原理。上、下端各有一组单向卡瓦，是一种依靠卡瓦轨道使下卡瓦支撑套管内壁，油管自重坐封和释放上卡瓦，能丢手的压缩式封隔器。

（2）用途：用于封堵底水、代替水泥塞。

（3）结构：Y411 型封隔器如图 2－16 所示。

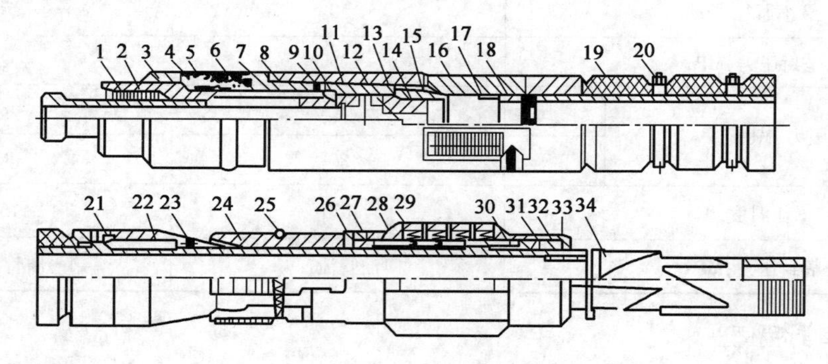

图 2－16　Y411 型封隔器

1—丢手接头；2—连杆；3—护套；4—皮碗压环；5，9，14—O 形胶圈；6—皮碗；7—上接头；8—卡瓦壳体；
10—限位销钉；11—丢手销钉；12—钢球；13—上锥体；15—连杆接头；16，24—卡瓦；17—限位销钉；
18—卡瓦挡环；19—胶筒；20—隔环；21—限位环；22—下锥体；23—坐封销钉；25—箍簧；26—卡瓦座；
27—限位销钉；28—扶正块；29—弹簧；30—扶正器座；31—滑环；32—滑环销钉；33—滑环套；34—轨道中心管

（4）Y411 型封隔器（系列）的主要技术参数见表 2－21。

10）Y344 型封隔器

（1）工作原理：靠胶筒向外扩张来封隔油套管环形空间。坐封时，油管内憋压，推动坐封活塞上行，压缩胶筒，密封油套环空，胶筒的内部压力必须大于外部压力，也就是油管压力必须大于套管压力；油管内泄压，胶筒在自身弹力的作用下收回，封隔器解封。因此，该型（水力扩张式）封隔器必须与节流器配套使用。

表2－21 Y411型封隔器主要技术参数

型号		Y411－104	Y411－114	Y411－142
最大外径，mm		104	114	142
内通径，mm		40	54	65
扶正器外径，mm	张开	120	131	170
	缩小	105	161	145
胶筒型号		YS100－12－15	YS112－12－15	YS140－12－15
适用套管内径，mm		108～114	118～132	150～164
坐封载荷，kN		60～80	60～80	100～120
丢手压力，MPa		20～25		
工作压力，MPa		25		
工作温度，℃		120		
防坐距，mm		480	500	530

（2）用途：用于注水、酸化、压裂、找窜和封窜等，注水时一般与配水器组合使用。

（3）结构：Y344－114型封隔器的结构如图2－17所示。

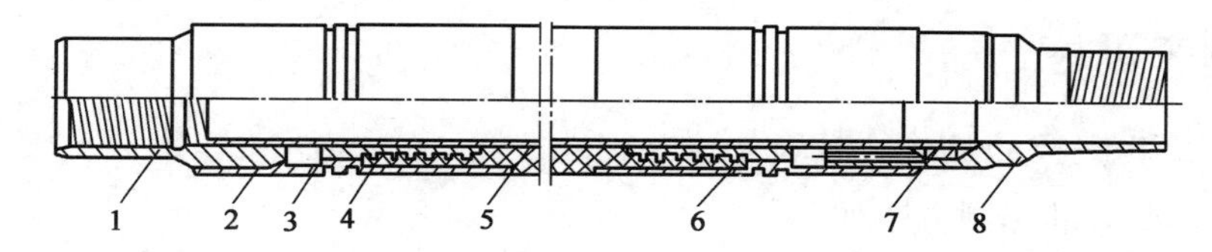

图2－17 Y344－114型封隔器

1—上接头；2—O形胶圈；3—胶筒座；4—硫化芯子；5—胶筒；6—中心管；7—滤网罩；8—下接头

（4）Y344型封隔器（系列）的主要技术参数见表2－22。

表2－22 Y344型封隔器（系列）的主要技术参数

封隔器型号		Y344－116	Y344－150
最大外径，mm		116	150
最小通径，mm		50	76
坐封压差，MPa		2	
工作压力，MPa	上压	8	8
	下压	80	80
工作温度，℃		150	
解封压力，MPa		油管泄压	油管泄压

11）K型裸眼封隔器

（1）工作原理。坐封：油管加压25MPa，保持压力5min坐封，油套加压保持25MPa不降为合格。解封：投球打压后上提解封，必须加装拉力计。

（2）用途：用于裸眼井采油或作业。

（3）结构：K型裸眼封隔器的结构如图2－18所示。

（4）K型裸眼封隔器的主要技术参数见表2－23。

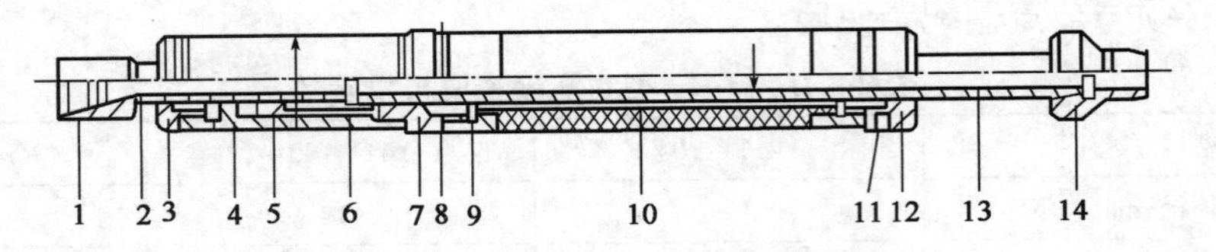

图 2-18 K 型裸眼封隔器

1—上接头;2—上中心管;3,4—钢套;5—活塞;6—特殊接箍;7—密封阀座;
8—密封阀;9—弹簧;10—胶筒;11—卸压丝堵;13—下中心管;14—下接头

表 2-23 K 型采油裸眼封隔器(系列)的主要技术参数

型号	K341-140	K341-137	K344-137	K345-137
最小通径,mm	62	45	55	45
胶筒长度,mm	1680	1660	1660	1660
胶筒扩张压力,MPa	0.7~1	≤0.5		
工作压差,MPa	15	34		
胶筒偏心,mm	5	4		
坐封压力,MPa	10~12	9~10		
工作温度,℃	150			

二、控制类工具

1. 控制类工具型号的编制方法

控制类工具型号的编制方法如下:

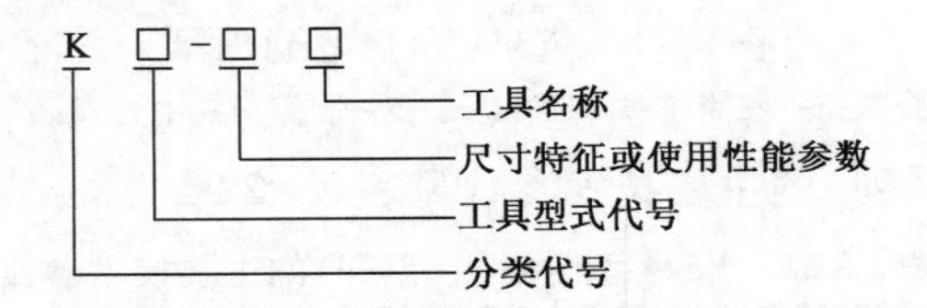

1)分类代号

用 K 表示控制类工具的分类代号。

2)工具型式代号

控制类工具型式代号用两个大写汉语拼音字母表示。这两个字母应分别是工具型式名称中的两个关键汉字的第一个汉语拼音字母,其编写方法见表 2-24。表中未列出的其他控制类工具型式代号也按此规则编写,但不能出现两个相同的型式代号,以免混淆。

3)尺寸特征或使用性能参数

尺寸特征或使用性能参数的表示方法,由每个工具标准中具体规定,可以有外径表示法、外直径×内通径表示法、长度表示法、连接螺纹表示法、工作压力表示法、张力载荷表示法和扭矩表示法等,见表 2-25。

4)工具名称

工具名称用汉字表示,具体内容见表 2-26,表中未列出的也按此规则编写。

5)应用举例

KQS-110 型堵水器:表示外径为 110mm 的控制工具类桥式堵水器。

表 2-24　工具型式代号

序号	工具型式名称	代号	序号	工具型式名称	代号
1	桥式	QS	11	侧孔	CK
2	固定	GD	12	弹簧	TH
3	偏心	PX	13	轨道	GD
4	滑套	HT	14	正洗	ZX
5	阀	PE	15	反洗	FX
6	喷嘴	PZ	16	卡瓦	QW
7	缓冲	HC	17	锚爪	MZ
8	旁通	PT	18	水力	SL
9	活动	HD	19	连接	LJ
10	开关	KG	20	撞击	ZJ

表 2-25　控制类工具基本特征参数

项目		代号	单位
尺寸特征	长度		mm
	外直径		mm
	外直径×内通径		mm
连接螺纹	内螺纹尺寸×外螺纹尺寸	M(普通螺纹)	mm
		T(梯形螺纹)	mm
		S(锯齿形螺纹)	mm
		EU(外加厚油管螺纹)	in
		NU(平式油管螺纹)	in
使用性能	工作压力		MPa
	张力载荷		kN
	扭矩		kN·m

表 2-26　工具名称

序号	工具名称	序号	工具名称
1	堵水器	11	扶正器
2	配产器	12	充填工具
3	配水器	13	安全接头
4	喷砂器	14	刮蜡器
5	定位器	15	冲击器
6	气举阀	16	水力锚
7	滑套	17	隔热管
8	阀	18	伸缩管
9	脱接器	19	堵塞器
10	泄油器	20	防脱器

KLJ-90×50 型安全接头：表示最大外径为 90mm，内通径为 50mm 的控制工具类连接管柱用的安全接头。

2. 典型控制类工具

1)空心活动式配产器

(1)工作原理:从油管加压,液压经水嘴后作用在阀上,阀打开,高压水经油套环空注入地层。配水器按芯子直径大小排列,用试井钢丝依次打捞更换水嘴,控制注水量。

(2)用途:主要用于分层注水施工,与封隔器配套使用。

(3)结构:KKX-106配水器的结构如图2-19所示。

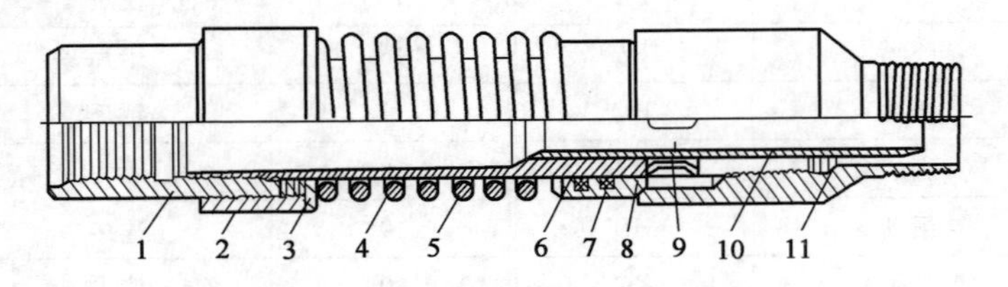

图2-19 KKX-106配水器

1—上接头;2—调节环;3—垫环;4—压簧;5—中心管;6,7—O形密封圈;8—阀;9—水嘴;10—芯子;11—下接头

(4)空心活动式配水器的主要技术参数见表2-27。

表2-27 空心活动式配水器的主要技术参数

级数	甲	乙	丙
总长,mm	540		
最大外径,mm	106		
中心管最小内径,mm	57	48	40
芯子最小通径,mm	46	40	30
阀开启压力,MPa	0.5~0.7		

2)常规偏心配水器

(1)工作原理。

①注水:正常注水时,堵塞器靠其主体的ϕ22mm台阶坐于工作筒主体的偏孔上,凸轮卡于偏孔上部的扩孔处(因凸轮在打捞杆的下端和扭簧的作用下,可向上来回转动,故堵塞器能进入工作筒主体的偏孔被卡住而不飞出),堵塞器主体上下两组四道O形胶圈封住偏孔的出液槽,注入水即经堵塞器滤罩、水嘴、堵塞器主体的出液槽和工作筒主体的偏孔进入油套管环形空间后注入地层。

②捞堵塞器:将投捞器的投捞爪安装打捞器,收拢并锁好投捞爪和导向爪,用录井钢丝将投捞器下过配水器工作筒,然后上提到工作筒上部。打捞器锁块过工作筒主通道遇阻,打捞器的锁块和锁轮一起向下转动,投捞爪和导向爪失锁向外转出张开。再下放投捞爪,导向爪沿工作筒的螺旋面运动。当导向爪进入导向体的缺口时,投捞爪已进入工作筒扶正体的长槽,正对堵塞器头部。待下放遇阻,打捞器已捞出堵塞器打捞杆,再上提投捞器。堵塞器打捞杆压缩压簧上行,下端与凸轮脱离接触,凸轮在扭簧的作用下向下转动而内收,堵塞器被捞出并起到地面。

③投堵塞器:将投捞器的投捞头安装投送器,把堵塞器的头部插入投捞器内,二者用剪钉连接好。然后按上述施工步骤将堵塞器下入工作筒主体的偏孔内。上提投捞器,凸轮的支撑面已卡在偏孔内的上部扩孔。剪钉被剪断,堵塞器留于工作筒内,投捞器被起出。

(2)用途:主要用于注水施工,与封隔器配套使用。

(3)结构:KPX－114 配水器的结构如图 2－20 至图 2－22 所示。

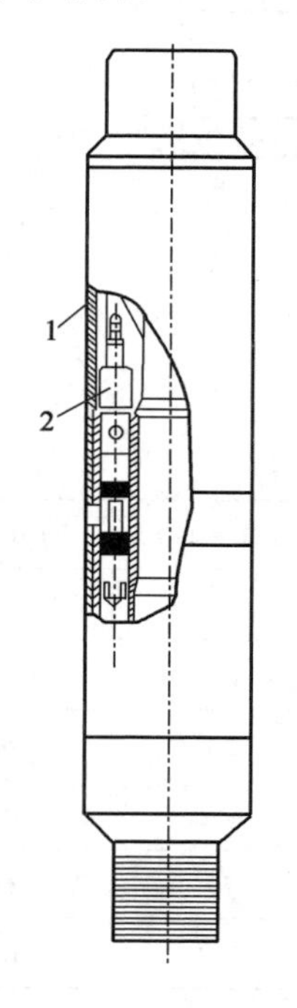

图 2－20　外形结构

1—工作筒;2—堵塞器

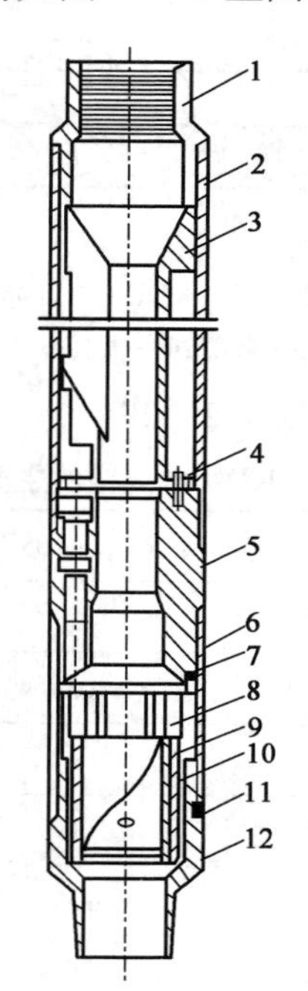

图 2－21　工作筒

1—上接头;2—上连接套;3—扶正体;4—螺钉;5—工作筒主体;6—下连接套;7—螺钉;8—支架;9—导向体;10—螺钉;11—密封圈;12—下接头

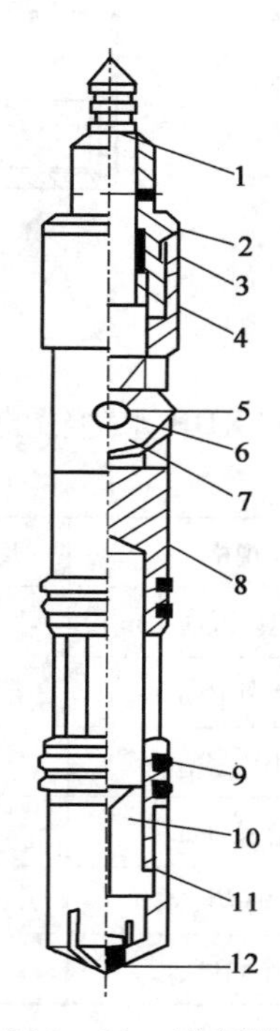

图 2－22　堵塞器

1—打捞头;2—压帽;3,9,11—密封圈;4—压簧;5—扭簧;6—轴;7—凸轮;8—堵塞器主体;10—水嘴;12—滤罩

(4)常规偏心配水器主要技术参数见表 2－28。

表 2－28　常规偏心配水器主要技术参数

型号	KPX－114	KPX－110	KPX－95	KPX－114G
配水器总长,mm	965	965	965	790
最大外径,mm	114	110	95	113
最小通径,mm	46			
偏孔直径,mm	20			
工作压力,MPa	35	35	35	25
堵塞器最大外径,mm	22	22	22	22
投捞器总长,mm	1265	1265	1265	1700
投捞器最大外径,mm	45	45	45	44

3)水力锚

(1)工作原理:油管憋压,锚爪向外伸出并与套管咬合,实现锚定,在油管内液体压力消失后,水力锚锚爪在弹簧力作用下收回解卡。

(2)用途:主要用于酸化、压裂、注采措施管柱的锚定,防止管柱窜动和位移。

(3)结构:KDB－105 水力锚的结构如图 2－23 所示。

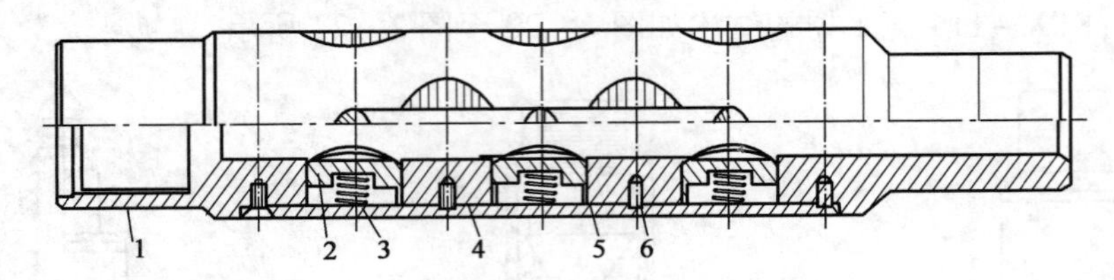

图 2－23　KDB－105 水力锚

1—主体;2—锚爪;3—弹簧;4—压板;5—O 形密封圈;6—螺钉

(4)KDB 水力锚的主要技术参数见表 2－29。

表 2－29　KDB 水力锚的主要技术参数

规格	KDB－95	KDB－100	KDB－105	KDB－110	KDB－114	KDB－148
适用套管规格,in	4½	5	5½			7
最大外径,mm	95	100	105	110	114	150
最小内径,mm	50	40	48	40	50	62
总长,mm	460	460	560	560	512	495
工作压力,MPa	50	60	60	70	70	60
工作温度,℃	120	150	150	150	150	150

4)弹性扶正器

(1)工作原理。通过控制扶正体的外径,使扶正体外径和套管内径一致,使弹性扶正体脱离套管内壁的径向作用力大于斜井注水管柱径向上对套管的作用力,保证了封隔器在斜井中无论自由状态和工作状态均处于居中位置,从而使封隔器不受井斜的影响,起保护封隔器的作用。

(2)用途:主要用于支撑和扶正管柱。

(3)结构:弹性扶正体器的结构如图 2－24 所示。

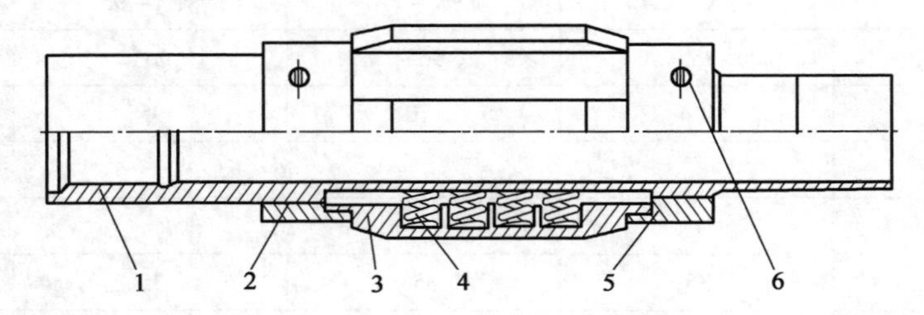

图 2－24　弹性扶正器

1—主体;2—上压环;3—扶正片;4—弹簧;5—下压片;6—弹簧销钉

(4)ZC－114 弹性扶正器的主要技术参数见表 2－30。

表 2－30　ZC－114 弹性扶正器的主要技术参数

最大外径,mm	114	工作压力,MPa	35
最小内径,mm	48	支撑力,kN	40～50
坐封压力,MPa	15	解封力,kN	15～20

5)SK 水力卡瓦

(1)工作原理。将工具下至设计位置后,从油管内打液压,活塞在液压作用下剪断安全剪钉,推动卡瓦托、卡瓦上行,使卡瓦沿着锥体锥面向外展开,卡在套管壁上,卡瓦坐卡。在释放液压后,管柱重力作用在锥体上,保证卡瓦撑在套管壁上。在套压高于油压(反洗井)时,液压力只作用于活塞上,所以卡瓦始终卡在套管壁上,同时液压作用于封隔器胶筒上,将整个管柱向下推,锥体进一步向下移,从而使卡瓦紧紧卡在套管壁上。油管内压力高于套管压力时,与坐卡时状态相同。解卡时,上提管柱,中心管带动锥体从卡瓦中退出,卡瓦失去内支撑,收回解卡。

(2)用途:主要用于支撑和扶正管柱。

(3)结构:SK 水力卡瓦的结构如图 2-25 所示。

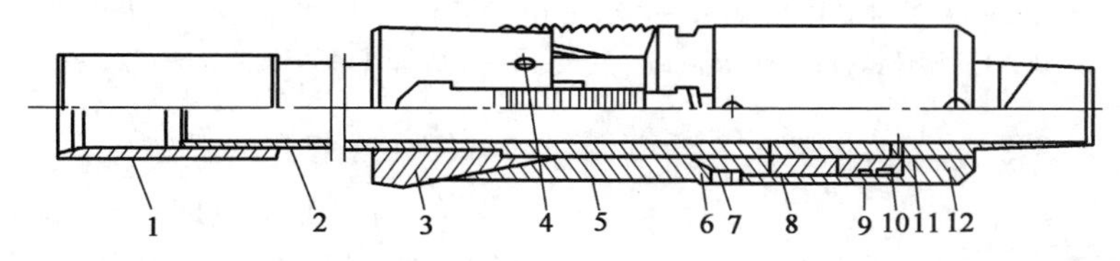

图 2-25 SK 水力卡瓦

1—上接头;2—中心管;3—锥体;4—防松销钉;5—卡瓦;6—卡瓦托;7—剪钉;8—锁块;9—密封圈;10—活塞;11—活塞套

(4)SK 水力卡瓦的主要技术参数见表 2-31。

表 2-31 SK 水力卡瓦主要技术参数

规格	SK-150	SK-115
最大外径,mm	150	115
最小内径,mm	62	
工具总长,mm	610	
工作温度,℃	160	
工作压力,MPa	35	

6)KQW 支撑器

(1)工作原理:按所需坐封高度(600~1500mm)上提管柱后,使下接头上的换向销钉处于轨迹套短槽上死点,然后正转油管柱并下放管柱,由于扶正器依靠弹簧的弹力造成扶正块与套管壁之间有一摩擦力,保证了正转油管柱时轨迹套不随之转动,从而使换向销钉从轨迹套脱出,锥体随中心管下行,使单向卡瓦被锥体撑开并卡在套管内壁上。

(2)用途:作为管柱下支点,防止管柱向下移动。

(3)结构:KQW 的支撑器的结构如图 2-26 所示。

(4)KQW 支撑器的主要技术参数见表 2-32。

表 2-32 KQW 支撑器的主要技术参数

型号	KQW-114	型号	KQW-114
外径,mm	114	防坐距,mm	≤350
总长,mm	1050	工作压力,MPa	25
内通径,mm	50		

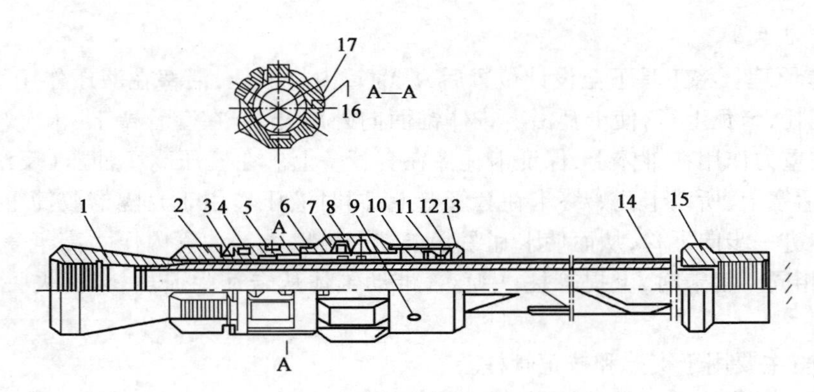

图 2－26　KQW 支撑器

1—锥体；2—卡瓦；3—箍簧；4—上限位环；5—内压簧；6—下限位环；7—摩擦块；8—外压簧；9—防松螺钉；10—卡瓦扶正块；11—循环销钉；12—滑环；13—托环；14—中心管；15—下接头；16—固定螺钉；17—垫圈

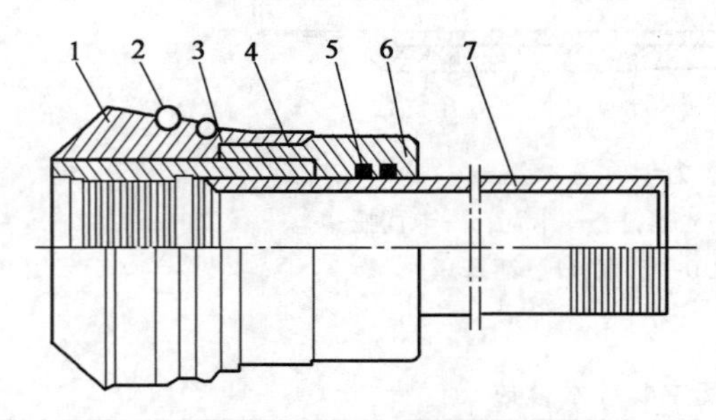

图 2－27　KHD 油管悬挂器

1—油管柱；2，3，5—O 形胶圈；4—接箍；6—密封套；7—短节

7）KHD 油管悬挂器

（1）结构与工作原理。

KHD 油管悬挂管的结构如图 2－27 所示。油管悬挂器下接油管，油管柱上的两道胶圈起到密封作用。

（2）用途：不压井施工时，活动管柱的配套工具，用来在封隔器坐封上提或下放油管时，密封油套管环形空间。

（3）KHD 油管悬挂器的主要技术参数见表 2－33。

表 2－33　KHD 油管悬挂器的主要技术参数

型号	KHD－62	型号	KHD－62
外径，mm	62	防坐距，mm	≤2000
总长，mm	2500	工作压力，MPa	25

8）KGD 油管堵塞器

（1）工作原理：工作筒跟油管下入井中，下井时将堵塞器投入工作筒中，在下井过程中支撑卡卡住工作筒上台阶，使其不冲出，起出堵塞器时，打捞头上移，支撑卡在扭簧的作用下向中间回收，避开工作筒台阶，可顺利起出。

（2）用途：封堵油管空间，用于不压井起下作业。

（3）结构：主要由工作筒和堵塞器总成组成，如图 2－28 所示。

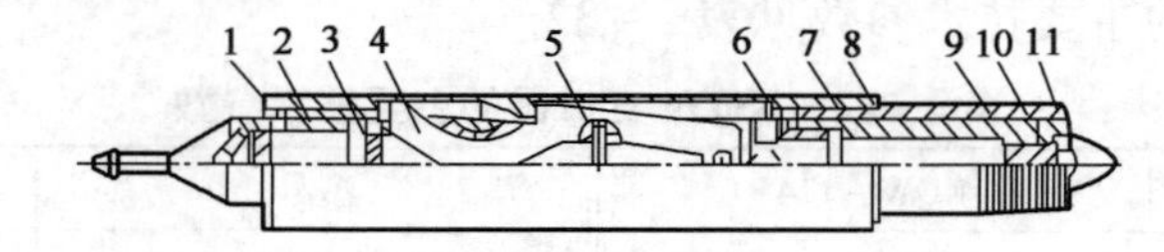

图 2－28　KGD 油管堵塞器

1—工作筒；2—打捞头；3—轴销；4—支撑卡；5—扭簧；6—支撑体；7，10—O 形胶圈；8—密封段；9—导向头；11—密封短节

(4)KGD 油管堵塞器的主要技术参数见表 2－34。

表 2－34　KGD 油管堵塞器的主要技术指标

规格	ϕ55	ϕ54	ϕ53	ϕ50	ϕ42
外径,mm	90	90	90	90	90
内径,mm	55	54	53	50	42
总长,mm	530	530	530	530	530
工作压力,MPa	15	15	15	15	15

9)KHT 常闭开关

(1)工作原理。投球坐于滑套芯上,打压使滑套芯子下移剪断剪钉,使外套的孔眼开通,达到开启目的。

(2)用途:用于连接油管和油套管环形空间通道的开关。

(3)结构:KHT 常闭开关的结构如图 2－29 所示。

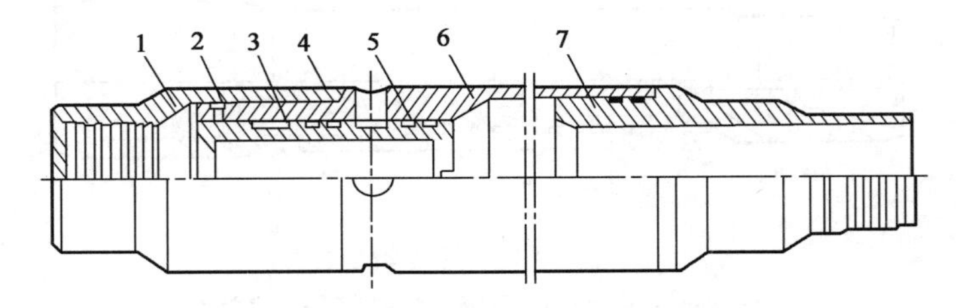

图 2－29　KHT 常闭开关

1—上接头;2—剪钉;3—滑套芯;4,5—O 形胶圈;6—外套;7—下接头

(4)KTH 常闭开关的主要技术参数见表 2－35。

表 2－35　KTH 常闭开关的主要技术参数

型号	外径,mm	内通径,mm	总长,mm	剪钉剪切压力,MPa
KHT－100	110	30,35,52	655	8～10

10)KNH 活门

(1)工作原理。当上部压力大于油层压力时,活门压缩扭簧向下转动,打开活门;当油层压力大于上部压力时,活门在扭簧的作用下自动关闭。

(2)用途:用于控制井下油管通道的开关。

(3)结构:KNH 活门的结构如图 2－30 所示。

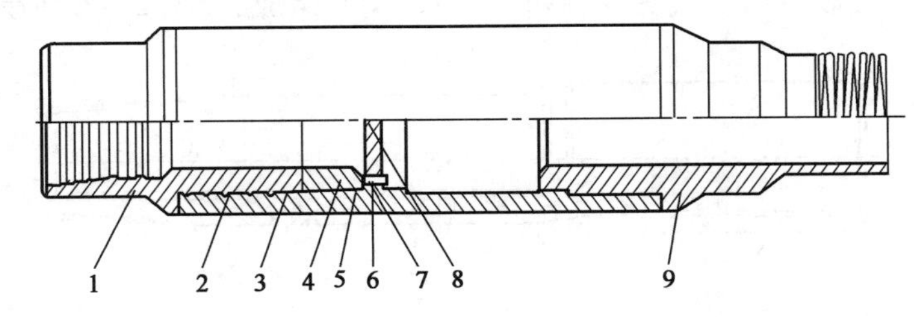

图 2－30　KNH 活门

1—上接头;2—壳体;3—O 形胶圈;4—活门座;5—坐垫;6—活门销;7—扭簧;8—活门;9—下接头

(4)KNH 活门的主要技术参数见表 2－36。

表 2－36　KNH 活门的主要技术参数

型号	外径,mm	内通径,mm	总长,mm	工作压力,MPa
KNH－114	114	60	500	15

11)平衡滑套

(1)工作原理:该平衡滑套在井下处于密封状态,在起管柱时,从油管投入专用撞击杆撞击十字叉挡板,带动芯管下行剪断销钉,露出外套孔槽,油管内外连通,卸去油管内压力,方便管柱起出。

(2)用途:用于分层压裂。

(3)结构:平衡滑套的结构如图 2－31 所示。

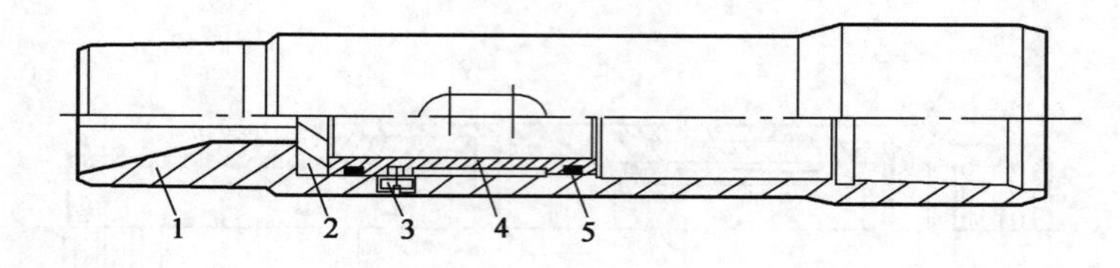

图 2－31　平衡滑套

1—外套;2—挡板;3—销钉;4—芯管;5—密封圈

(4)平衡滑套的主要技术参数见表 2－37。

表 2－37　平衡滑套的主要技术参数

型号	长度,mm	外径,mm	最小内径,mm	撞击力,N	工作压力,MPa
KPH－94	360	94	42	100	80

12)滑套喷砂器

(1)工作原理。施工时,投入适当的钢球至芯管上部球座处,油管内打压剪断销钉,芯管及钢球下落,压裂液即可由喷砂管长槽处喷出进行压裂。

(2)用途:用于分层压裂。

(3)结构:滑套喷砂器由上接头、喷砂管、芯管、销钉组成,如图 2－32 所示。

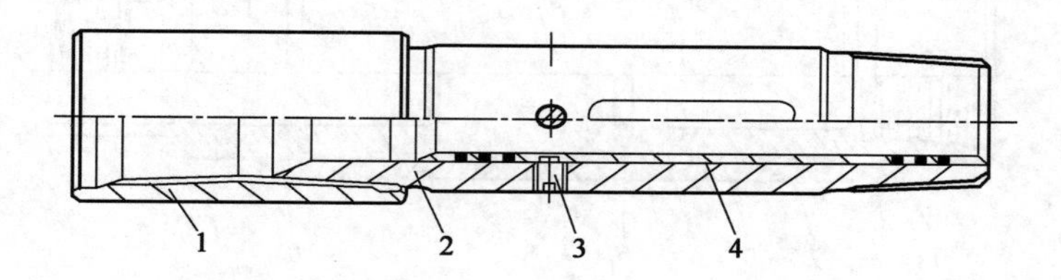

图 2－32　滑套喷砂器

1—上接头;2—喷砂管;3—销钉;4—芯管

(4)滑套喷砂器的主要技术参数见表2－38。

表2－38 滑套喷砂器的主要技术参数

型号	长度,mm	外径,mm	最小内径,mm	开启压力,MPa	工作压力,MPa
KHT－110	700	94	37	15～20	80

13)安全接头

(1)工作原理。将安全接头连接于所用钻柱需保护部位,不影响钻具正常工作。其本体采用宽锯齿螺纹或特殊梯形螺纹连接,一旦井下工具被卡可借助安全接头退出卸开卡点以上的钻柱,再次下钻时还可对接。

(2)用途。安全接头是连接在井内管柱上的一种备用安全工具,一旦封隔器等遇卡,可将安全接头以上的工具和管柱取出。适用于井下事故处理,也适用于钻井、取芯和中途测试。

(2)结构:不同管柱(如钻杆与油管)上的安全接头结构有所不同。以钻杆安全接头为例,如图2－33所示。它由一个外螺纹短节、一个内螺纹短节和两个密封圈所组成。外螺纹短节上部是钻杆接头螺纹,下部是特殊粗牙螺纹。内螺纹短节上部是特殊粗牙螺纹,下部是钻杆接头螺纹。

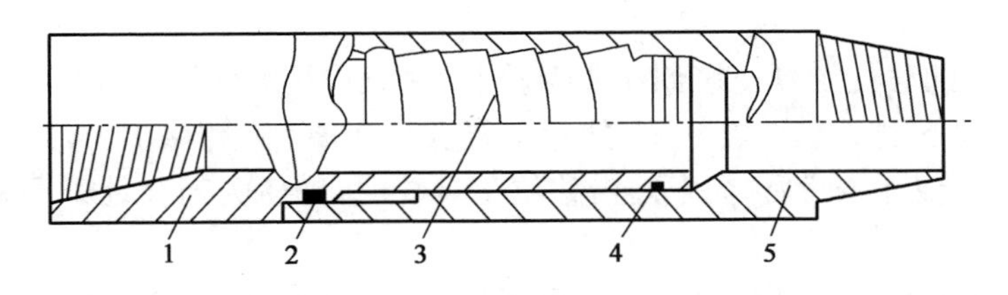

图2－33 安全接头

1—外螺纹短节;2—上密封圈;3—粗牙螺纹;4—下密封圈;5—内螺纹短节

14)井下安全阀

井下安全阀是井中流体非正常流动的控制装置,在海上生产设施发生火警、管线破裂等非正常情况时,能自动关闭,实现井中流体的流动控制,是海上完井生产管柱的重要组成部分。

井下安全阀按其控制方式分为地面液压控制安全阀和井下流体自动控制安全阀两类,地面液压控制安全阀分为钢丝回收式安全阀、油管携带环空安全阀。

(1)工作原理:当控制管线内加压时,液压推动活塞下行,活塞压缩弹簧。当活塞继续下行时,活塞的下部先顶开平衡球,活门下部的高压液体通过平衡孔进入活门上部油管内而逐渐平衡活门上下压差。一旦活门上下压力达到完全平衡或基本平衡时,在额定控制管线压力下,安全阀即被打开,并保持在打开状态。

(2)结构:井下安全阀的结构如图2－34所示。

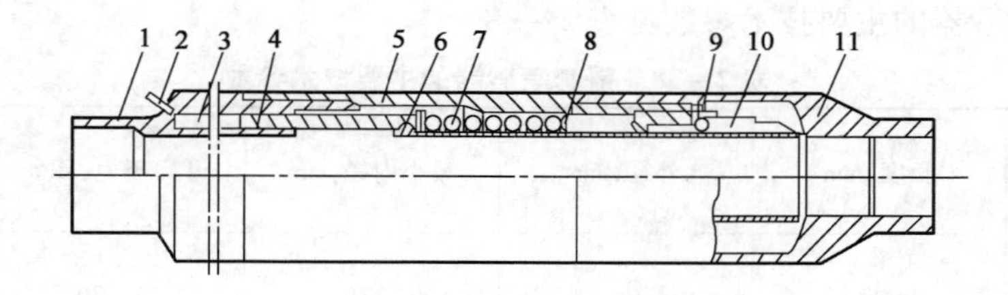

图2-34　井下安全阀

1—上接头;2—液控管线;3—液腔;4—活塞;5—中间接头;
6—中心管;7—弹簧;8—弹簧挡片;9—扭簧;10—阀板;11—下接头

15)滑套

(1)用途。滑套主要用来提供油管和环空之间的流动通道,有下列用途:

①完井后诱喷。

②循环压井。

③气举。

④坐挂射流泵。

⑤选择性对不同的油层进行生产、测试或增产措施。

⑥多层混采。

⑦下入堵塞器关井或油管试压。

⑧循环化学剂防腐等。

(2)工作原理。

①打开。

a.将合适型号的移位工具连接到作业钢丝上(注意连接方向)。

b.将工具稍微下过滑套一点距离,然后上提移位工具,一旦移位工具上的移位台阶抓住了关闭套上的"上受力台阶"后,向上震击移位工具数次,先使关闭套处于平衡位置,让内外压力平衡。

c.继续向上震击移位工具数次,直到滑套完全打开为止。一旦关闭套上行到上止点处,移位工具上的移位台阶将自动从"上受力台阶"处脱离。

d.起出作业工具。

②关闭。

a.将工具反向连接下入。

b.移位工具的移位台阶抓住关闭套的"下受力台阶"后,向下震击数次,直到直到滑套完全关闭为止。一旦关闭套下行到下止点处,移位工具的移位台阶将自动从"下受力台阶"处脱离。

c.起出移位工具。

第三节　典型生产管柱

一、自喷井生产管柱

图2-35为海上油田典型自喷生产管柱结构。

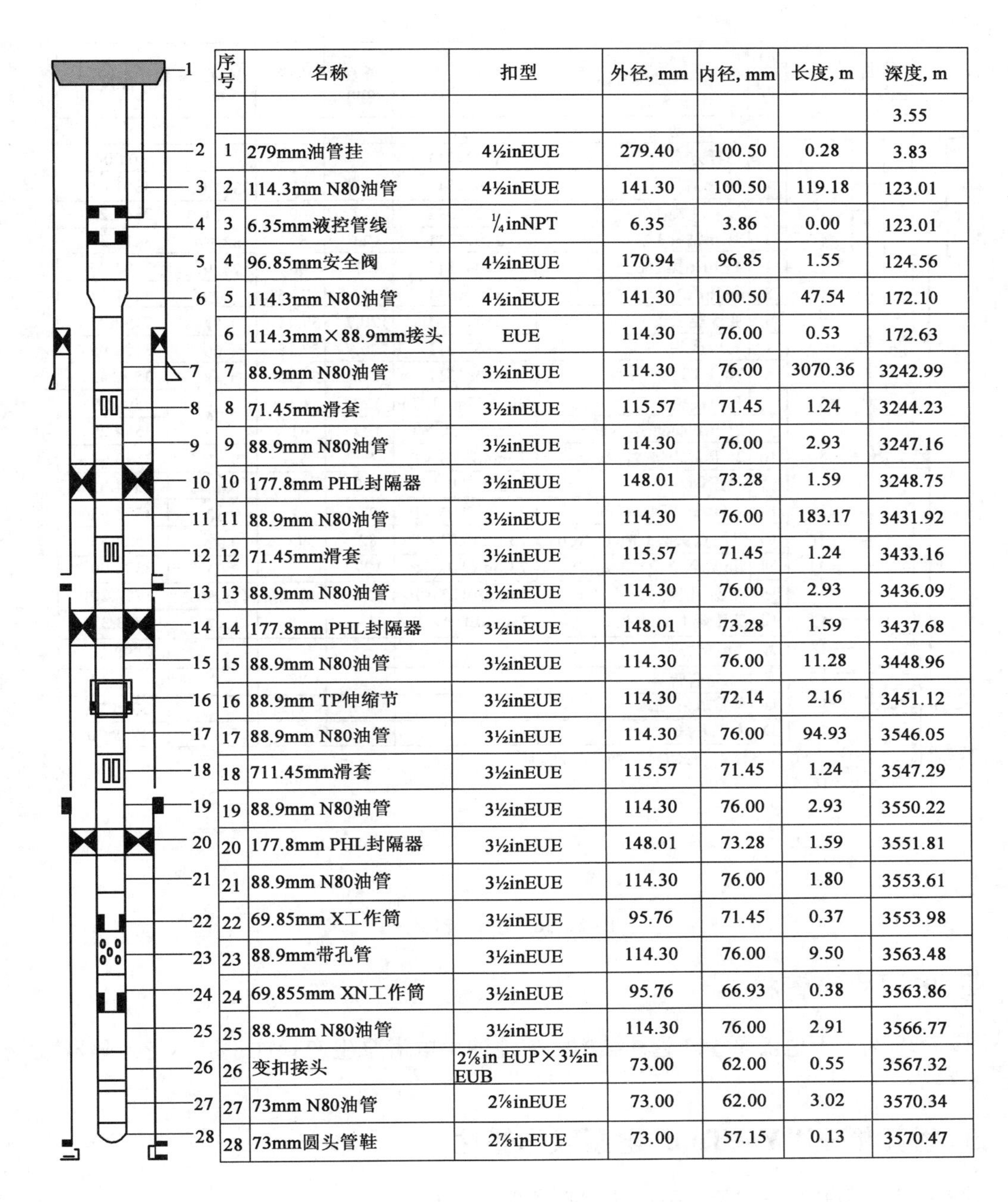

序号	名称	扣型	外径, mm	内径, mm	长度, m	深度, m
						3.55
1	279mm油管挂	4½inEUE	279.40	100.50	0.28	3.83
2	114.3mm N80油管	4½inEUE	141.30	100.50	119.18	123.01
3	6.35mm液控管线	¼inNPT	6.35	3.86	0.00	123.01
4	96.85mm安全阀	4½inEUE	170.94	96.85	1.55	124.56
5	114.3mm N80油管	4½inEUE	141.30	100.50	47.54	172.10
6	114.3mm×88.9mm接头	EUE	114.30	76.00	0.53	172.63
7	88.9mm N80油管	3½inEUE	114.30	76.00	3070.36	3242.99
8	71.45mm滑套	3½inEUE	115.57	71.45	1.24	3244.23
9	88.9mm N80油管	3½inEUE	114.30	76.00	2.93	3247.16
10	177.8mm PHL封隔器	3½inEUE	148.01	73.28	1.59	3248.75
11	88.9mm N80油管	3½inEUE	114.30	76.00	183.17	3431.92
12	71.45mm滑套	3½inEUE	115.57	71.45	1.24	3433.16
13	88.9mm N80油管	3½inEUE	114.30	76.00	2.93	3436.09
14	177.8mm PHL封隔器	3½inEUE	148.01	73.28	1.59	3437.68
15	88.9mm N80油管	3½inEUE	114.30	76.00	11.28	3448.96
16	88.9mm TP伸缩节	3½inEUE	114.30	72.14	2.16	3451.12
17	88.9mm N80油管	3½inEUE	114.30	76.00	94.93	3546.05
18	711.45mm滑套	3½inEUE	115.57	71.45	1.24	3547.29
19	88.9mm N80油管	3½inEUE	114.30	76.00	2.93	3550.22
20	177.8mm PHL封隔器	3½inEUE	148.01	73.28	1.59	3551.81
21	88.9mm N80油管	3½inEUE	114.30	76.00	1.80	3553.61
22	69.85mm X工作筒	3½inEUE	95.76	71.45	0.37	3553.98
23	88.9mm带孔管	3½inEUE	114.30	76.00	9.50	3563.48
24	69.855mm XN工作筒	3½inEUE	95.76	66.93	0.38	3563.86
25	88.9mm N80油管	3½inEUE	114.30	76.00	2.91	3566.77
26	变扣接头	2⅞in EUP×3½in EUB	73.00	62.00	0.55	3567.32
27	73mm N80油管	2⅞inEUE	73.00	62.00	3.02	3570.34
28	73mm圆头管鞋	2⅞inEUE	73.00	57.15	0.13	3570.47

图 2－35　单管自喷生产管柱

二、射孔管柱

图 2－36 为典型射孔管柱结构。

三、射孔—自喷联作管柱

图 2－37 是带射孔枪—自喷联作管柱结构，通过射孔枪可射开下层自喷生产。

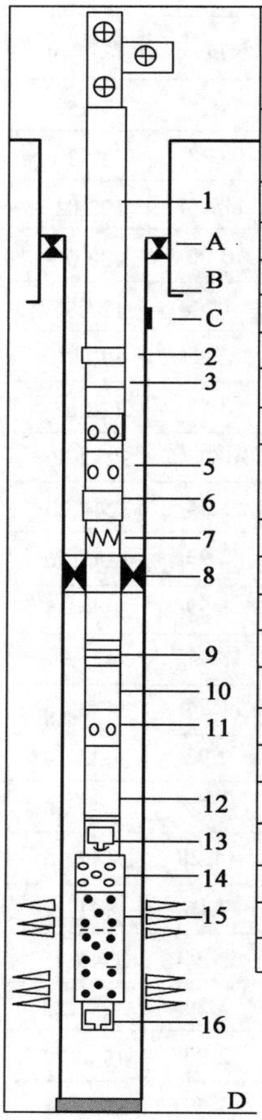

编号	工具名称	扣型	外径 mm	内径 mm	长径 m	下入深度 m
	井口流动头	311				
	钻杆方余	310×311				0.00
1	3½in钻杆	310×311	123	63	3361.01	3361.01
2	放射性接头	310×311	127	60	0.21	3361.22
3	3½in钻杆3柱	310×311	123	63	58.17	3419.39
4	4¾in钻铤4柱	310×311	127	60	74.36	3493.75
5	循环阀2个	310×311	127	57.15	3.39	3497.14
6	液压震击器	310×311	120.7	57.15	1.82	3498.96
7	安全接头	310×311	120.7	57.15	1.09	3500.05
8	7in RTTS封隔器	310×311	170	57.15	1.48	3501.53
	变扣接头	310×73mmEU P	127	67	2.76	3504.29
9	2⅞in纵向减震器2个	73mmEUB×P	127	61		3504.29
10	2⅞in EUE油管1根	73mmEUB×P	73.	62	9.62	3513.91
11	负压阀	73mmEUB×P	100	57	0.44	3514.35
12	2⅞in EUE油管1根	73mmEUB×P	73	62	9.58	3523.93
13	机械点火头(带NO-GO环)	73mmEUB×P	82	39.6	0.92	3524.85
14	5in安全空枪+枪头	73mmEUB×P	127		2.05	3526.90
15	5in射孔枪	73mmEUB×P	127		175.30	3702.20
16	液压延时点火头	73mmEUB×P	73		1.17	3703.37
A	7in尾管挂					2598.00
B	9⅝in套管鞋					
C	套管放射性源					3315.70
D	人工井底					3728.70

注：以XX转盘面为基准。

图2－36　射孔管柱

四、电泵生产管柱

图2－38为海上电潜泵生产管柱结构。陆地油田电潜泵生产管柱一般不带封隔器，也不采用Y接头。

五、射孔枪—“Y－Tool”电泵联作管柱

图2－39为射孔枪—“Y－Tool”电泵联作管柱结构。

六、注水管柱

1. 悬挂式注水工艺管柱

1）管柱的组成

悬挂式注水工艺管柱的结构如图2－40所示。

2）管柱的特点

Y341型封隔器采用水力坐封，锁紧后封隔器处于永久密封状态。封隔器设有洗井通道，

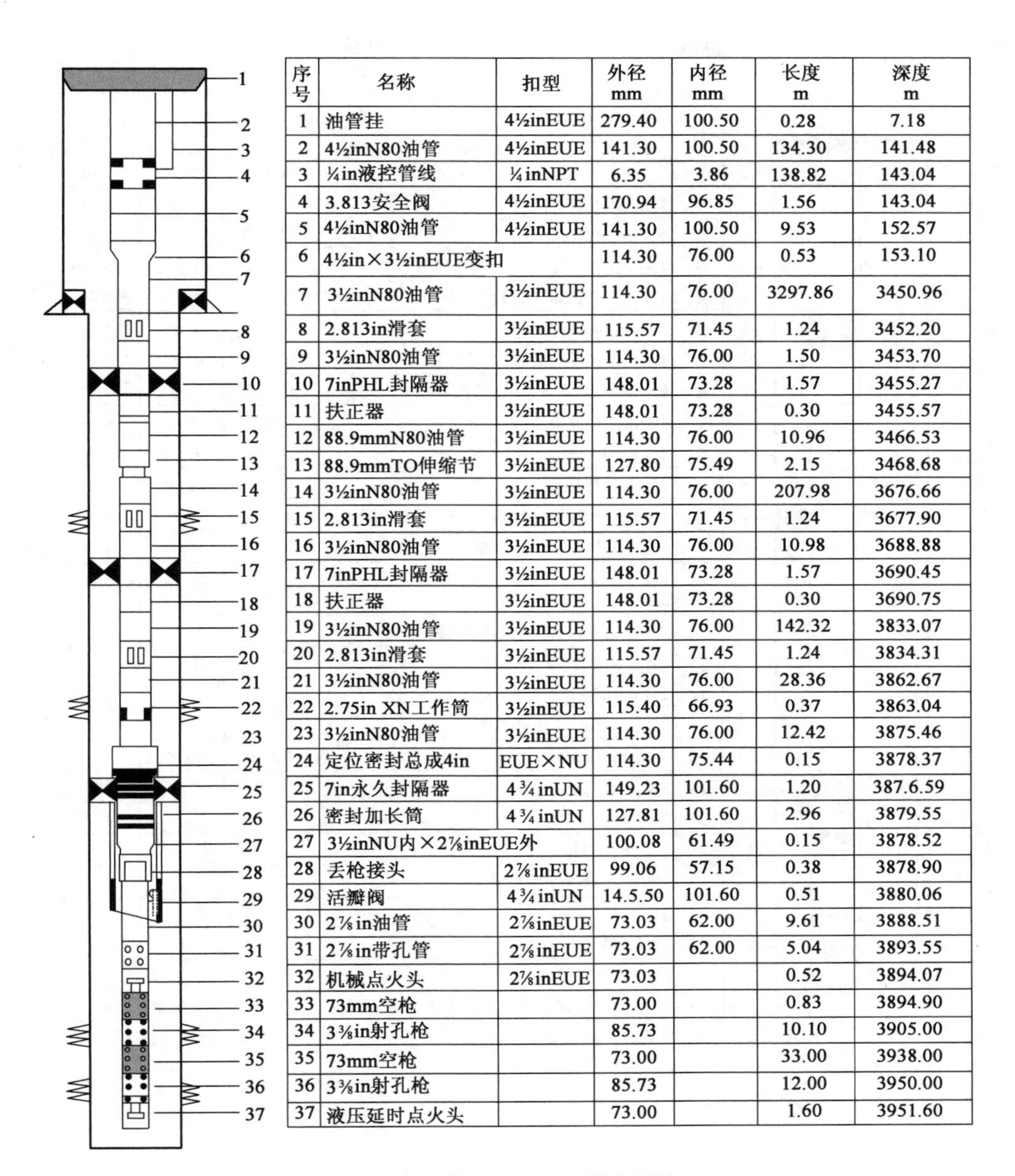

序号	名称	扣型	外径 mm	内径 mm	长度 m	深度 m
1	油管挂	4½inEUE	279.40	100.50	0.28	7.18
2	4½inN80油管	4½inEUE	141.30	100.50	134.30	141.48
3	¼in液控管线	¼inNPT	6.35	3.86	138.82	143.04
4	3.813安全阀	4½inEUE	170.94	96.85	1.56	143.04
5	4½inN80油管	4½inEUE	141.30	100.50	9.53	152.57
6	4½in×3½inEUE变扣		114.30	76.00	0.53	153.10
7	3½inN80油管	3½inEUE	114.30	76.00	3297.86	3450.96
8	2.813in滑套	3½inEUE	115.57	71.45	1.24	3452.20
9	3½inN80油管	3½inEUE	114.30	76.00	1.50	3453.70
10	7inPHL封隔器	3½inEUE	148.01	73.28	1.57	3455.27
11	扶正器	3½inEUE	148.01	73.28	0.30	3455.57
12	88.9mmN80油管	3½inEUE	114.30	76.00	10.96	3466.53
13	88.9mmTO伸缩节	3½inEUE	127.80	75.49	2.15	3468.68
14	3½inN80油管	3½inEUE	114.30	76.00	207.98	3676.66
15	2.813in滑套	3½inEUE	115.57	71.45	1.24	3677.90
16	3½inN80油管	3½inEUE	114.30	76.00	10.98	3688.88
17	7inPHL封隔器	3½inEUE	148.01	73.28	1.57	3690.45
18	扶正器	3½inEUE	148.01	73.28	0.30	3690.75
19	3½inN80油管	3½inEUE	114.30	76.00	142.32	3833.07
20	2.813in滑套	3½inEUE	115.57	71.45	1.24	3834.31
21	3½inN80油管	3½inEUE	114.30	76.00	28.36	3862.67
22	2.75in XN工作筒	3½inEUE	115.40	66.93	0.37	3863.04
23	3½inN80油管	3½inEUE	114.30	76.00	12.42	3875.46
24	定位密封总成4in	EUE×NU	114.30	75.44	0.15	3878.37
25	7in永久封隔器	4¾inUN	149.23	101.60	1.20	387.6.59
26	密封加长筒	4¾inUN	127.81	101.60	2.96	3879.55
27	3½inNU内×2⅞inEUE外		100.08	61.49	0.15	3878.52
28	丢枪接头	2⅞inEUE	99.06	57.15	0.38	3878.90
29	活瓣阀	4¾inUN	14.5.50	101.60	0.51	3880.06
30	2⅞in油管	2⅞inEUE	73.03	62.00	9.61	3888.51
31	2⅞in带孔管	2⅞inEUE	73.03	62.00	5.04	3893.55
32	机械点火头	2⅞inEUE	73.03		0.52	3894.07
33	73mm空枪		73.00		0.83	3894.90
34	3⅜in射孔枪		85.73		10.10	3905.00
35	73mm空枪		73.00		33.00	3938.00
36	3⅜in射孔枪		85.73		12.00	3950.00
37	液压延时点火头		73.00		1.60	3951.60

图 2－37　射孔枪—自喷联作管柱

可随时进行反循环洗井。封隔器坐封压差为 16～20MPa. 额定工作压差为 15MPa(常压)和 35MPa(高压)。

配水器为轨道式空心配水器,开启压差为 0.7～0.9MPa,与封隔器配套实现分层注水。下管柱时,可携带水嘴直接下井。封隔器坐封前配水器处于关闭状态,内外不连通,保证封隔器坐封。封隔器坐封完成后,配水器自行开启向地层直接注水。可满足注水层数少于 5 层的分层注水要求。

2. 锚定补偿式注水工艺管柱

1)管柱的组成

锚定补偿式注水工艺管柱的结构如图 2－41 所示。

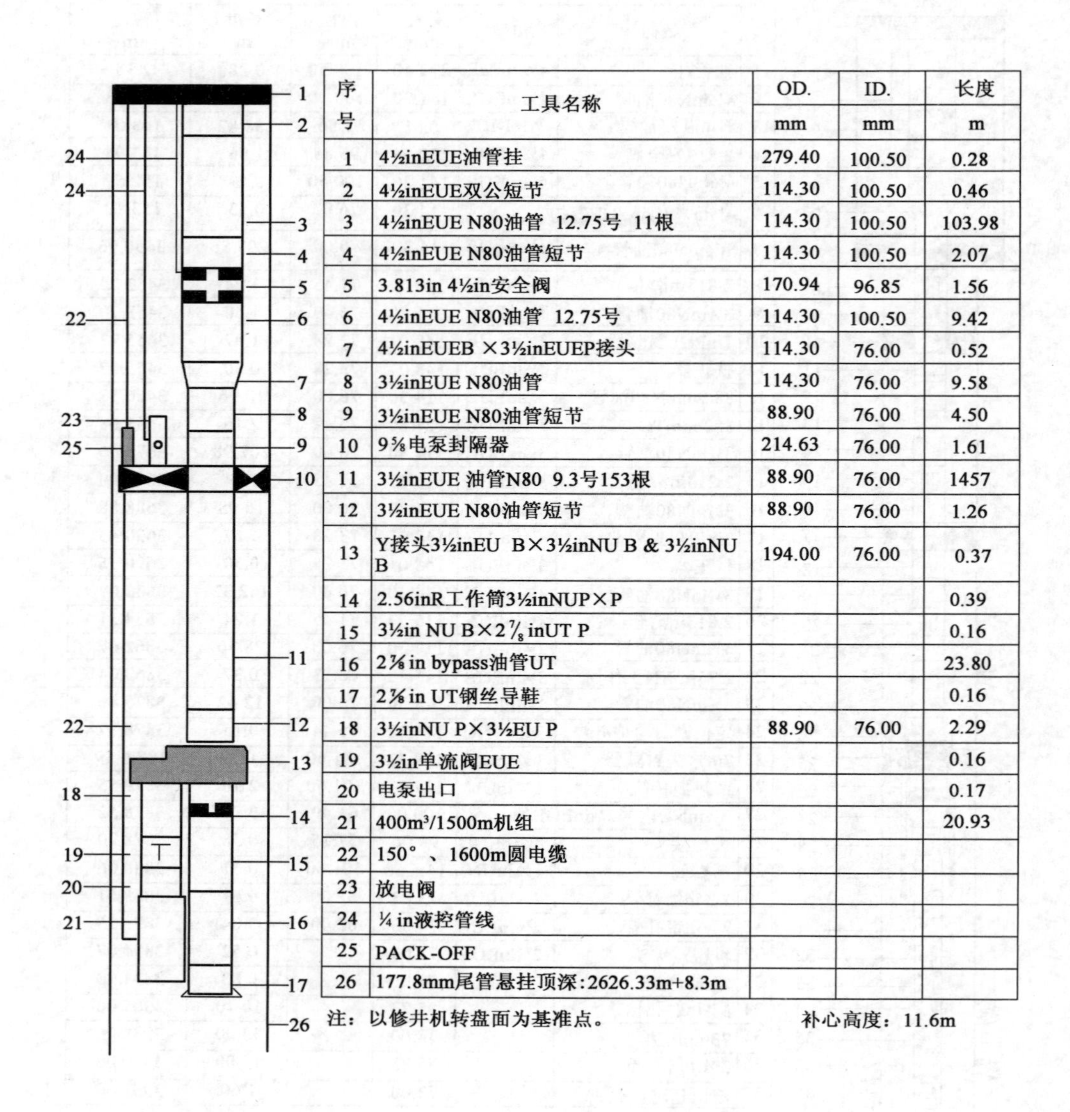

序号	工具名称	OD. mm	ID. mm	长度 m
1	4½inEUE油管挂	279.40	100.50	0.28
2	4½inEUE双公短节	114.30	100.50	0.46
3	4½inEUE N80油管 12.75号 11根	114.30	100.50	103.98
4	4½inEUE N80油管短节	114.30	100.50	2.07
5	3.813in 4½in安全阀	170.94	96.85	1.56
6	4½inEUE N80油管 12.75号	114.30	100.50	9.42
7	4½inEUEB ×3½inEUEP接头	114.30	76.00	0.52
8	3½inEUE N80油管	114.30	76.00	9.58
9	3½inEUE N80油管短节	88.90	76.00	4.50
10	9⅝电泵封隔器	214.63	76.00	1.61
11	3½inEUE 油管N80 9.3号153根	88.90	76.00	1457
12	3½inEUE N80油管短节	88.90	76.00	1.26
13	Y接头3½inEU B×3½inNU B & 3½inNU B	194.00	76.00	0.37
14	2.56inR工作筒3½inNUP×P			0.39
15	3½in NU B×2⅞ inUT P			0.16
16	2⅞ in bypass油管UT			23.80
17	2⅞ in UT钢丝导鞋			0.16
18	3½inNU P×3½EU P	88.90	76.00	2.29
19	3½in单流阀EUE			0.16
20	电泵出口			0.17
21	400m³/1500m机组			20.93
22	150°、1600m圆电缆			
23	放电阀			
24	¼ in液控管线			
25	PACK-OFF			
26	177.8mm尾管悬挂顶深:2626.33m+8.3m			

注：以修井机转盘面为基准点。　　补心高度：11.6m

图 2－38　海上电潜泵生产管柱

2）管柱的特点

Y341 型封隔器采用水力坐封，锁紧后封隔器处于永久密封状态。封隔器设有洗井通道，可随时进行反循环洗井。ZJK 型配水器为轨道式空心配水器，与封隔器配套实现分层注水。补偿器补偿距为 1.5m，用来补偿油管因温度等因素引起的伸缩，改善管柱的受力状况。水力锚与支撑卡瓦用来固定管柱，避免管柱的蠕动，保证封隔器的密封性能，从而延长封隔器的使用寿命。

3. 补偿自验封式注水工艺管柱

1）管柱组成

补偿自验封式注水工艺管柱的结构如图 2－42 所示。

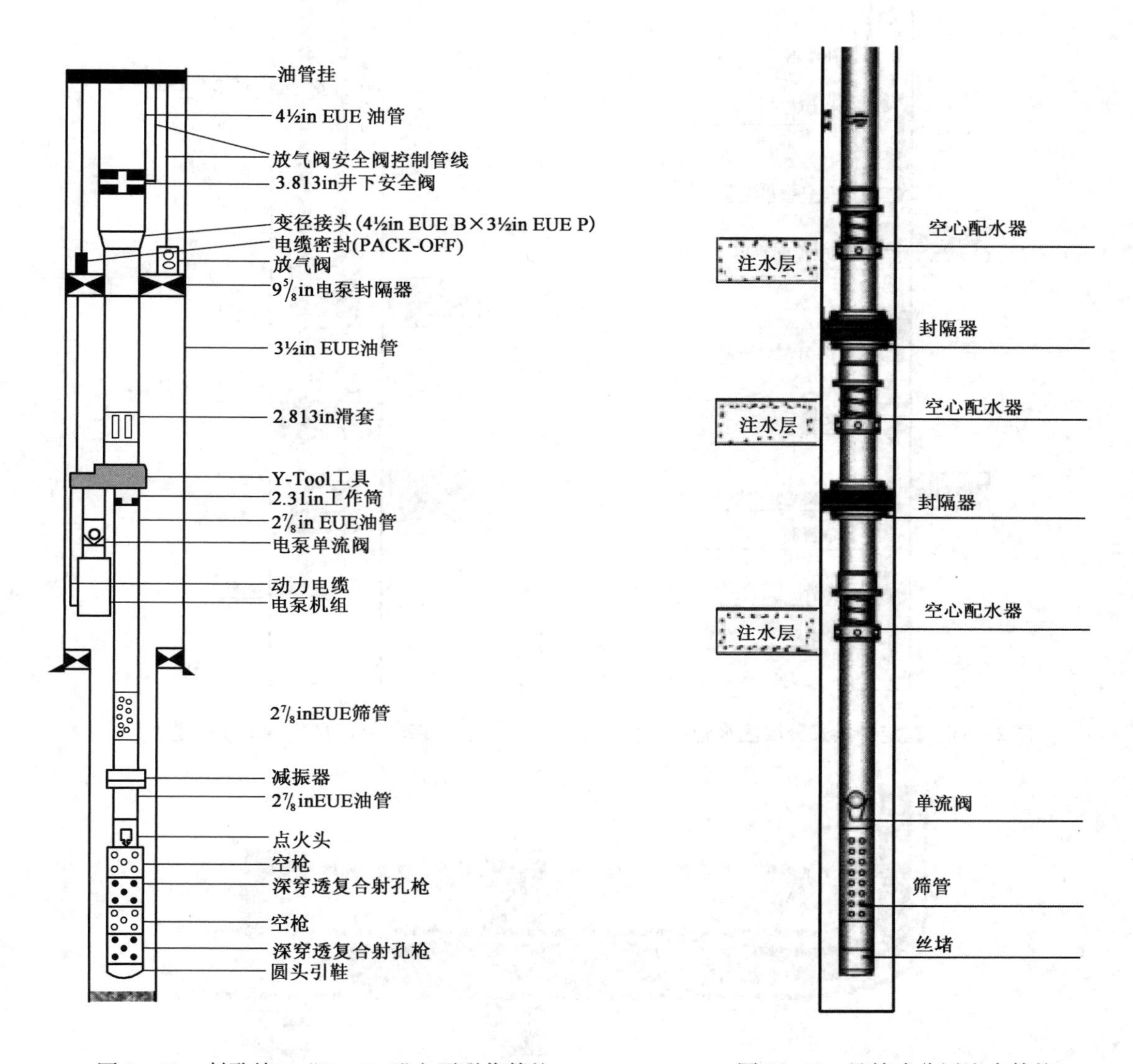

图2－39　射孔枪—“Y－Tool”电泵联作管柱

图2－40　悬挂式分层注水管柱

2)管柱的特点

FYX341型封隔器采用液压坐封,具有自验封功能,能够验证封隔器的密封性能。封隔器可反洗井。管柱可解决因温度、压力变化所造成的管柱蠕动问题。

七、压裂酸化管柱

水平井双卡分段压裂酸化管柱的结构如图2－43所示。

水平井分段压裂酸化管柱的结构如图2－44所示。

水力喷射分段压裂酸化管柱的结构如图2－45所示。

裸眼水平井投球滑套分段压裂酸化管柱的结构如图2－46所示。

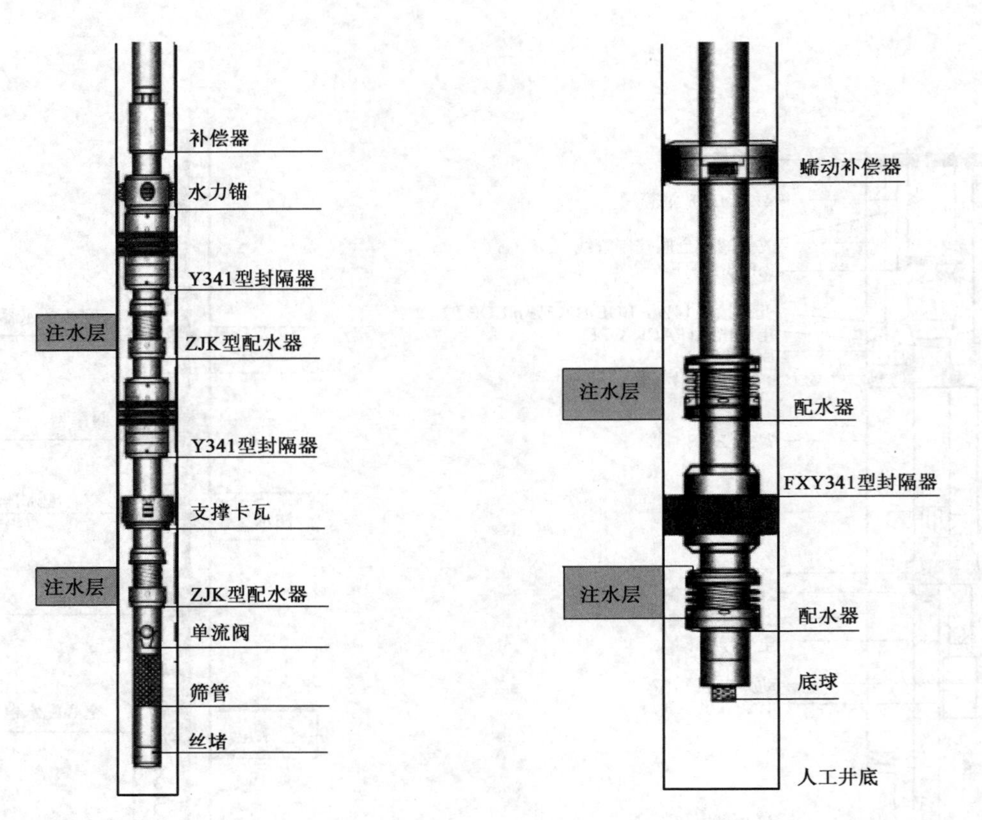

图 2-41　锚定补偿式分层注水管柱　　　　图 2-42　补偿自验封式分层注水管柱

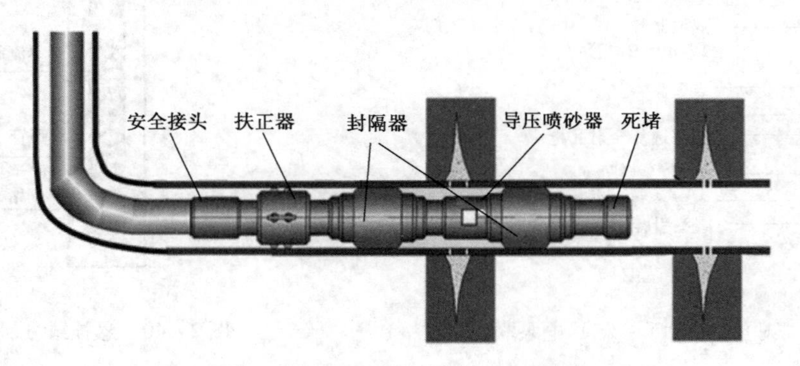

图 2-43　水平井双卡分段压裂酸化管柱

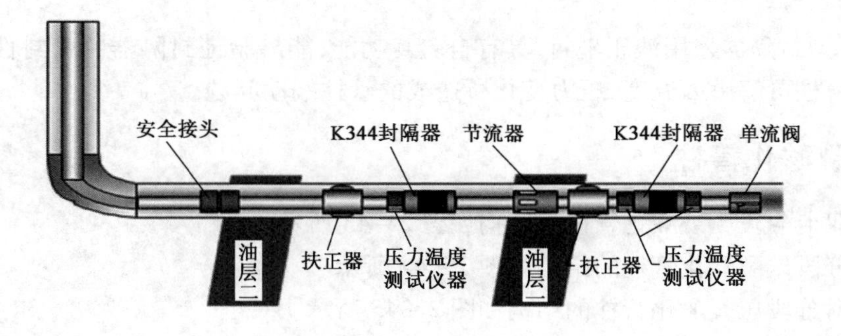

图 2-44　水平井分段压裂酸化管柱

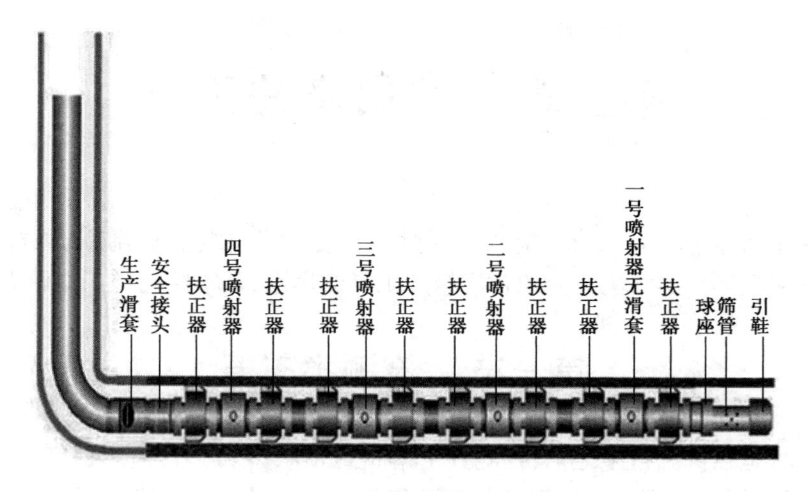

图 2-45　水力喷射分段压裂酸化管柱

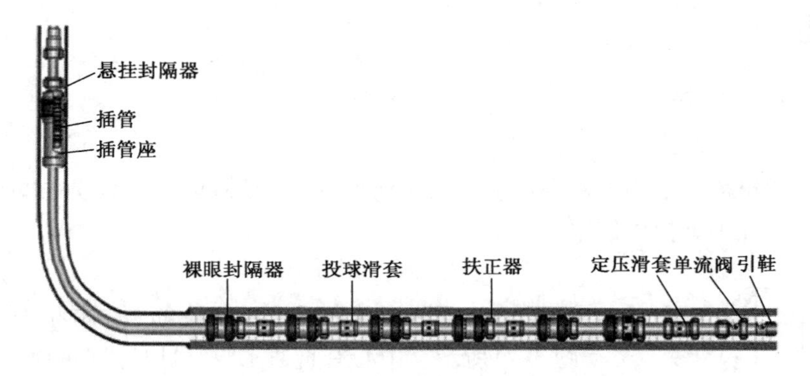

图 2-46　裸眼水平井投球滑套分段压裂酸化管柱

习　　题

1. 简述封隔器的作用。

2. 简述封隔器的分类与型号编制方法。

3. 分别说明 Y221-114、Y341-146、Y441-146、K344-146 等符号的意义，并说明该型封隔器的工作原理。

4. 简述控制类工具型号的编制方法。

5. 简述配水器、油管堵塞器、安全接头、滑套的工作原理与作用。

6. 简述不同类型生产管柱的基本结构组成与特点。

第三章　常用修井工具

修井工具按功能可分为11类：检测类、打捞类、切割类、倒扣类、刮削类、挤胀类、钻磨铣类、震击类、补接类等。本章主要介绍常用修井工具的用途、基本结构与工作原理。

第一节　检测类工具

检测类工具是在修井措施之前，探测井下落鱼鱼顶状态和套管损坏程度的工具。常用有铅模、胶模和通径规。铅模又分为带护罩铅模和普通型（不带护罩）铅模两种。

一、铅模

1. 平底带护罩铅模

1）用途

平底带护罩铅模主要用于检测落鱼鱼顶几何形状、深度和套损井套损程度、深度位置等，为选择修井工艺和工具提供依据。

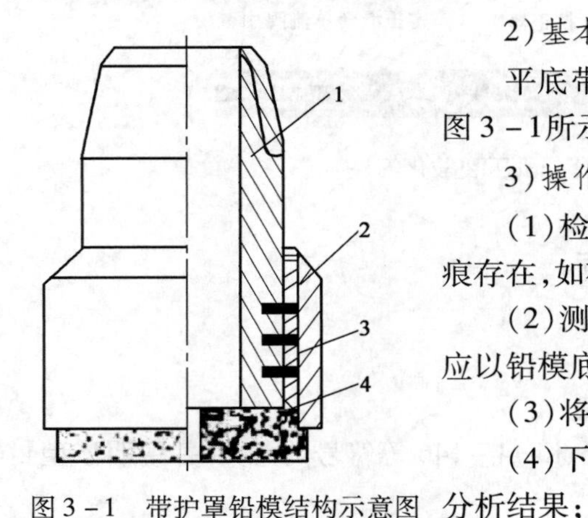

图3－1　带护罩铅模结构示意图
1—接头；2—护罩；3—拉筋；4—铅体

2）基本结构

平底带护罩铅模由接头、拉筋、铅体和护罩等组成，如图3－1所示。中心有直通水眼，可以冲洗鱼顶。

3）操作方法

（1）检查铅模柱体四周与底部，不能有影响印痕判断的伤痕存在，如有轻微的伤痕，应及时用锉刀将其修复平整；

（2）测量铅模外形尺寸，如果一次成型铅模，铅体呈锥形，应以铅模底部直径为下井直径，并留草图；

（3）将螺纹涂油，接上钻具下入井中；

（4）下钻速度不宜过快，以免中途将铅模顿碰变形，影响分析结果；

（5）下至鱼顶以上一根单根时开泵冲洗，待鱼顶冲净后，加压打印；

（6）打印钻压一般30kN，特殊情况可适当增减，但最大钻压不能超过50kN；

（7）加压打印一次后即行起钻。

4）注意事项

（1）铅模在搬运过程中必须轻拿轻放，严禁磕碰。存放及运输时，应底部向上或横向放置，并用软材料垫平；

（2）铅模水眼小，容易堵塞，钻具应清洁无氧化铁屑。为防止堵塞，可下钻300～400m后循环一次；

(3)打印加压时,只能加压一次,不得二次打印。

2. 普通型铅模

1)用途

普通铅模主要用于落鱼鱼顶检测和套管技术状况检测。

2)基本结构

普通型铅模(不带护罩)由接头、拉筋及铅体等组成,如图3－2所示。中心有直通水眼,可以冲洗鱼顶。

普通型铅模的操作方法、注意事项与带护罩铅模的相同。

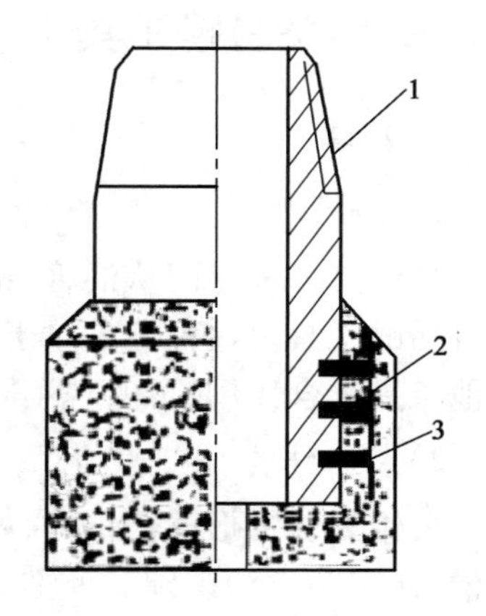

图3－2 普通铅模结构示意图

1—接头;2—拉筋;3—铅体

二、胶模

1. 用途

胶模主要用于检验套管孔洞、裂缝等情况,即套管侧面打印。

2. 基本结构

胶模基本结构如图3－3所示,主要由钢芯与橡胶筒组成。胶筒面半硫化处理,表面光滑、平整无缺陷,可承受0.5～1.0MPa压力。

3. 操作方法

利用管柱将胶模下至设计深度,然后开泵憋压0.5～1.0MPa,使胶模在液压下扩张,紧紧贴在套管内壁上,将套管的孔洞裂缝等状况印在胶模上。管柱泄压后,起出打印管柱,卸掉胶模并清洗干净后,将胶模连在地面泵上,憋压使其扩张到在井下的工作尺寸,即可清晰地将井下套管的破损状况直观地反映出来,既有准确的几何形状,又可直接测得破损尺寸。

三、通径规

1. 用途

套管通径规用于检测套管内通径,检查套管内通径是否符合标准,检查其变形后能通过的最大几何尺寸。

2. 基本结构

套管通径规由接头与本体两部分组成,上下两端与钻具相连接,下端备用,如图3－4所示。

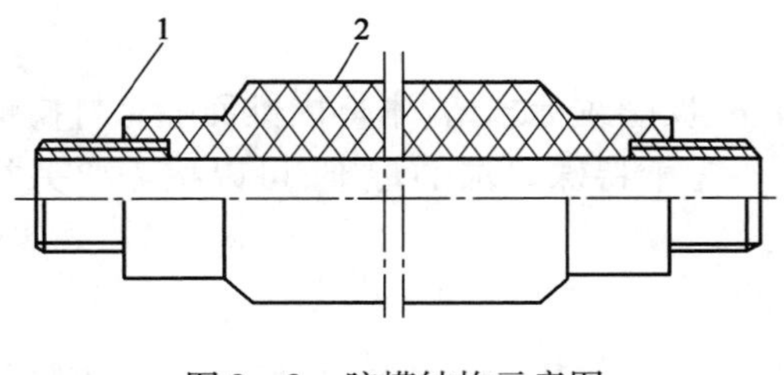

图3－3 胶模结构示意图

1—钢芯;2—橡胶筒

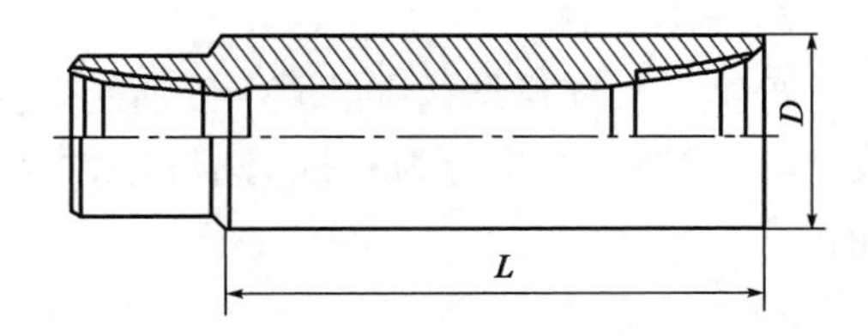

图3－4 通径规结构示意图

第二节　打捞类工具

按结构特点，打捞类工具可以分为锥类、矛类、筒类、钩类、篮类和其他类等六类。

一、锥类打捞工具

1. 公锥

1)用途

公锥是一种专门从油管、钻杆、套铣管、封隔器、配水器、配产器等有孔落物的内孔进行造扣打捞的工具。这种工具对于带接箍的管类落物打捞成功率较高。公锥与正、反螺纹钻杆及其他工具配合使用，可实现不同的打捞工艺。

2)基本结构

公锥是长锥形整体结构，如图3－5所示。上接头有与钻杆相连接的螺纹，有正反螺纹标志槽，便于归类和识别。公锥上有水眼。锥类工具最重要的部分是打捞螺纹，常用的螺纹锥度为1:16。老式公锥多带有数条排屑槽，新式公锥没有排屑槽。

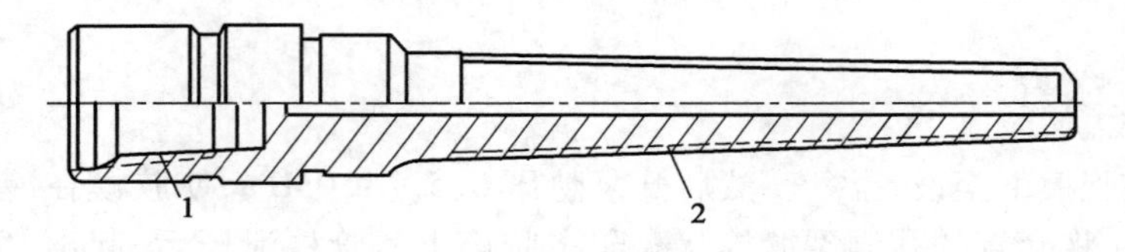

图3－5　公锥结构示意图

1—上接头；2—锥体

3)工作原理

当公锥进入打捞落物内孔之后，加适当钻压并转动钻具，迫使打捞螺纹挤压吃入落鱼内壁进行造扣。一般管类落物造8～10扣即可，捞获后可采取上提或倒扣的办法将落物全部或部分捞出。

2. 母锥

1)用途

母锥是从油管、钻杆等管状落物外壁进行造扣打捞的工具，可用于打捞无内孔或内孔堵死的圆柱形落物

2)基本结构

母锥是长筒形结构，如图3－6所示。接头上有正、反螺纹标志槽，本体内锥面上有打捞螺纹。与公锥相同，也分为有排屑槽和无排屑槽两种。对于特殊要求的母锥，可以按需要另行加工。

3)工作原理

母锥的工作原理与公锥的相同，都是依靠打捞螺纹在钻具压力与扭矩作用下，吃入落物外壁造扣，将落物捞出。其操作方法、维修保养与公锥的相同。

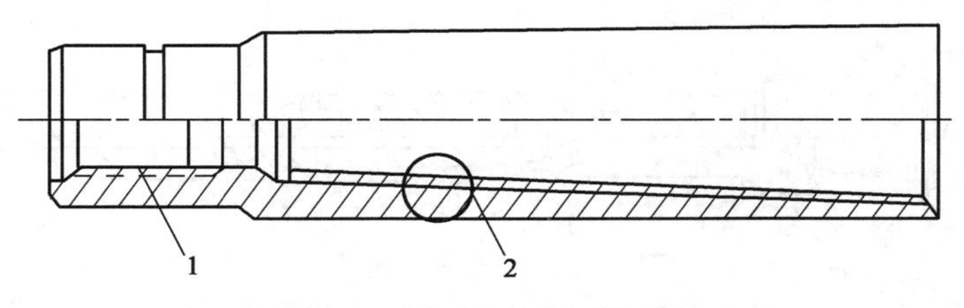

图 3－6　母锥结构示意图

1—上接头;2—锥体

二、矛类打捞工具

1. 滑块卡瓦捞矛

1)用途

滑块卡瓦捞矛是在落鱼腔内进行打捞的不可退式工具。它可以打捞钻杆、油管、套铣管、衬管、封隔器、配水器、配产器等具有内孔的落物,既可对落鱼进行打捞,又可进行倒扣,还可配合震击器进行震击解卡。

2)基本结构

滑块卡瓦捞矛由上接头、矛杆、滑块卡瓦、锁块、引鞋及螺钉组成,如图 3－7 所示。根据滑块卡瓦数量不同,又分为单滑块和双滑块两种。此外,双滑块卡瓦捞矛还可根据需要,加工成双面对称、斜面较短、斜度较大的特殊类型。

3)工作原理

当矛杆和滑块进入鱼腔一定深度后,滑块在自重作用下沿滑道下滑,滑块上的卡瓦牙与鱼腔内壁接触,上提钻柱,由于卡瓦牙与鱼腔内壁的摩擦,滑块不能与斜面一起向上运动,从而使打捞直径增大,所产生的径向力迫使卡瓦牙吃入鱼腔内壁,抓牢落物。

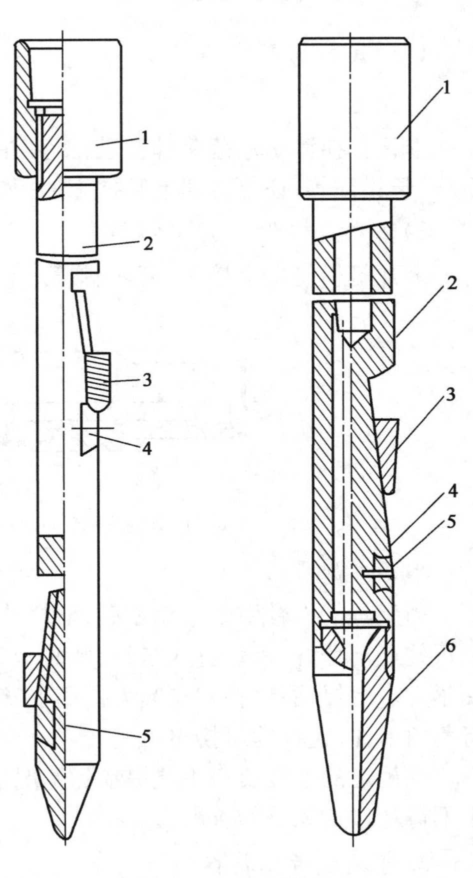

图 3－7　卡瓦捞矛

1—上接头;2—矛杆;3—滑块卡瓦;4—锁块;5—螺钉;6—引鞋

2. 可退式卡瓦捞矛

1)用途

可退式卡瓦捞矛是通过鱼腔内孔进行打捞的工具。它既可抓捞自由状态下的管柱,也可抓捞遇卡管柱,还可按不同的作业要求与安全接头、上击器、加速器、内割刀等组合使用。其优点是在抓获落物而拔不动时,可退出打捞工具,缺点是不能进行倒扣。

2)基本结构

可退式卡瓦捞矛由上接头、芯轴、圆卡瓦、释放环和引鞋等组成,如图 3－8 所示。

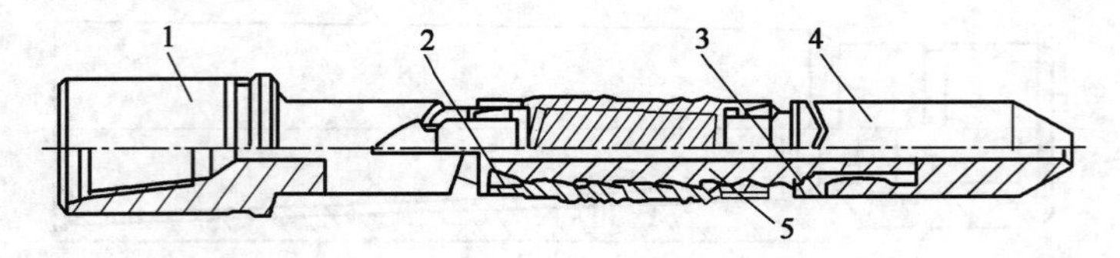

图 3-8　可退式卡瓦捞矛

1—上接头;2—圆卡瓦;3—释放环;4—引鞋;5—芯轴

3)工作原理

工具在自由状态下,圆卡瓦外径略大于落物内径。当工具进入鱼腔时,圆卡瓦被压缩,产生一定的外胀力,使卡瓦贴紧落物内壁。随芯轴上行和提拉力的逐渐增加,芯轴、卡瓦上的锯齿形牙互相吻合,卡瓦产生径向力,使其咬住落鱼实现打捞。当落鱼被卡死,需退出捞矛时,只要给芯轴一定的下击力,就能使圆卡瓦与芯轴的内外锯齿形牙脱开(此下击力可由钻柱本身重力或使用下击器来实现),再正转钻具 2~3 圈(深井可多转几圈),圆卡瓦与芯轴产生相对位移,促使圆卡瓦沿芯轴锯齿形牙向下运动,直至圆卡瓦与释放环上端面接触为止(此时卡瓦与芯轴处于完全释放位置),上提钻具,即可退出捞矛。

三、筒类打捞工具

1. 卡瓦打捞筒

1)用途

卡瓦打捞筒是从落鱼外壁进行打捞的不可退式工具,它除了可以抓捞各种油管、钻杆、加重杆、长铅锤等,还可对遇卡管柱施加扭矩进行倒扣。

2)基本结构

卡瓦打捞筒由上接头、筒体、弹簧、卡瓦座、卡瓦、键、引鞋等组成,如图 3-9 所示。

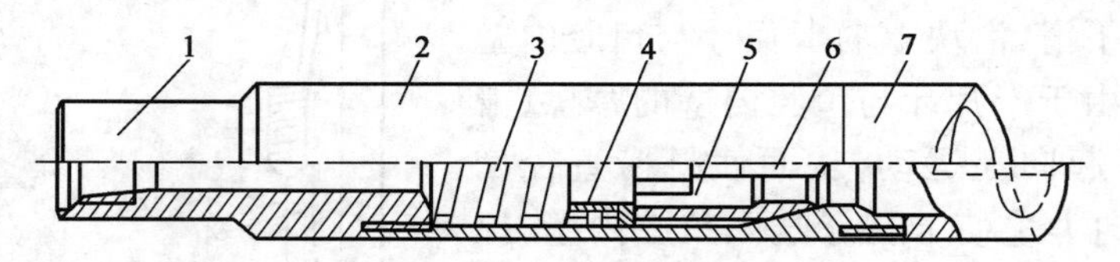

图 3-9　卡瓦打捞筒

1—上接头;2—筒体;3—弹簧;4—卡瓦座;5—卡瓦;6—键;7—引鞋

3)工作原理

当工具的引鞋引入落鱼之后,下放钻具,落鱼将卡瓦上推,压缩弹簧,使卡瓦脱开筒体锥孔上行并逐渐分开,落鱼进入卡瓦,此时卡瓦在弹簧力作用下被压下,将鱼顶抱住,并给鱼顶以初夹紧力。上提钻具,在初夹紧力作用下,筒体上行,卡瓦、筒体内外锥面贴合,产生径向夹紧力,将落鱼卡住,起钻即可捞出。

在规定的上提负荷不能提动的情况下,可用此卡瓦打捞筒进行倒扣作业。但注意倒扣扭矩不得超过卡瓦键的抗剪力。

2. 可退式卡瓦打捞筒

1)用途

可退式卡瓦捞筒主要适用于管、杆类落鱼的外部打捞,是管类落物无接箍状态下的首选工具,可以与上击器配套使用。

2)基本结构

可退式卡瓦捞筒有篮式卡瓦和螺旋卡瓦两种形式。篮式卡瓦捞筒由上接头、筒体总成、篮式卡瓦、铣控环、内密封圈、O形胶圈、引鞋等部件组成,如图3-10所示。螺旋式卡瓦捞筒由上接头、筒体总成、密封圈、铣控环、螺旋卡瓦和引鞋组成,如图3-11所示。螺旋卡瓦较篮式卡瓦薄,因此,在同一筒体内装螺旋卡瓦时,其打捞范围比篮式卡瓦捞筒的大。

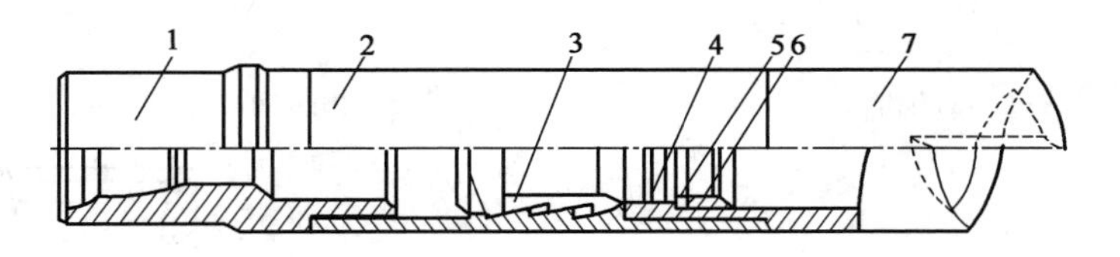

图3-10 篮式卡瓦捞筒

1—上接头;2—筒体总成;3—篮式卡瓦;4—铣控环;5—内密封圈;6—O形胶圈;7—引鞋

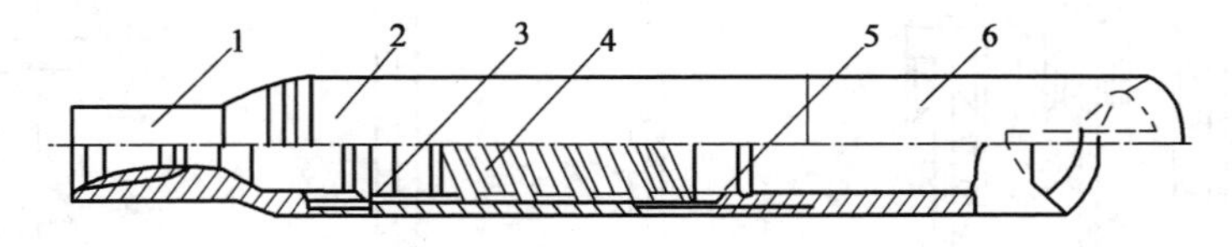

图3-11 螺旋式卡瓦捞筒

1—上接头;2—筒体总成;3—密封圈;4—螺旋卡瓦;5—铣控环;6—引鞋

3)工作原理

落物经引鞋引入卡瓦时,卡瓦外锥面与内锥面脱开,卡瓦被迫胀开,落物进入卡瓦中,上提钻柱,卡瓦外螺旋锯齿形锥面与筒体内相应的齿面有相对位移,使卡瓦收缩卡咬住落物,实现抓捞。

四、钩类打捞工具

1.用途

钩类打捞工具主要用于打捞井内脱落的电缆、落入井内的钢丝绳等绳缆类落物。

2.基本结构

钩类打捞工具主要包括内钩、外钩、内外组合钩、单齿钩、活齿钩等,如图3-12所示。

3.工作原理

靠钩体插入绳、缆内,钩子刮捞住绳、缆,转动钻柱,形成缠绕,实现打捞。

五、篮类打捞工具

1.反循环打捞篮

1)用途

反循环打捞篮用于打捞如钢球、钳牙、炮弹垫子、井口螺母、胶皮碎片等井下小件落物。

2)基本结构

反循环打捞篮由上接头、筒体、篮筐总成、引鞋等组成,如图3-13所示。篮筐总成由篮

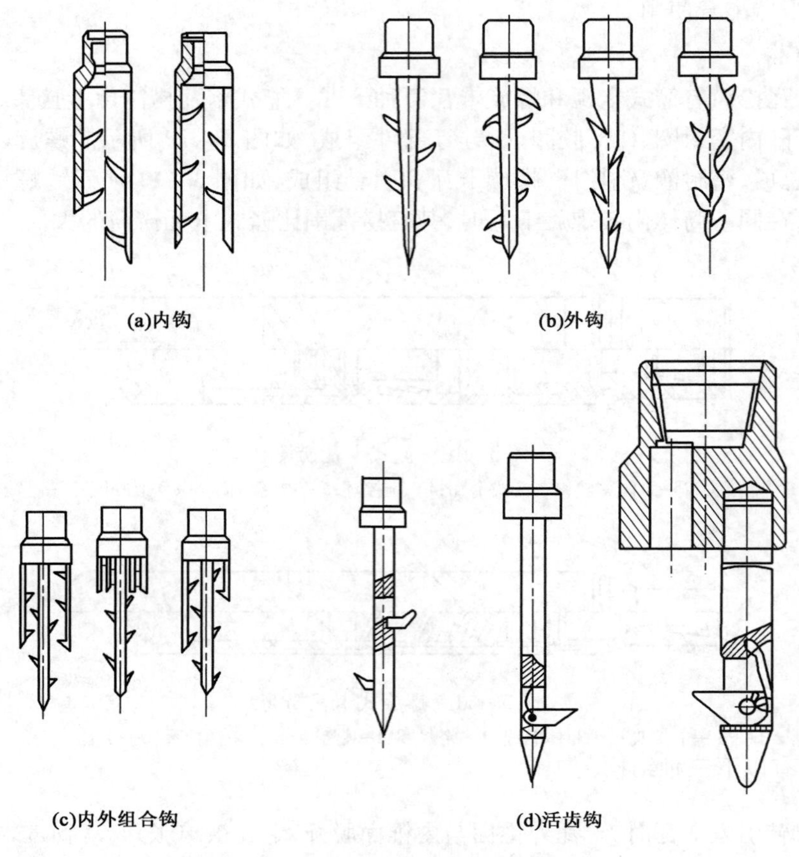

图 3－12　钩内工具图

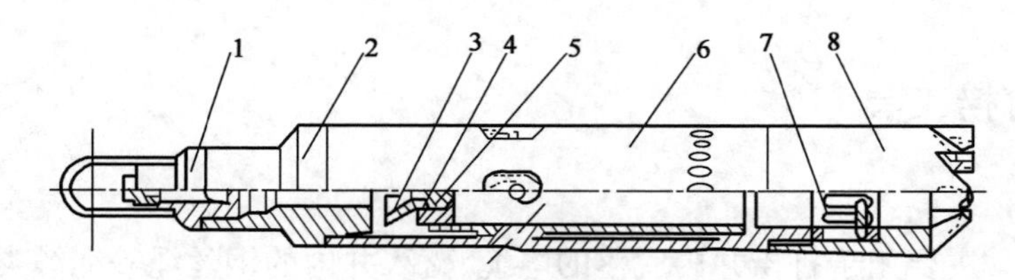

图 3－13　反循环打捞篮

1—提升接头;2—上接头;3—单向阀罩;4—钢环;5—单向阀座;
6—筒体总成;7—篮筐总成;8—铣鞋总成

体、篮爪、外套、轴销、扭簧等组成。篮爪沿筐体均匀分布,在扭簧的作用下垂直筒体轴线形成一个圆形筛底(其间隙可以过水)。各个篮爪在外力作用下只能单向向上旋转 90°。

3)工作原理

反循环打捞篮的工作原理是靠大流量、高压力的反洗洗井液冲击井底,井底落物悬浮运动推动篮爪,使篮爪绕销轴转动竖起,篮筐开口加大,落物进入筒体,然后篮爪恢复原状,阻止了进入筒体内的落物出筐,实现打捞。

2. 局部反循环打捞篮

1)用途

局部反循环打捞篮用于打捞井底重量较轻、碎散落物的工具,如螺母、射孔子弹垫子、钳牙、碎散胶皮、钢球、泵阀座等,也可抓获柔性落物(如钢丝绳等)。

2)基本结构

局部反循环打捞篮的结构如图 3 – 14 所示。

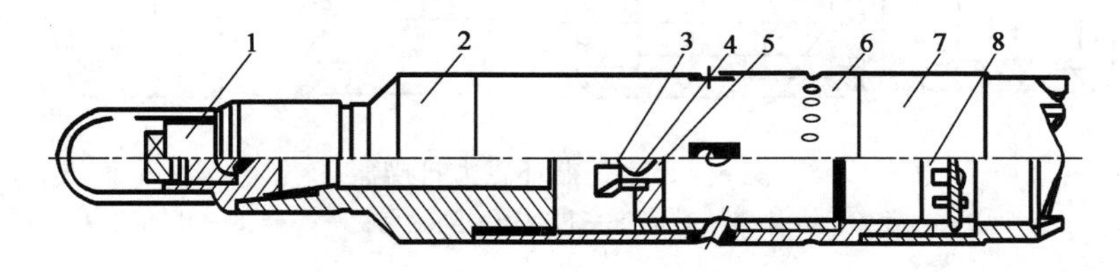

图 3 – 14 局部反循环打捞篮

提升接头;2—上接头;3—阀罩;4—钢球;5—阀座;6—筒体;7—铣鞋总成;8—篮筐总成

筒体总成由外筒与内筒组焊在一起,并且有环形通道的桥式工作筒。外筒下部有 20 个方向向下斜度为 15°的小水眼,上部有四个尺寸较大并与内筒相连通的水眼,构成由内向外的局部反循环通道。

阀体总成在内筒体顶部,由阀罩、阀座、阀闸等组成。未投球时,循环液体通过内筒水眼进行正循环。地面投球后,循环液体通过内外筒环形空间及 20 个小水眼进行局部反循环。

篮筐总成由筐体、外套、捞爪、轴销、弹簧等组成,安装在筒体底部。筐体四周装有 6 ~ 8 个捞爪,长短各半,并能绕轴销在筒体向上旋转 90°,依靠弹簧自动复位。

铣鞋总成有以下三种结构:

(1)普通型:只能通过局部反循环,捞取小件落物。

(2)常用型:其底部焊有 YD 合金块,可以对有微卡或黏结的落物进行套铣打捞。

(3)一把抓型:除能通过局部反循环使落物进入篮体内之外,还能通过顿钻抓取,捞获未进入篮筐的落物或其他柔性落物。

3)工作原理

下至鱼顶洗井投球后,钢球入座堵死正循环通道迫使液流改变方向,经环形空间穿过 20 个向下倾斜的小孔进入工具与套管环形空间而向下喷射。液流经过井底折回篮筐,再从筒体上部的四个连通孔返回,形成工具与套管环行空间的局部反循环水流通道。

六、其他打捞工具

1. 磁力打捞器

1)用途

磁力打捞器是用来打捞在钻井、修井作业中掉入井里的钻头巴掌、牙轮、轴、卡瓦牙、钳牙、手锤及油套管碎片等小件铁磁性落物的工具。对于能进行正反循环的磁力打捞器,尚可打捞小件非磁性落物。

2)基本结构

磁力打捞器的种类很多,根据基本结构可以分为正循环型强磁、高强磁打捞器和局部反循环型强磁、高强磁打捞器。其中,正循环型强磁、高强磁打捞器由上接头、压盖、壳体、磁钢、芯铁、隔磁套、平鞋、磨铣鞋、引鞋等组成,如图 3 – 15 所示。

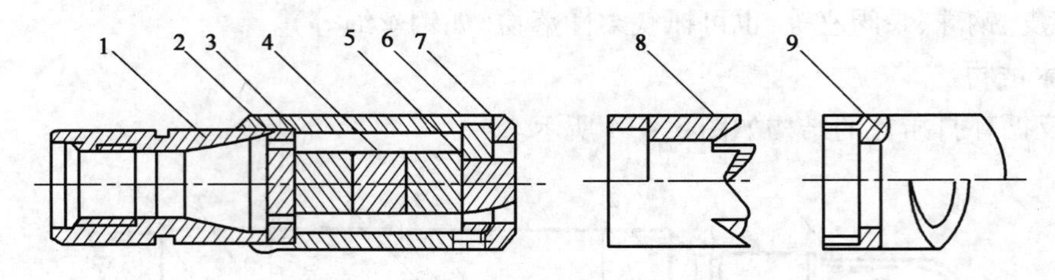

图 3－15　正循环磁力打捞器

1—上接头;2—压盖;3—壳体;4—磁钢;5—芯铁;6—隔磁套;7—平鞋;8—磨铣鞋;9—引鞋

3)工作原理

以一定形状和体积的磁钢(永磁、电磁)制成磁力打捞器,其引鞋下端经磁场作用会产生很大的磁场强度。由于磁钢的磁通路是同心的,因此磁力线呈辐射状并集中在靠近打捞器下端面的中心处,可以把小块铁磁性落物磁化吸附在磁极中心,实现打捞。电磁材料制成的打捞器在入井前须通电磁化,可在 20h 内有效。

2. 测(试)井仪器打捞器

1)用途

测(试)井仪器打捞器专门用于打捞各种小直径、重量轻、没有卡阻的落井仪器。这种打捞器能完整无损地将落井仪器打捞出井。

2)基本结构

测(试)井仪器打捞器由上接头、外筒、钢丝环、钢丝、引鞋等组成,如图 3－16 所示。

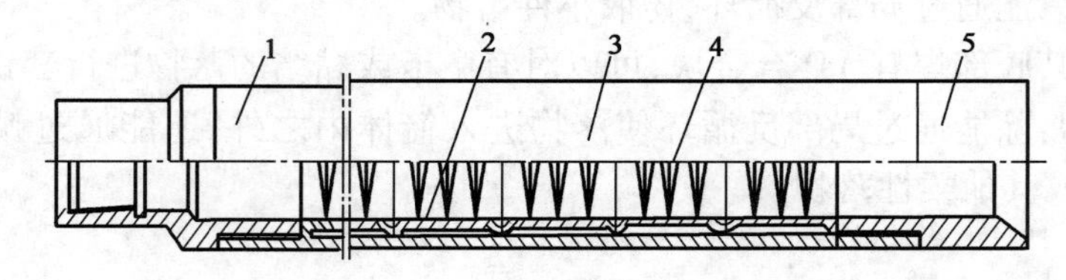

图 3－16　测(试)井仪器打捞器

1—上接头;2—钢丝环;3—外筒;4—钢丝;5—引鞋

3)工作原理

当落井的测(试)井仪器通过引鞋进入筒体后,在钻具压力下,仪器分开钢丝环内的钢丝上行,由于多股钢丝的弹力造成的摩擦力,将落物卡住,起钻后即能将落井仪器捞出。

3. 开窗打捞筒

1)用途

开窗打捞筒用来打捞长度较短的管状、柱状落物或具有卡取台阶且无卡阻的井下落物,如带接箍的油管短节、测井仪器、加重杆等,也可以在工具底部开成一把抓齿形组合使用。

2)基本结构

开窗打捞筒由筒体与上接头两部分焊接而成,如图 3－17 所示。筒体上开有 2 ~4 排梯形窗口,在同一排窗口上有变形后的窗舌,内径略小于落物最小外径。

3)工作原理

当落鱼进入筒体并顶住窗舌时,窗舌外胀,其反弹力紧紧咬住落鱼本体,上提钻具,窗舌卡

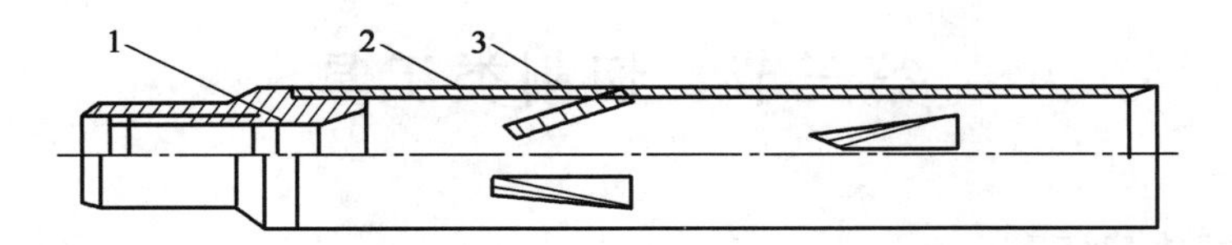

图 3－17　开窗打捞筒

1—上接头;2—筒体;3—窗舌

住台阶,将落物捞出。

4)操作方法及注意事项

(1)根据落鱼尺寸选择相应规格的开窗打捞筒。

(2)工具下入井内至落物以上 1 ~ 2m 时开泵循环工作液,正常后缓慢下放钻柱。当悬重下降时,停转停放。

(3)上提钻柱。

4. 一把抓

1)用途

一把抓专门用来打捞井底不规则的小件落物,如钢球、阀座、螺栓、螺母、刮蜡片、钳牙、扳手、胶皮等。

2)基本结构

一把抓由上接头与筒身焊接而成,如图 3 – 18 所示。一把抓的齿形应该根据落物种类选择或设计,材料应该选择低碳钢,以保证抓齿的弯曲性能。

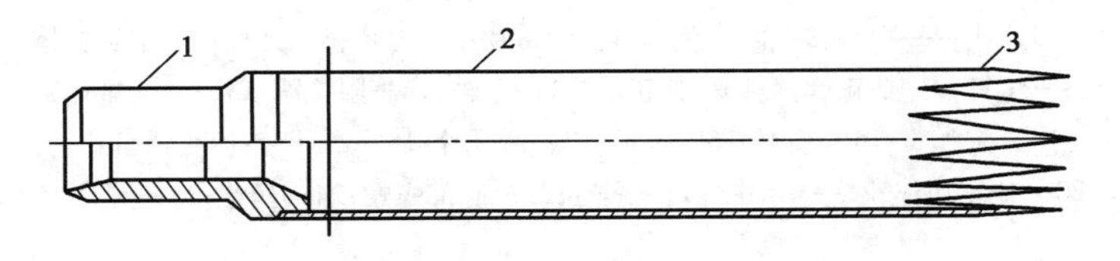

图 3－18　开窗打捞筒

1—上接头;2—筒体;3—抓齿

3)工作原理

一把抓下到井底后,将井底落鱼罩入抓齿之内或抓齿缝隙之间,依靠钻具重力所产生的压力,将各抓齿压弯变形,再使钻具旋转,将已压弯变形的抓齿按其旋转方向形成螺旋状齿形,落鱼被抱紧或卡死而捞获。

4)操作方法

(1)工具下至落物以上 1 ~ 2m,开泵洗井,将落鱼上部沉砂冲净后停泵。

(2)下放钻具,当指重表略有显示时,核对方入,上提钻具并旋转一个角度后再下放,找出最大方入。

(3)在此处下放钻具,加钻压 20 ~ 30kN,再转动钻具 3 ~ 4 圈,待指重表悬重恢复后,再加压 10kN 左右,转动钻具 5 ~ 7 圈。

(4)以上操作完毕后,将钻具提离井底,转动钻具使其离开旋转后的位置,再下放加压 20 ~ 30kN,将变形抓齿顿死,即可提钻。

第三节　切割类工具

一、机械式内割刀

1. 用途

机械式内割刀是一种从井下管柱内部切割管子的专用工具，除接箍外可在任意部位切割。在切割作业时，可将可退式打捞矛接在内割刀上部，待切割完成后，将上部管柱一次起出。

2. 基本结构

机械式内割刀的结构如图 3－19 所示。

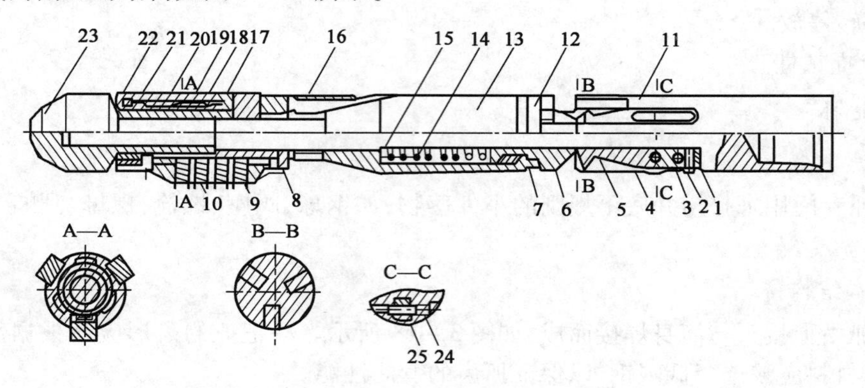

图 3－19　机械式内割刀

1—刀片座；2—螺钉；3—内六角钉；4—弹簧片；5—刀片；6—刀枕；7—卡瓦锥体；8—螺钉；9—扶正弹簧；10—扶正块；11—芯轴；12—限位圈；13—长瓦锥体；14—主弹簧；15—垫圈；16—卡瓦；17—滑牙片；18—滑牙套；19—弹簧片；20—扶正块体；21—止动圈；22—螺钉；23—底部螺帽；24—丝堵；25—圆柱销

（1）芯轴上部有与钻杆相连接的母螺纹，底部螺纹接引鞋，其他部件均套在芯轴上，芯轴中心有水眼，可进行循环。

（2）切割机构由刀片、刀枕、主弹簧等组成，刀片外边有弹簧片。

（3）限位机构的结构是限位圈端面上有三个凸台，切割时与刀枕一起转动，但不能随工具下行。当芯轴达到最大下放量时，凸台与芯轴台肩接触，此时刀片外伸量为极限值，主弹簧受压达到最大压力。

（4）锚定机构由扶正壳体、滑牙套、滑牙板、弓形板、弹簧、卡瓦、锥体等组成。扶正壳体内均布三个 T 形孔，吊挂着三个卡瓦。滑牙板外侧表面有 3 ~ 4 个锯齿形牙，在弓形弹簧作用下，紧紧贴合在滑牙套外表面的锯齿形的牙间处。滑牙套内孔有螺纹与芯轴相连。

3. 工作原理

当工具下放到预定深度时，正转钻柱，由于摩擦块紧贴套管内壁产生一定的摩擦力，迫使滑牙板与滑牙套相对转动、推动卡瓦上行沿锥面张开，并与套管内壁接触，完成锚定动作。继续转动并下放钻柱，则进行切割。切割完毕后上提钻柱，芯轴上行，单向锯齿螺纹压缩滑牙板弹簧，使之收缩，由此滑牙板与滑牙套即可跳跃复位，卡瓦脱开，解除锚定。

4. 操作方法

(1)工具下井前应通井,保证下井工具畅通无阻。

(2)根据被切割管子尺寸,选择好机械内割刀。

(3)将工具接在钻柱下部下至预定深度,管柱自上而下为:钻杆 + 开式下击器 + 配重钻铤 + 安全接头 + 内割刀。

(4)工具下至预定深度以上 1m 左右时,开泵循环修井液,冲洗鱼头。

(5)正转钻柱并逐渐下放直至坐卡,此时悬重应保持原钻柱重力。

(6)内割刀坐卡后,以规定的钻压、转速进行切割。

(7)当扭矩减少,说明管柱被切割掉。

(8)上提钻柱即可解除锚定状态。

二、机械式外割刀

1. 用途

机械式外割刀是一种从套管、油管或钻杆外部切断管柱的专用工具。更换卡爪装置后,可在除接箍外任何部位切割。切断后可直接提出断口以上管柱。

2. 工作原理

机械式外割刀是用卡爪装置固定割刀来实现定位切割的。工具管柱的旋转运动是切割的主运动,刀片绕销轴缓慢地转动是切削的进给运动。进给运动是靠压缩后主弹簧的反力来实现自动进给。

三、聚能(爆炸)切割工具

聚能切割工具,也称为爆炸切割工具,是在聚能射孔弹的机理上发展应用起来的专用切割工具系列。其最大优点是施工较简单、操作简便、施工时间短、见效快、可连续作业、施工成本低。

1. 用途

爆炸切割主要用于井下遇卡管柱(如采油工艺管柱、作业管柱、钻井钻柱等)和取换套管时对被套铣套管的切割。切割后的断口外端向外凸出,外径稍有增大,断口端面基本平整、光滑,可不修整。

2. 基本结构

爆炸切割由电缆、电缆头、加重杆、磁定位仪、电雷管室及雷管、炸药柱、炸药燃烧室、切割喷射孔、导向头及脱离头组成,如图 3-20 所示。

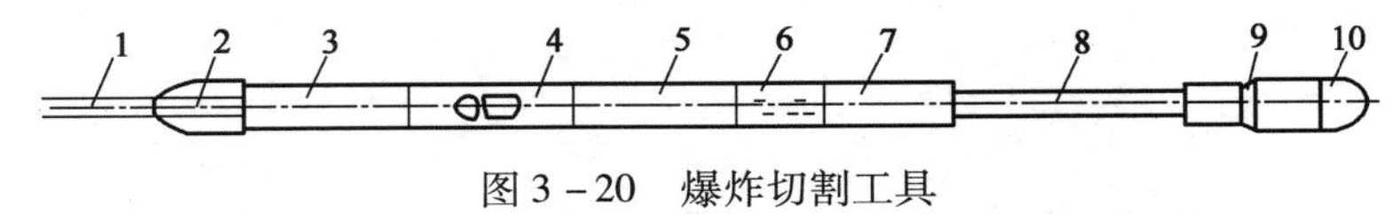

图 3-20　爆炸切割工具

1—电缆;2—提环;3—电缆头;4—磁定位仪;5—加重杆;
6—接线盒;7—雷管;8—爆炸杆;9—导爆索;10—导向头

3. 工作原理

爆炸切割弹下至设计深度后,地面接通电源,引爆雷管,由雷管引爆炸药。炸药产生的高温高压气体沿下端的喷射孔急速喷出,喷孔是沿圆周方向均布且为紫铜制成的,孔小且数量多。高温气体则喷出将被切割管壁熔化,高压气体则进一步将其吹断,之后,高温高压气体在环空与修井液等液体相遇受阻而降温降压,完成切割。

第四节 倒扣类工具

一、倒扣器

1. 用途

倒扣器是一种变向传动装置,由于这种变向装置没有专门的抓捞机构,必须同特殊型式的打捞筒、打捞矛、公锥或母锥等工具联合使用,以便倒扣和打捞。

2. 基本结构

倒扣器主要由接头总成、换向机构、锚定机构、锁定机构等组成,如图 3 – 21 所示。

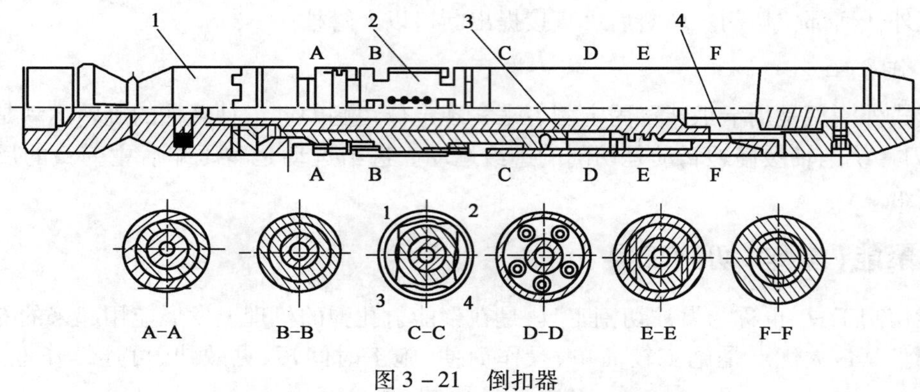

图 3 – 21 倒扣器

1—接头总成;2—锚定机构;3—换向机构;4—锁定机构

3. 工作原理

当倒扣器下部的抓捞工具抓获落物并上提一定负荷确定已抓牢时,正旋转管柱,倒扣器的锚定板张开,与套管壁咬合,此时继续旋转管柱,倒扣器中的一组行星齿轮工作,除自转(随钻柱)外,还带动支承套公转。由于外筒上有内齿,将钻杆的转向变为左旋,倒扣开始发生,随着钻柱的不断转动,倒扣则不断进行,直至将螺纹倒开。此时旋转扭矩消失,钻柱悬重有所增加,倒扣完成之后,左旋钻柱 2 ~ 3 圈,锚定板收拢,可以起出倒扣管柱及倒开捞获的管柱。

二、倒扣捞筒

1. 用途

倒扣捞筒既可用于打捞、倒扣,又可释放落鱼,还能进行洗井液循环。在打捞作业中,倒扣捞筒是倒扣器的重要配套工具之一,同时也可同反扣钻杆配套使用。

2. 基本结构

倒扣捞筒由上接头、筒体、卡瓦、限位座、弹簧、密封装置和引鞋等组成,如图 3 – 22 所示。

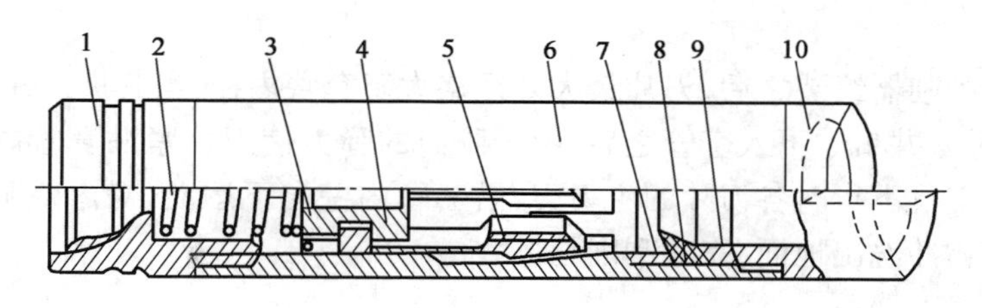

图 3-22　倒扣捞筒

1—上接头;2—弹簧;3—螺钉;4—限位座;5—卡瓦;
6—筒体;7—上隔套;8—密封圈;9—下隔套;10—引鞋

3. 工作原理

倒扣捞筒的工作原理与其他打捞工具的一样,靠卡瓦和限位座两个零件在锥面或斜面上的相对运动夹紧或松开落鱼,靠键和键槽传递扭矩。倒扣捞筒在打捞和倒扣作业中,主要机构的动作过程是:当内径略小于落鱼外径的卡瓦接触落鱼时,卡瓦与筒体开始产生相对滑动,卡瓦筒体锥面脱开,筒体继续下行,限位座顶在上接头下端面上迫使卡瓦外胀,落鱼引入。若停止下放,此时被胀大了的卡瓦对落鱼产生内夹紧力,紧紧咬住落鱼。上提钻具,筒体上行,卡瓦与筒体锥面贴合。随着上提力的增加,三块卡瓦内夹紧力也增大,使得三角形牙咬入落鱼外壁,继续上提就可实现打捞。如果此时对钻杆施以扭矩,扭矩通过筒体上的键传给卡瓦,使落鱼接头松扣,即实现倒扣。如果在井中要退出落鱼,收回工具,只要将钻具下击,使卡瓦与筒体锥面脱开,然后右旋,卡瓦最下端大内倒角进入内倾斜面夹角中,此刻限位座上的凸台正卡在筒体上部的键槽上,筒体带动卡瓦一起转动,如果上提钻具即可退出落鱼。

第五节　套管刮削类工具

一、胶筒式套管刮削器

1. 用途

刮削器主要用于常规作业、修井中对套管内壁上的死油、死蜡、射孔孔眼毛刺、封堵及化堵残留的水泥、堵剂等的刮削、清除,对于套管补贴前的内壁刮削、封堵前的内壁清油和清蜡尤为适用。

2. 基本结构

胶筒式套管刮削器由上接头、壳体、胶筒、冲管、刀片、O 形密封圈、下接头等组成,如图 3-23 所示。

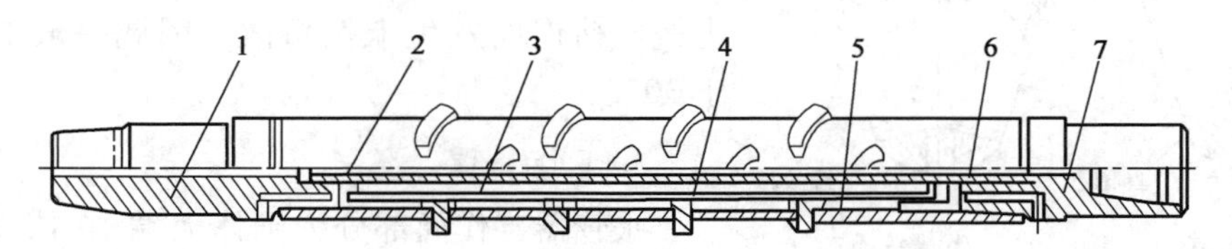

图 3-23　胶筒式套管刮削器

1—上接头;2—冲管;3—胶筒;4—刀片;5—壳体;6—O 形密封圈;7—下接头

3. 工作原理

胶筒式套管刮削器组装之后，刀片最大外径略大于套管内径，当其进入井口时必须施加一个压缩力，方能进入井口。下入套管之后，由于胶筒的弹力使刀片紧贴套管内壁，给刀片施加一定的初压力。工具下行时各刀片的主刀刃，沿套管内壁向下运动，对内壁脏物进行刮削，并依靠洗井液将脏物冲洗出地面，完成刮削任务。

二、弹簧式套管刮削器

弹簧式套管刮削器（以下简称刮削器）主要由壳体、刀板、刀板座、固定块、螺旋弹簧、内六角螺钉等组成，如图 3－24 所示。

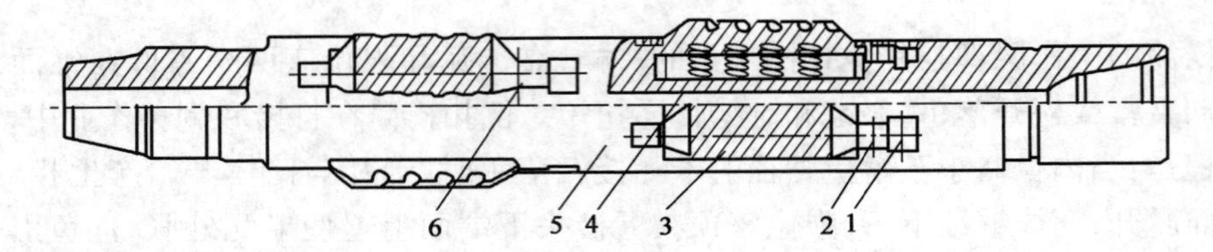

图 3－24 弹簧式套管刮削器

1—固定块；2—内六角螺钉；3—刀板；4—螺旋弹簧；5—壳体；6—刀板座

安装好的刮削器，从结构上看有如下特点：

（1）最大尺寸比刮削的套管内径尺寸大。

（2）俯视图上的刀片的投影包容 360°整圆，并稍有重叠。

第六节 挤胀类工具

一、梨形胀管器

1. 用途

梨形胀管器简称胀管器，是用来修复井下套管较小变形的整形工具之一。

2. 基本结构

梨形胀管器基本结构如图 3－25 所示。胀管器工作面外部加工有循环用水槽，水槽分直式和螺旋式两种，可根据变形井段变形形状和尺寸选用。胀管器的斜锥体前端锥角一般应大于 30°，当锥角小于 25°时，大量现场经验证明胀管器锥体与套管接触部位易产生挤压粘连而发生卡钻事故。因此一般前端锥角大于 30°。

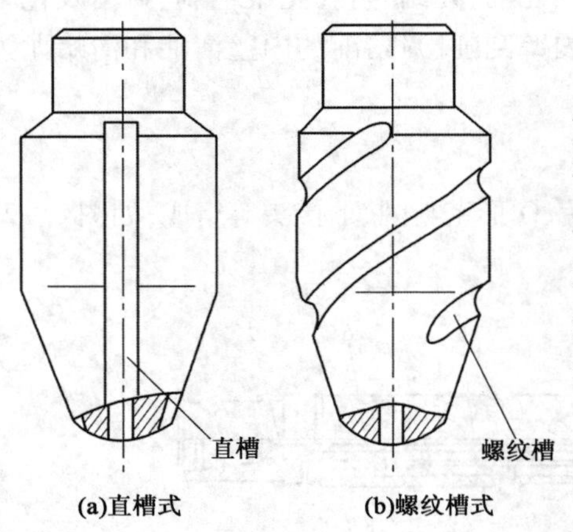

图 3－25 梨形胀管器示意图

3. 工作原理

胀管器工作面部分为锥体大端，它依靠地面施加的冲击力迫使工具的锥形头部楔入变形套管部位，进行挤胀，以恢复套管内通径尺寸。

二、旋转震击式整形器

1. 用途

旋转震击式整形器用于套管变形部位整形复位。

2. 基本结构

旋转震击式整形器由锤体(上接头)、整形头、钢球、整形头螺旋曲面等组成,如图3－26所示。

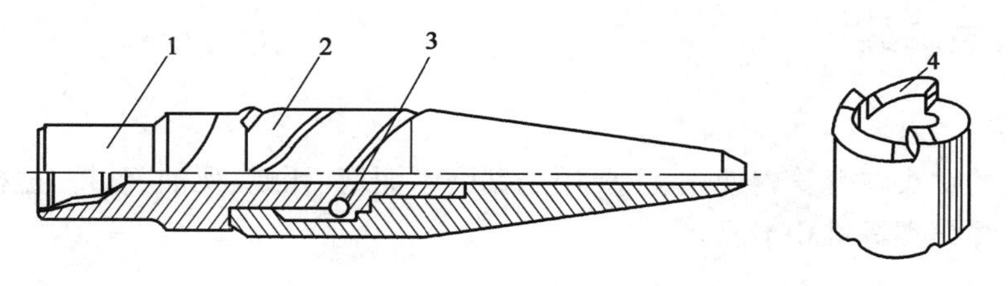

图3－26　旋转震击式整形器

1—锤体;2—整形头;3—钢球;4—整形头螺旋曲面

3. 工作原理

旋转震击式整形器在钻柱旋转带动下,整形器的锤体同整形头间的凸轮面产生相对运动,锤体带动钢球沿环形槽抬起。经旋转一定角度后,凸轮曲面出现陡降,被抬起的锤体下降,砸在整形头上,给变形部位以挤胀力。由于锤体、整形头端面的凸轮轮廓面为三个等分的螺旋面。所以钻柱每旋转一周可发生震击三次。

三、偏心辊子整形器

偏心辊子整形器由偏心轴(上接头)、上辊、中辊、下辊、锥辊、钢球、丝堵等组成。如图3－27所示。

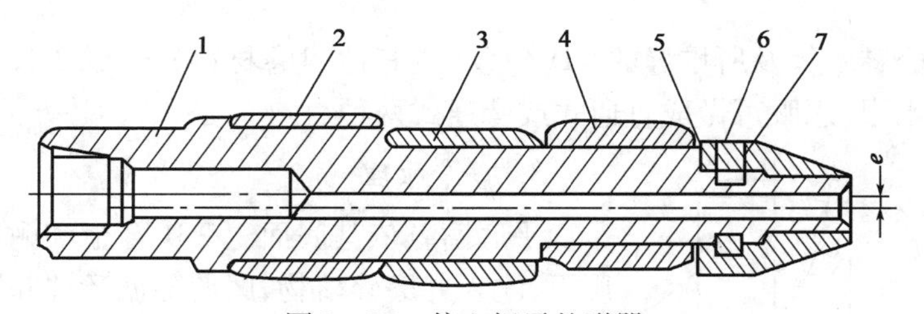

图3－27　偏心辊子整形器

1—偏心轴;2—上辊;3—中辊;4—下辊;5—锥辊;6—钢球;7—丝堵

偏心轴上端为连接钻柱的螺纹,下端为四阶不同尺寸、不同轴线的台阶。其中上接头、上辊、下辊三轴为同一轴线,中辊与锥辊为另一轴线,两轴线的偏心距 e 为6～9mm。

辊子分为上辊、中辊、下辊、锥辊四件,为整形器的整形挤胀关键零件。锥辊起引鞋导向作用,同时其内孔有半球面的槽与芯轴配合,装入钢球后并被固定,在旋转时起上、中、下三辊的限位作用。锥辊在入井后,对变形部位有初始整形作用。

四、整形弹

整形弹的工作原理是:将具有一定综合性能的炸药药柱用管柱或电缆送到井内预整形复

位（扩径）井段后，经校深无误，投撞击棒或接通电源引爆雷管炸药。炸药爆炸后产生的高温高压气体及强劲的冲击波在套管内的介质中传播，当冲击波和高温高压气体达到套损部位套管内表面时，则产生径向向外的压力波。这种压力波使套损井段的套管向外扩张，从而达到整形复位的目的。

第七节　钻磨铣类工具

一、钻头类工具

1. 用途

各种形式的钻头在套管内使用，主要用于钻磨水泥塞、死蜡、死油、砂桥、盐桥等，特殊情况下可用来钻磨绳缆类等堆积卡阻。

2. 基本结构

钻头类工具有多种，包括尖钻头、鱼尾式刮刀钻头、领眼钻头、三刮刀钻头等。

3. 工作原理

在钻压作用下，钻头吃入水泥等被钻物，再通过旋转使吃入部分在圆周方向进行切削，逐步将被钻物钻去。

二、平底磨鞋

1. 用途

平底磨鞋是用底面所堆焊的 YD 合金或耐磨材料研磨井下落物的工具，如磨碎钻杆钻具等落物。

2. 基本结构

平底磨鞋由磨鞋本体及所堆焊的 YD 合金（或其他耐磨材料）组成，如图 3－28 所示。磨鞋体从上至下有水眼，水眼可做成直通式或旁通式两种。

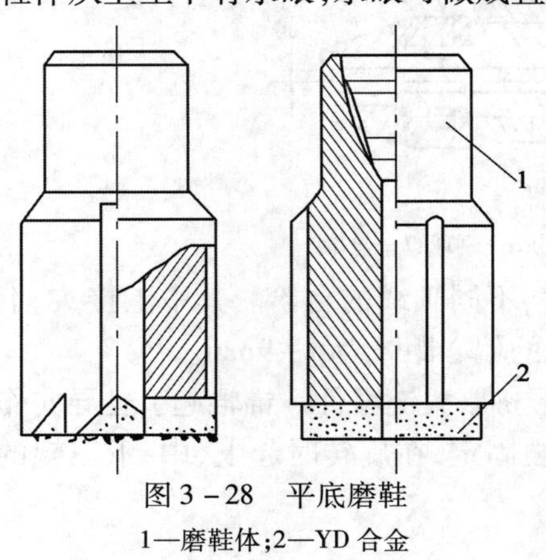

图 3－28　平底磨鞋
1—磨鞋体；2—YD 合金

3. 工作原理

平底磨鞋依其底面上 YD 合金和耐磨材料在钻压作用下，吃入并磨碎落物，磨屑随循环洗井液带出地面。

三、凹面磨鞋

1. 用途

凹面磨鞋可以用于磨削井下小件落物以及其他不稳定落物，如钢球、螺栓、螺母、炮垫子、钻杆、牙轮等。由于磨鞋底面是凹面，在磨削过程中罩住落鱼，迫使落鱼聚集于切削范围之内而被磨碎，由洗井液带出地面。

2. 基本结构

凹面磨鞋的底面为 5°～30°凹面角，其上有 YD 合金或其他耐磨材料，其余结构与平底磨鞋相同。

四、领眼磨鞋

1. 用途

领眼磨鞋可用于磨削有内孔，且在井下处于不定而晃动的落物，如钻杆、钻铤、油管等。

2. 基本结构

领眼磨鞋由磨鞋体和领眼锥体（或圆柱体）两部分组成，底面中央锥体或圆柱体起着固定鱼顶的作用，如图 3－29 所示。

3. 工作原理

领眼磨鞋主要是靠进入落物内的锥体或圆柱体将落物定位，然后随着钻具旋转，焊有 YD 合金的磨鞋磨削落物，磨削掉的铁屑被洗井液带到地面。

五、梨形磨鞋

1. 用途

梨形磨鞋可以用来磨削套管较小的局部变形，修整在下钻过程中各种工具将接箍处套管造成的卷边及射孔时引起的毛刺、飞边，清整滞留在井壁上的矿物结晶及其他坚硬的杂物等，以恢复通径尺寸。

2. 基本结构

梨形磨鞋由磨鞋本体和焊接在其上的 YD 合金组成，本体上除过水槽及水眼处外，均堆焊很厚一层 YD 合金，焊后略成梨形而得名，如图 3－30 所示。

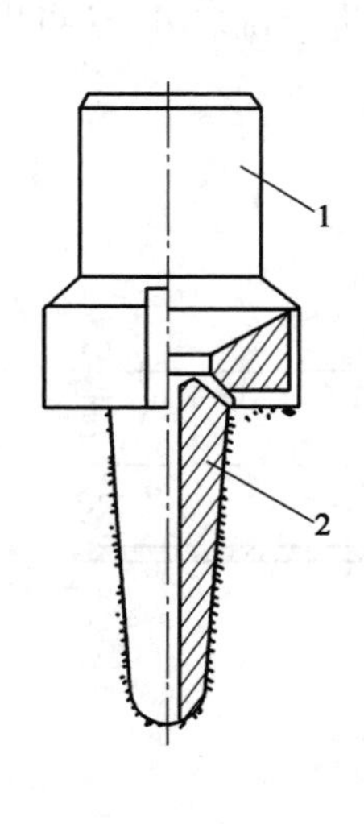

图 3－29　领眼磨鞋

1—磨鞋体；2—领眼锥体

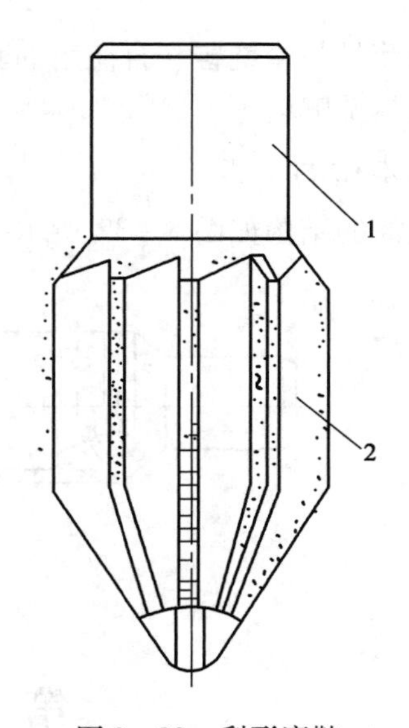

图 3－30　梨形磨鞋

1—本体；2—YD 合金

3. 工作原理

梨形磨鞋依靠前锥体上的 YD 合金铣切突出的变形套管内壁及滞留在套管内壁上的结晶

矿物和其他杂质。其圆柱部分起定位扶正作用,铣下碎屑由洗井液上返带出地面。

六、铣锥

1. 用途

铣锥用以修整略有弯曲或轻度变形的套管、修整下衬管时遇阻的井段,以及修整断口错位不大的套管断脱井段。当上下套管断口错位不大于40mm时,可用以将断口修直,便于下步工作顺利进行。

2. 基本结构

铣锥的结构如图3-31所示。

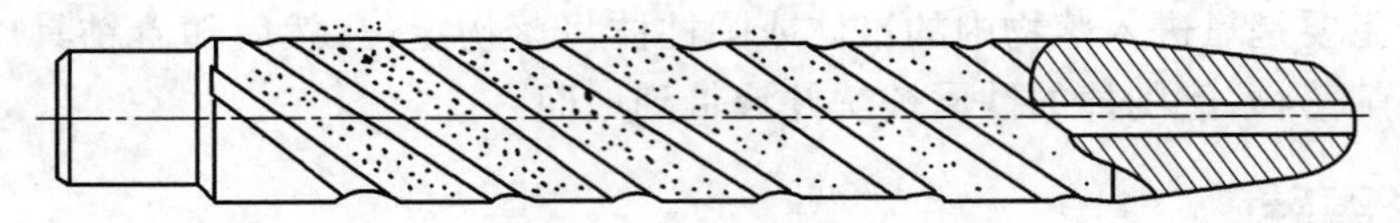

图3-31 铣锥结构图

3. 工作原理

铣锥是梨形磨鞋的后续工具,当用梨形磨鞋磨削通过套管变形段之后,而其他工具管柱仍不能顺利通过时,可采用铣锥磨铣,因其磨削作用是从套管径向方向磨削,可以增加套管的直度,故各级外径尺寸均相同,长度则逐级变化,以达到逐步修直的目的。

七、套铣筒

1. 用途

套铣筒是与套铣鞋联合使用的套铣工具,其功能除旋转钻进套铣之外,还可以用来进行冲砂、冲盐、热洗解堵等。

2. 基本结构

套铣筒的结构如图3-32所示。

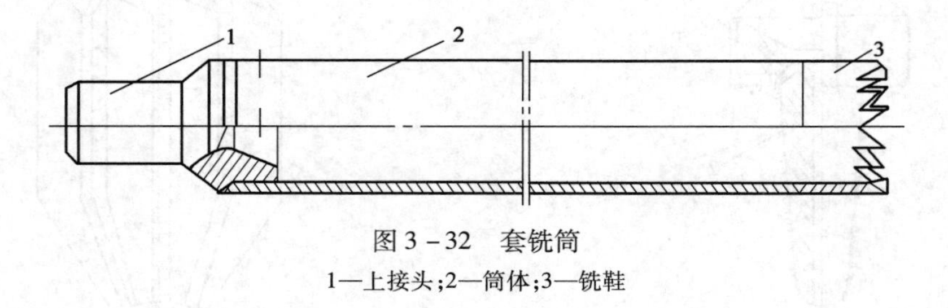

图3-32 套铣筒

1—上接头;2—筒体;3—铣鞋

第八节 震击类工具

震击类工具包括开式下击器、润滑式下击器、液压上击器和液体加速器等。震击类工具通常与打捞工具配套使用,用于抓获落鱼后活动管柱解卡,当在最大上提力下仍不能解卡时,可用震击器给被卡管柱施以向下或向上的震击冲力,以解除卡阻。

一、开式下击器

1. 用途

开式下击器与打捞钻具配套使用，抓获落鱼后，可以下击解除卡阻也可以配合倒扣作业；与内割刀配套使用时，可给割刀一个不变的进给钻压；与倒扣器配套使用时，可补偿倒扣后螺纹上升的行程；与钻磨铣管柱配套，可以恒定进给钻压，这是开式下击器的最大优点。

2. 基本结构

开式下击器的结构如图 3－33 所示。

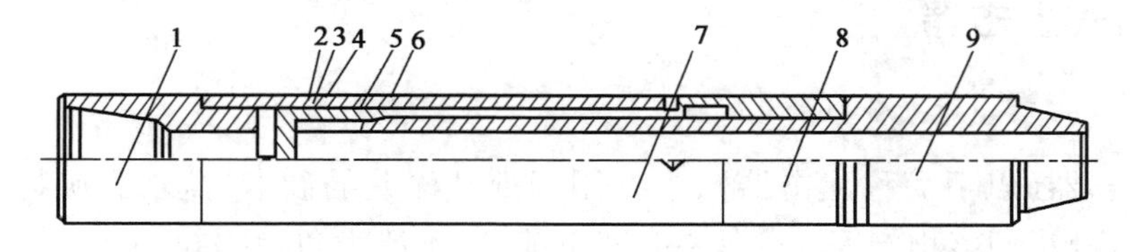

图 3－33　开式下击器

1—上接头；2—抗挤环；3—O 形密封圈；4—挡圈；
5—撞击套；6—紧固螺钉；7—外筒；8—芯轴外套；9—芯轴

3. 工作原理

下击器的工作过程可以看成是一个能量相互转化的过程。上提钻柱时，下击器被拉开，上部钻柱被提升一个冲程的高度（一般为 500～1500mm 左右）具有了势能，进一步向上提拉，钻柱产生弹性伸长，储备了变形能。急速下放钻柱，在重力和弹性力的作用下，钻柱向下做加速运动，势能和变形能转化为动能。当下击器达到关闭位置时，势能和变形能完全转化为动能并达到最大值，随即产生向下震击作用。

4. 操作方法

在打捞作业开始之前，将落鱼管柱卡点以上部分倒扣取出，使鱼顶尽可能接近卡点。在打捞作业中，下击器装在打捞钻柱中，连接在各种可退式打捞工具或安全接头上。根据不同的需要可采用不同的操作方法，使下击器向下或向上产生不同方式的震击，以达到落鱼解卡或退出工具的目的。

1）在井内向下连续震击

上提钻柱，使下击器冲程全部拉开，并使钻柱产生适当的弹性伸长。迅速下放钻柱，当下击器接近关闭位置 150mm 以内时刹车，停止下放。钻柱由于运动惯性产生弹性伸长，使下击器迅速关闭，芯轴外套下端面与芯轴台肩发生连续撞击。

2）在井内向下进行强力震击

上提钻柱使下击器冲程全部拉开，钻柱产生一定的弹性伸长。迅速下放钻柱，下击器急速关闭，芯轴外套下端面撞在芯轴的台肩上，将一个很大的下击力传递给落鱼。这是下击器的主要用途和主要工作方式。

3）在地面进行震击

打捞工具（如可退式捞矛、可退式捞筒等）及落鱼提至地面，需要从落鱼中退出工具时，由于打捞过程中进行强力提拉，工具和落鱼咬得很紧，退出工具比较困难。在这种情况下，可在下击器以上留一定重力的钻具,并在芯轴外套和芯轴台肩面间放一支撑工具,然后放松吊卡,将支撑工具突然取出,下击器迅速关闭形成震击,可去除打捞工具在上提时形成的胀紧力,再旋转和上提就容易退出工具。

4)与内割刀配套使用

将下击器接在内割刀以上若干根钻杆上,让下击器和内割刀之间的钻杆悬重正好等于加在内割刀上的预定进给力。切割时使下击器处于半开半闭的状态,下击器以上的钻柱受拉,只有下击器以下的钻柱重力压在内割刀上,形成进给力,不受井口或上部钻杆重力的影响,以保证内割刀平稳顺利地进行切割。

二、液压式上击器

1. 用途

液压式上击器(以下简称上击器),主要用于处理深井的砂卡、盐水和矿物结晶卡、胶皮卡、封隔器卡以及小型落物卡等。尤其在井架负荷小、不能大负荷提拉钻具时,上击器的解卡能力更显得优越。该工具连接加速器后也适用于浅井。

2. 基本结构

液压式上击器主要由上接头、芯轴、撞击锤、上缸体、中缸体、活塞、活塞环、导管、下缸体及密封装置等组成。

3. 工作原理

上击器的工作过程分为拉伸储能、卸荷释放能量、撞击、复位四个阶段。

(1)拉伸储能阶段。上提钻具时,因被打捞管柱遇卡,钻具只能带动芯轴、活塞和活塞环上移。由于活塞环上的缝隙小,溢流量很少,因此钻具被拉长,储存变形能。

(2)卸荷释放能量阶段。尽管活塞环缝隙小,溢流量少,但活塞仍可缓缓上移。经过一段时间后,活塞移至卸荷槽位置,受压液体立刻卸荷。受拉伸长的钻具快速收缩,使芯轴快速上行,弹性变形能变成钻具向上运动的动能。

(3)撞击阶段。急速上行的芯轴带动撞击锤,猛烈撞击上缸体的下端面,与上缸体连在一起的落鱼受到一个上击力。

(4)复位阶段。撞击结束后,下放钻具卸荷,中缸体下腔内的液体沿活塞上的油道毫无阻力地返回上腔内至下击器全部关闭,等待下次震击。

第九节　套管补接类工具

一、铅封注水泥套管补接器

1. 用途

铅封注水泥套管补接器是更换井下损坏套管时,连接新旧套管,保持内通径不变,并起密封作用的一种补接工具。该工具除利用铅环压缩变形的一次密封之外,还可以注水泥进行二次密封。

2. 基本结构

补接器的结构如图 3－34 所示。

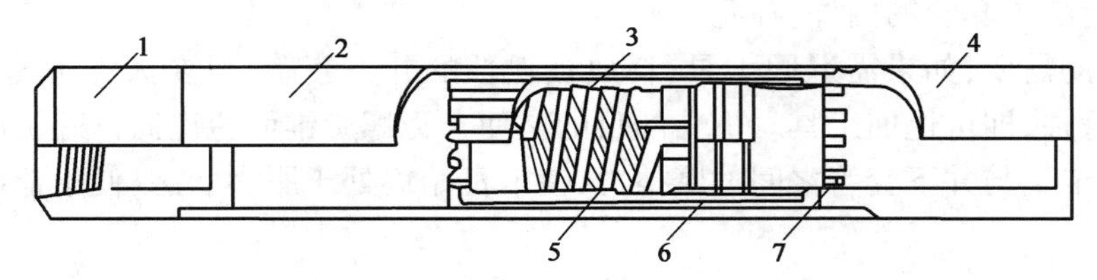

图 3－34　铅封注水泥套管补接器

1—上接头;2—外筒;3—卡瓦座;4—引鞋;5—螺旋卡瓦;6—水泥通道;7—铅环

3. 工作原理

1)引入套管

右旋钻柱将鱼顶引入引鞋内。继续下放,通过引鞋上部 6 个凸台将套管外壁的水泥环、毛刺刮掉,并扶正套管,也为抓获和坐定铅封扫清障碍。当套管接触螺旋卡瓦后,将螺旋卡瓦向上顶起。螺旋卡瓦的外锥面与卡瓦座的内锥面间形成一定的空隙,使螺旋卡瓦外径得以扩张。当右转下放工具时,靠螺旋卡瓦与套管外径之间的摩擦扭矩的作用,螺旋卡瓦内径扩大,使套管顺利通过卡瓦座上台阶,直至顶住上接头。

2)夹紧套管

上提钻柱,螺旋卡瓦外螺纹锥面与卡瓦座内螺旋锥面互相贴合,产生径向夹紧力。当夹紧力超过一定限度时,卡瓦齿尖嵌入管壁,将套管咬住。

3)压缩铅封

继续上提钻柱,因螺旋卡瓦咬紧套管,卡瓦座不能随外筒一起上行,于是引鞋在外筒拉力作用下给内套向上推力,使铅封总成受到轴向压缩产生塑性变形,起到密封作用。

4)注水泥

以上三个工序完成之后,再慢慢下放管柱,使补接器受到 7～9kN 的下压力,卡瓦座顶住上接头。内套离开端面铅封,打开卡瓦座与外筒之间的通道。开泵循环畅通后,注水泥至设计返高,提起管柱坐封,待水泥凝固后卸去拉力负荷,钻掉管内的水泥塞。

5)铅封无效退出补接器

释放套管补接后,如铅封无效需将工具提出。操作方法是以钻具下击工具,使螺旋卡瓦外锥面与卡瓦卡座内锥面脱开,卸掉上提时产生的夹紧力,再一边慢慢正转,一边上提,可将补接器逐步退出下部套管。

二、封隔器型套管补接器

1. 用途

封隔器型套管补接器是取出井下损坏套管后,再下入新套管时的新旧套管连接器。

2. 工作原理

连接在新套管最下端的封隔器式补接器接近井下套管时,一边慢慢旋转,一边下放工具,井下套管通过引鞋进入卡瓦。卡瓦先被上推,后被胀开让套管通过。套管通过卡瓦后,继续上行推动密封圈,保护套使其顶着上接头,则密封圈双唇张开,完成抓捞。

完成抓捞后,上提管柱,卡瓦咬住井下套管不动,筒体上行使卡瓦与筒体的螺旋锥面贴合。上提负荷越大,卡瓦咬得井下套管越紧。同时,双唇式密封圈内径封住套管外径,外径封住筒体内壁,从而封隔了套管的内外空间。

根据施工的需要,如果需退回工具,释放被抓住的井下套管,只要大力下击,然后慢慢右旋,上提工具管柱,即可退回工具。下击的目的是使卡瓦螺旋锥面脱离筒体螺旋内锥面。右旋的目的是利用卡瓦与井下套管之间的摩擦力,使卡瓦始终处于胀大状态,便于退出套管。

习　题

1. 简述常用检测类修井工具的类型、用途。
2. 简述常用打捞工具的类型、用途。
3. 简述常用切割工具的类型、用途。
4. 简述常用倒扣工具的类型、用途。
5. 简述常用套管修复工具的类型、用途。

第四章　生产管柱的受力与变形

高温高压深层气藏生产管柱通常由封隔器、测试阀、循环阀、伸缩接头等井下工具组成，面临下管柱、封隔器坐封、射孔、开关井下工具、储层改造、测试求产等不同工况。井下管柱和工具所处环境的压力及温度均高，不同工况下管柱内外压力和温度变化大，导致管柱在不同工况下承受很大的静载荷和交变载荷，极有可能造成管柱变形过量、井下工具失效、管串强度破坏等意外事故，产生较大的经济损失和不良的社会影响。

为了在高温高压气井整个测试过程中实现安全、可控的目标，必须充分考虑测试投产过程中的各种可能情况，对不同工况下的井下管柱进行受力分析与安全评估，优化施工参数、简化管柱结构，最终确定出一套安全、高效、经济的管柱结构和施工方案。

第一节　管柱力学的基础理论

一、管柱受力的特点

对于高温高压含硫气井生产管柱，管柱受力与变形的影响因素不仅包括重力、浮力、管内外流体压力、流体流动黏滞力、温度、顶部钩载、底部封隔器处约束方式、操作顺序等常规外界因素，还需要考虑高温高压含硫气井井筒压力温度非线性分布、高温及腐蚀对管柱强度的影响等。

高温高压含硫气井管柱受力及其分析具有如下特点：

(1)井筒流体流动时井筒压力温度呈非线性分布。在高温高压深井气井中，液体或气体以不同流速流动时，温度梯度、流体密度及压力梯度均不是常数，井筒压力温度呈非线性分布，若按线性分布计算管柱变形量，则结果偏小。

(2)深井管柱温度效应明显。在储层改造与生产工况下，深井井内温度变化非常大，对于某些深井，储层改造施工结束时井底温度通常会降低至地层温度的一半左右，而大产量生产时，地层高温流体快速流出，井口温度可能升高80~100℃，导致管柱温度效应明显。

(3)高温条件下管柱强度降低。随着温度升高，油管屈服强度逐渐降低，管柱强度校核时应考虑温度对管柱强度的影响。

(4)高含硫及酸液腐蚀导致油管强度降低。对于含硫气井，管柱设计时不仅要考虑施工作业过程中的管柱受力分析，还需进行高含硫腐蚀、储层改造时酸液腐蚀等条件下的管柱安全评估，通过预测腐蚀速度，计算管柱剩余强度，进行管柱动态受力分析及寿命预测。

(5)高产条件下管柱易发生冲蚀与震动。由于产量高、流速快，高速流体流经弯曲的管柱段会引起震动和冲击，使下部管柱和封隔器面临更大的威胁。

(6)深井管柱所受摩阻大。对于高压深井，管柱与井壁接触井段长，管柱变形过程中受到的摩阻大，同时管柱的受力与变形对流体密度变化以及黏滞摩阻、油管与套管壁(或井壁)之间的库伦摩擦力等因素的敏感性增强，对相关参数的准确度和精度要求高。

(7)多种效应并存条件下采用增量计算方法求解。通常认为管柱轴向变形分析包括活塞效应、膨胀效应、屈曲效应和温度效应四种基本效应,不同工况下这几种效应同时存在、相互影响,管柱受力分析时需要考虑前期作业对后期作业管柱的变形与受力影响,采用增量计算方法进行求解。

二、管柱变形的基本效应

在管柱变形分析的四种基本效应中,屈曲效应与管柱轴向受力有关,活塞效应和膨胀效应与管柱内外压力有关,温度效应与井筒温度变化有关。

1. 活塞效应

活塞效应发生在管柱变径处,由于受力面积发生变化导致管柱受力发生变化,进而影响管柱轴向变形。如图4-1所示,p_o 为环形空间压力,p_i 为油管内压力,A_i 和 A_o 分别为油管内截面积和外截面积,A_p 为封隔器密封腔的横截面积,则

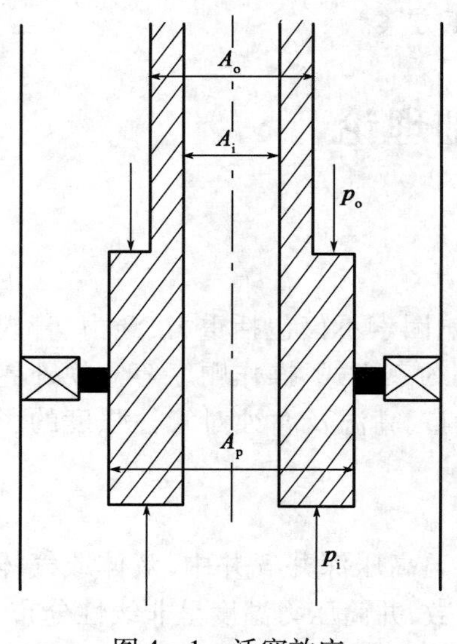

图4-1 活塞效应

由下向上作用的力为

$$F'_p = (A_p - A_i)p_i \tag{4-1}$$

由上向下作用的力为

$$F''_p = (A_p - A_o)p_o \tag{4-2}$$

其合力为

$$F_p = F'_p + F''_p = (A_p - A_i)p_i - (A_p - A_o)p_o \tag{4-3}$$

式中 F_p——引起活塞效应的力,称为活塞力,通常向上作用的力(即压缩力)为正值,向下作用的力(即张力)为负值。

如果油管内外的流体密度和地面压力发生变化,则会引起油管压力和环形空间压力变化(分别用 Δp_i 和 Δp_o 表示封隔器处油管内的压力变化和环形空间的压力变化),进而会引起活塞力变化。对于插管封隔器,活塞力作用于封隔器密封腔中的密封管上,给油管柱施加压缩力或张力。

活塞力的变化 ΔF_1 为

$$\Delta F_1 = (A_p - A_i)\Delta p_i - (A_p - A_o)\Delta p_o \tag{4-4}$$

根据胡克定律,活塞力的变化 ΔF_1 会引起油管柱长度变化(ΔL_1),即

$$\Delta L_1 = \frac{L(\Delta F_1)}{EA_s} \tag{4-5}$$

式中 L——管柱长度,m;

ΔF_1——活塞力的变化,N;

E——钢材的弹性模量(对于钢,$E=206\text{GPa}$),GPa;

A_s——油管壁的横截面积,mm^2。

同样规定管柱长度伸长为正,缩短为负,则

$$\Delta L_1 = -\frac{L}{EA_s}[(A_p - A_i)\Delta p_i - (A_p - A_o)\Delta p_o] \tag{4-6}$$

ΔL_1 的方向取决于压力变化的方向以及变径处的相对尺寸。

2. 膨胀效应

如图4-2和图4-3所示,如果油管柱内压大于外压,水平作用于油管内壁的压力会使管

柱直径增大，管柱长度变短，通常把这种膨胀效应称为正膨胀效应。

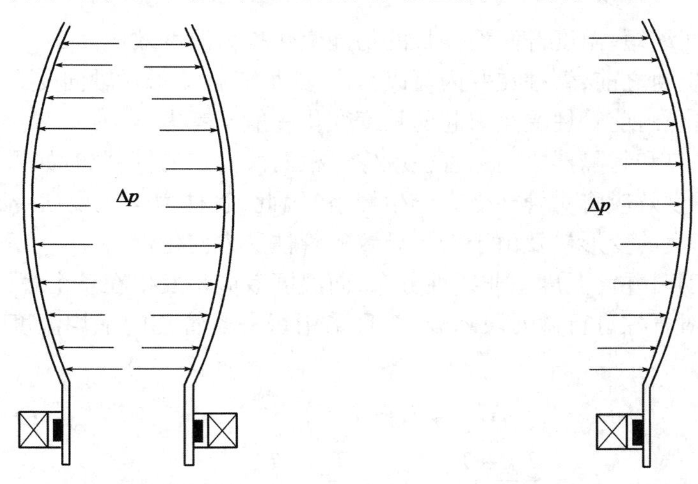

图 4－2　正膨胀效应作用下管柱缩短　　　　图 4－3　反膨胀效应作用下管柱伸长

反之，如果油管环空压力大于内压，则油管柱直径有所减少，管柱长度增加，这种效应称为反向膨胀。

由于膨胀效应发生在整个管柱上，而井口压力与井底压力是不同的，所以，在计算膨胀效应时，应考虑油管柱内平均压力的变化，选择井口压力与井底压力的平均值进行计算。

用管柱受力的变化来表示膨胀效应，其公式为

$$\Delta F_2 \approx 0.6A_{\mathrm{i}}(\Delta p_{\mathrm{ia}}) - 0.6A_{\mathrm{o}}(\Delta p_{\mathrm{oa}}) \tag{4-7}$$

式中　Δp_{ia}——管柱内平均应力变化，MPa；

Δp_{oa}——管柱外平均压力变化，MPa；

$0.6A_{\mathrm{i}}(\Delta p_{\mathrm{ia}})$——油管缩短的正向膨胀力，N；

$0.6A_{\mathrm{o}}(\Delta p_{\mathrm{oa}})$——油管伸长的反向膨胀力，N。

如果油管内外的流体是运动状态时，流动流体不但会产生压力降和改变径向压力，而且还会给油管壁一个流动阻力。当油管内流体流动而环形空间的流体不流动时，其管柱长度变化 ΔL_2 为

$$\Delta L_2 = -\frac{\mu}{E}\frac{\Delta\rho_{\mathrm{i}} - R^2\Delta\rho_{\mathrm{o}} - \frac{1+2\mu}{2\mu}\delta}{R^2 - 1}L^2 - \frac{2\mu}{E}\frac{\Delta p_{\mathrm{is}} - R^2\Delta p_{\mathrm{os}}}{R^2 - 1}L \tag{4-8}$$

式中　μ——材料的泊松比（油管通常取 $\mu = 0.3$）；

E——材料的弹性模量，MPa；

$\Delta\rho_{\mathrm{i}}$——油管中流体密度的变化，$\mathrm{kg/m^3}$；

$\Delta\rho_{\mathrm{o}}$——环形空间流体密度的变化，$\mathrm{kg/m^3}$；

R——油管外径与内径的比值（外径/内径）；

δ——流动引起的单位长度上的压力降，假定 δ 是常数，当向下流动时 δ 为正，当没有流动时 $\delta = 0$，MPa/m；

L——管柱长度，m；

Δp_{is}——井口处油压的变化，MPa；

Δp_{os}——井口处套压的变化，MPa。

3. 温度效应

管柱因为温度降低而缩短，温度升高而伸长的物理变化称为温度效应。

带封隔器的管柱未坐封之前，管柱在井内可以自由移动，管柱变形对轴向受力没有产生较大变化，因此对于封隔器坐封前管柱受热引起的长度变化一般不考虑。

封隔器坐封以后，井口和封隔器之间的管柱就像一根两段固定的杆，此时如果管柱温度发生较大的变化，管柱的温度效应将对管柱受力产生影响，因此，管柱力学主要研究封隔器坐封以后，管柱受温度影响产生的变形量及由于变形导致的管柱受力变化。

由于井筒内流体流动时井筒温度呈非线性分布，而温度效应是发生在整个管柱长度上的，所以计算温度效应时应对管柱进行微元段划分，并且采用每一段管柱的平均温度变化 ΔT_i 进行计算，即

$$\Delta T_i = T_{\mathrm{f}} - T_{\mathrm{i}} \tag{4-9}$$

其中

$$T_{\mathrm{i}} = \frac{T_{\mathrm{ui}} + T_{\mathrm{di}}}{2},\ T_{\mathrm{f}} = \frac{T_{\mathrm{uf}} + T_{\mathrm{df}}}{2}$$

管柱平均温度变化引起的长度变化 ΔL_3 的计算表达式为

$$\Delta L_3 = \sum_{i=1}^{n} \alpha L_i \Delta T_i \tag{4-10}$$

式中 T_{ui}——微元段管柱顶部初始温度，℃；

T_{di}——微元段管柱底部初始温度，℃；

T_{uf}——微元段管柱顶部最终温度，℃；

T_{df}——微元段管柱底部最终温度，℃；

α——材料热膨胀系数，对钢材通常取 $\alpha = 1.15 \times 10^{-5}$ m/℃，m/℃；

L_i——微元段管柱长度，m。

4. 屈曲效应

管柱屈曲分为两种，一是正弦屈曲，通常认为这种屈曲发生在一个平面内，当使得管柱屈曲的力去掉后，管柱能够恢复成原来的直线状态；另一种为螺旋屈曲，这种屈曲发生在三维空间，并且管柱端部作用力去掉后不能恢复至直线状态。当轴向压力达到屈曲临界载荷后管柱将会发生屈曲，屈曲以后的管柱与井壁之间的摩擦力与扭矩又对管柱的进一步屈曲产生影响，管柱屈曲与接触载荷的耦合关系如图 4-4 所示。

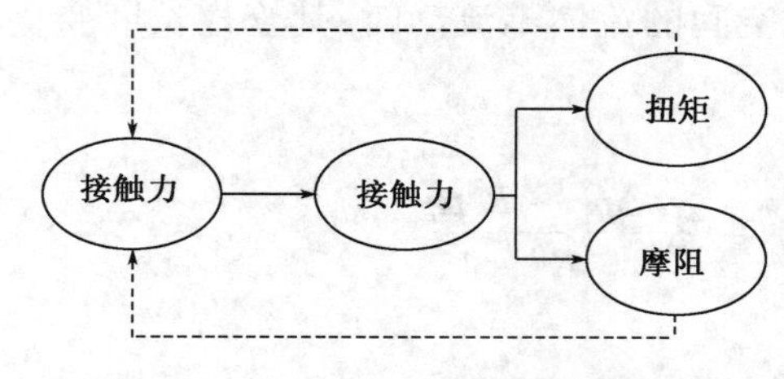

图 4-4 管柱屈曲与接触载荷的耦合关系

关于管柱在垂直井眼中屈曲临界力的计算模型，很多学者进行了研究，目前比较常用的公式为

$$\begin{cases} F_{\mathrm{a}} < 2.55\sqrt[3]{EIq^2} & \text{直线稳定状态} \\ 2.55\sqrt[3]{EIq^2} \leqslant F_{\mathrm{a}} < 5.55\sqrt[3]{EIq^2} & \text{正弦屈曲状态} \\ F_{\mathrm{a}} \geqslant 5.55\sqrt[3]{EIq^2} & \text{螺旋屈曲状态} \end{cases} \tag{4-11}$$

其中

$$I = \frac{\pi}{64}(D^4 - d^4)$$

式中 EI——油管的抗弯刚度；

E——材料的弹性模量；

I——横截面对弯曲中性轴的惯性矩；

D,d——油管的外径和内径，mm；

q——单位长度油管的有效重量，N；

F_a——为油管柱的有效轴力，N。

在有效轴力的作用下，如果管柱发生弯曲，则管柱底部到中和点距离 h 以及屈曲段的螺距 n 为

$$h = \frac{F_a}{q}n = \pi\sqrt{\frac{8EI}{F_a}} \tag{4-12}$$

在发生螺旋屈曲的管柱段，管柱产生的轴向缩短包括两部分，一是轴向压缩力 F_a 作用下的轴向缩短，二是螺旋屈曲段自身的轴向缩短。

根据胡克定律，在轴向压缩力 F_a 作用下，管柱的轴向缩短量为

$$\Delta l_1 = -\frac{L_a F_a}{EA_s} \tag{4-13}$$

中和点以下由于管柱自身的螺旋弯曲引起的纵向缩短量为

$$\Delta l_2 = -\frac{r^2 F_a^2}{8EIq} \tag{4-14}$$

则由于管柱发生螺旋屈曲导致的轴向缩短量为

$$\Delta l_4 = -\frac{L_a F_a}{EA_s} - \frac{r^2 F_a^2}{8EIq} \tag{4-15}$$

式中 L_a——螺旋屈曲段管柱长度，m；

A_s——螺旋屈曲段管柱的横截面积，mm^2；

r——油套间隙，mm。

值得注意的是，对于如图4－5所示的密封筒可以自由活动的封隔器（如插管封隔器），密封筒会收到一个虚构力 F_f 的作用，这个虚构力也是有效轴力，并且使得管柱的有效轴力发生较大的变化，这个虚构力为

$$F_f = A_{po}(p_{an} - p_t) \tag{4-16}$$

式中 A_{po}——密封筒外截面积，mm^2；

p_t,p_{an}——密封筒内外压力，MPa。

管柱的屈曲效应较小，通常不足0.5m，但管柱屈曲的主要意义在于屈曲后的管柱将对井壁产生较大的作用力，进而导致管柱与井壁之间产生较大的摩阻，甚至导致管柱发生自锁。

由于管柱在不同的工况下的变化趋势不同，管柱屈曲后与井壁之间的摩阻方向也会发生改变，而三维井眼内管柱与井壁摩阻的计算涉及空间解析几何等相关内容，需要进行编程

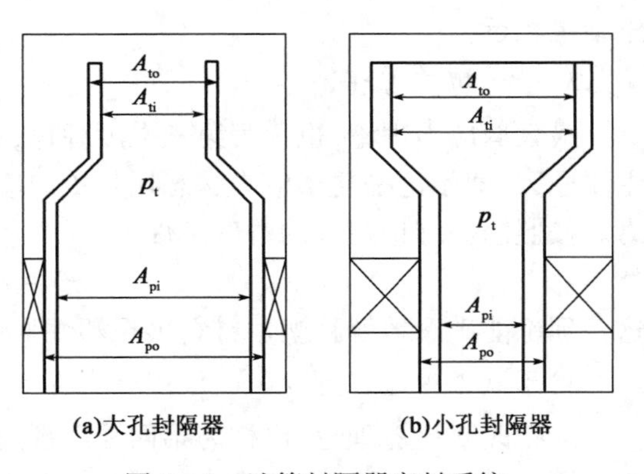

(a)大孔封隔器　(b)小孔封隔器

图4－5 油管封隔器密封系统

迭代计算。

油管柱长度(或受力)的总变化,是活塞效应、膨胀效应、温度效应和屈曲效应所引起的长度(或受力)变化总和。但在累计这些长度(或受力)变化时,必须考虑每种效应变化的方向,当环境条件发生变化时,某一种效应所产生的位移(或受力),有可能被其他效应产生的位移(或受力)所抵消或加强。

三、管柱强度校核方法

1. 强度校核的基础理论

1)最大拉应力理论

最大拉应力理论,也称为第一强度理论,这一理论认为最大拉应力是引起材料断裂破坏的主要原因,即不论是复杂应力状态还是单向应力状态,引起材料断裂破坏的原因是相同的,都是最大拉应力引起的。按照这一理论建立的强度条件为

$$\sigma_1 = \sigma_b \tag{4-17}$$

$$\sigma_1 \leqslant [\sigma] \tag{4-18}$$

式中 σ_1——材料受到的拉应力,MPa;

σ_b——引起材料断裂的最小拉应力,MPa;

$[\sigma]$——材料的许用应力,MPa。

试验表明,这一理论基本上能正确反映出某些脆性材料的特性。

2)最大伸长线应变理论

最大伸长线应变理论,也称为第二强度理论,这一理论认为最大伸长线应变是引起材料断裂破坏的主要原因,即不论是复杂应力状态还是单向应力状态,引起材料断裂破坏的原因都是最大伸长线应变。在单向拉伸时,如果材料直到发生断裂破坏时都在线弹性范围内工作,即服从胡克定律,则拉断时的伸长线应变为

$$\varepsilon^0 = \frac{\sigma_b}{E} \tag{4-19}$$

按照这一理论建立的强度条件为

$$\sigma_1 - \mu(\sigma_2 - \sigma_3) \leqslant [\sigma] \tag{4-20}$$

式中 $\sigma_1,\sigma_2,\sigma_3$——材料受到的三向应力,$\sigma_1 \geqslant \sigma_2 \geqslant \sigma_3$,MPa。

铸铁在受到拉伸与压缩应力且压应力较大的二向应力状态的情况下,试验结果与这一理论结果相近。

3)最大剪应力理论

最大剪应力理论,也称为第三强度理论,这一理论认为最大剪应力是引起材料流动破坏的主要原因,即不论是复杂应力状态还是单向应力状态,引起材料流动破坏的原因都是最大剪应力。按照这一理论建立的强度条件为

$$\sigma_1 - \sigma_3 \leqslant [\sigma] \tag{4-21}$$

这一理论能满意地解释塑性材料出现塑性变形时的现象。

4)形状改变比能理论

形状改变比能理论,也称为第四强度理论,这一理论认为改变比能是引起材料流动破坏的主要原因,即不论是复杂应力状态还是单向应力状态,引起材料流动破坏的原因都是形状改变

比能。按照这一理论建立的强度条件为

$$\sqrt{\frac{1}{2}[(\sigma_1-\sigma_2)^2+(\sigma_2-\sigma_3)^2+(\sigma_3-\sigma_1)^2]}\leqslant[\sigma] \tag{4-22}$$

综合前面的分析,四个强度理论的相当应力分别为

$$\begin{cases}\sigma_{xd1}=\sigma_1\\ \sigma_{xd2}=\sigma_1-\mu(\sigma_2+\sigma_3)\\ \sigma_{xd3}=\sigma_1-\sigma_3\\ \sigma_{xd4}=\sqrt{\frac{1}{2}[(\sigma_1-\sigma_2)^2+(\sigma_2-\sigma_3)^2+(\sigma_3-\sigma_1)^2]}\end{cases} \tag{4-23}$$

一般来讲,脆性材料(如铸铁、石料、混凝土、玻璃等)在通常情况下,以断裂形式破坏,宜采用第一和第二强度理论。塑性材料(如碳钢、铜、铝等)在通常情况下,以流动形式破坏,宜采用第三和第四强度理论。

2. 工程常用强度校核计算模型

1)抗拉安全系数

石油工程中一般采用抗拉强度直接判断油管是否被自身重力、浮力、流体摩擦力等综合作用下的合力拉断。校核方法是计算油管受到的各项轴向力,其代数和为

$$F=\sum F_i \tag{4-24}$$

各种管材一般都有许用载荷$[F]$,它为油管抗拉强度F_{RD}与要求的安全系数相除的结果。油管安全工作要求油管轴向力小于许用载荷,即

$$F<[F] \tag{4-25}$$

也可以通过极限抗拉载荷与轴向载荷相除,得抗拉安全系数为

$$K_{RD}=\frac{F_{RD}}{F} \tag{4-26}$$

式中 F_{RD}——油管抗拉强度,N;

K_{RD}——抗拉安全系数,对高温高压气井,一般要求$K_{RD}\geqslant1.8$。

2)抗内压安全系数和抗外挤安全系数

$$\begin{cases}K_{Ri}=\dfrac{p_{Ri}}{p_i-p_o}\\ K_{Ro}=\dfrac{p_{Ro}}{p_o-p_i}\end{cases} \tag{4-27}$$

式中 K_{Ri},K_{Ro}——抗内压安全系数和抗外挤安全系数;

p_{Ri},p_{Ro}——油管抗内压、抗外挤强度,MPa;

p_i,p_o——油管上某一点的内压、外压,MPa。

3)三轴应力强度校核

虽然工程上常用抗拉、抗外挤和抗内压安全系数进行管柱强度校核,但是一般情况下,完井管柱上任一点的应力状态都是复杂的三向应力状态,因此在进行强度校核时应考虑采用第四强度理论进行应力校核。

管柱在井下所受的主要应力包括:内外压作用下产生的径向应力$\sigma_r(r,L)$和环向应力$\sigma_\theta(r,L)$;轴力作用产生的轴向拉、压应力$\sigma_F(L)$;井眼弯曲和屈曲产生的弯曲应力$\sigma_M(L)$。

$$
\begin{cases}
\sigma_F(L) = \dfrac{F}{A_s}, \sigma_M(L) = \pm \dfrac{4M(s)r}{\pi(r_o^2 - r_i^2)} \\
\sigma_r(r,s) = \dfrac{p_i r_i^2 - p_o r_o^2}{r_o^2 - r_i^2} - \dfrac{r_o^2 r_i^2 (p_i - p_o)}{r_o^2 - r_i^2} \cdot \dfrac{1}{r^2} \\
\sigma_\theta(r,s) = \dfrac{p_i r_i^2 - p_o r_o^2}{r_o^2 - r_i^2} + \dfrac{r_o^2 r_i^2 (p_i - p_o)}{r_o^2 - r_i^2} \cdot \dfrac{1}{r^2}
\end{cases} \tag{4-28}
$$

式中 F——轴向真实力,N;

A_s——油管横面积,mm^2;

$M(s)$——弯曲段的合弯矩;

r——油管截面上任意点半径,cm;

r_o,r_i——油管的外半径和内半径,cm。

因此,根据第四强度理论,完井管柱上任意点处的相当应力为

$$
\sigma_{xd}(r,L) = \sqrt{\frac{1}{2}[(\sigma_F + \sigma_M - \sigma_r)^2 + (\sigma_r - \sigma_\theta)^2 + (\sigma_F + \sigma_M - \sigma_\theta)^2]} \tag{4-29}
$$

取 $\sigma_{max} = \max[\sigma_{xd}(r,L)]$,则安全系数为

$$
K_{Zd} = \frac{\sigma_s}{\sigma_{max}}
$$

式中 σ_s——材料的屈服极限,MPa;、

K_{Zd}——安全系数。

4)综合安全系数

$$
K_s = \min\{K_{RD}, K_{Ri}, K_{Ro}, K_{Zd}\} \tag{4-30}
$$

5)极限施工参数的确定

(1)剩余拉力为

$$
F_R = F_{RD} - K_s qL = (K_{RD} - K_s)qL \tag{4-31}
$$

(2)确定管柱安全操作压差。

由管柱抗内压强度控制的最大操作压差为

$$
\Delta p_{maxi} = \frac{p_{Ri}}{K_s} \tag{4-32}
$$

由管柱抗外挤内压强度控制的最大操作压差为

$$
\Delta p_{maxo} = \frac{p_{Ro}}{K_s} \tag{4-33}
$$

管柱的安全操作压差为

$$
\Delta p_{max} = \min\{\Delta p_{maxi}, \Delta p_{maxo}\} \tag{4-34}
$$

第二节 主要工况下管柱力学分析方法

一、主要工况

高温高压深井气井测试及投产过程中,为了保护储层、降低施工风险,通常会采用一趟管柱完成多种作业,管柱从下井到完井测试投产的过程中主要包括以下几种典型的作业工况。

1. 管柱入井工况

在油管入井时，管柱和井壁之间接触，管柱会受到一个沿轴向向上的摩擦力；管柱入井后，管柱内压、液体压力以及井筒内温度增大使管柱产生变形；管柱全部入井后，管柱底部受到液体压力作用，从井底至井口，管柱自重和摩擦力逐渐平衡液柱产生的向上支撑力。随着管柱自重逐渐增加，靠近井口部分管柱承受的拉力最大、变形也最大，因此主要考虑对测试管柱全部入井时进行受力分析。

2. 坐封工况

在高温高压气井测试及生产过程中，通常采用带封隔器的管柱进行作业，针对不同封隔器，可能采用的坐封方法主要包括机械加压坐封、液压坐封和旋转坐封。封隔器坐封后，封隔器和管柱之间存在着三种关系：自由移动、有限移动和不能移动。

1）自由移动

自由移动是指管柱下端的密封管在封隔器的密封腔内可以上下自由移动，如图 4－6 所示。对于这种类型的管柱，主要考虑的问题是：封隔器坐封后，密封管应位于封隔器密封腔中的什么位置和密封管上的密封短节（带有密封圈的管段）长度应是多少，可在管柱缩短或伸长时，密封段不至于移除密封腔，造成封隔器上下窜通。当压力很高而且封隔器的密封腔孔径较大时，必须考虑密封管受到的有效轴力可能导致管柱产生永久性螺旋弯曲或密封管脱离密封腔的情况。

2）有限移动

有限移动是指管柱下端的密封管在封隔器的密封腔内只能往一个方向移动，而限制向另一个方向移动。

图 4－7 所示为只能向上移动密封插管的一种封隔器类型，当油管在压力和温度的作用下管柱缩短时，管柱将不受任何限制，相反如果管柱伸长，由于封隔器顶住管柱的台阶，管柱将给封隔器一个向下的作用力。这种封隔器管柱结构较为普通，如带有一组卡瓦的悬挂式封隔器管柱、适用定位短节的可钻式封隔器和双管封隔器等。

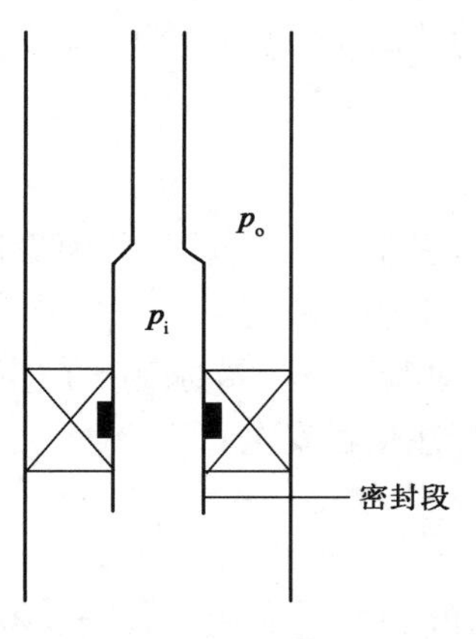

图 4－6　自由移动

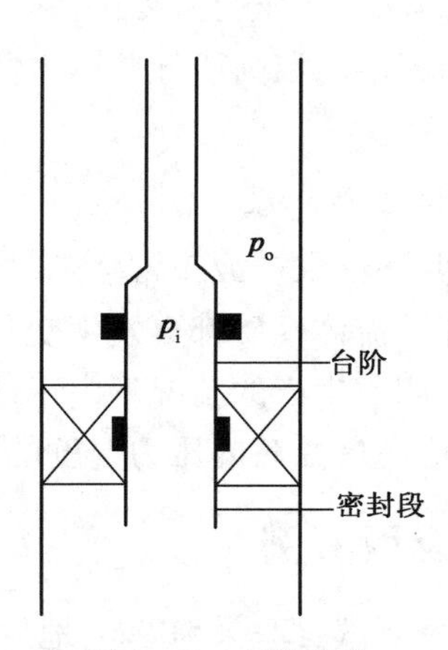

图 4－7　有限移动

对于这种类型的管柱，应该考虑的问题是：管柱收缩后，密封段是否会跑出封隔器的密封腔造成窜通；对管柱的作用力是否会使管柱弯曲引起绳索作业和解封封隔器困难，或造成永久性螺旋弯曲等。

3）不能移动

不能移动是指管柱下端的密封段完全限制在封隔器中，不能上下自由移动，如图4－8所示。管柱不能移动时管柱的变形量将转化为对封隔器的作用力。在实际工程中，这种类型的管柱很常见，如适用两面组卡瓦的封隔器管柱、带锁栓密封管的可钻式封隔器管柱等。

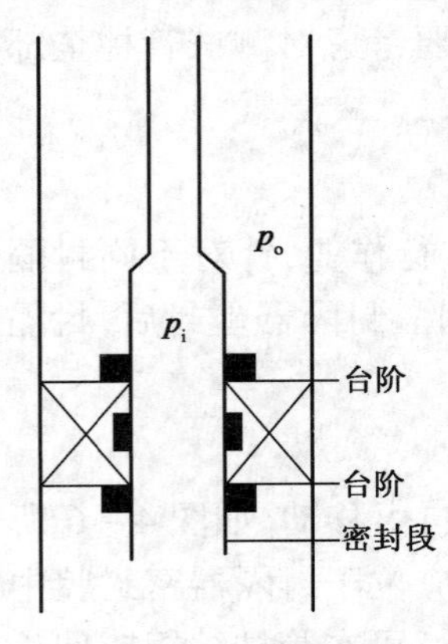

图4－8 不能移动

对于这种类型的管柱，必须考虑的问题是：因管柱收缩产生过大的张力，引起管柱或封隔器中心管断裂的可能性；伸长引起的管柱螺旋弯曲对绳索作业及生产的有害影响等。

3．射孔工况

射孔工况主要针对液压起爆射孔。由于高温高压气井通常带有封隔器，液压起爆射孔时，管柱内压力大于管柱外部压力，因此封隔器至井口之间的管柱将由于膨胀效应而缩短，由于封隔器和井口位置固定，管柱的变形量转化为轴力，导致轴力增大。

对于射孔枪起爆时产生的瞬间高压，可以通过在管柱中增加减振器来降低对封隔器及其下部管柱的影响，因此，常规管柱力学分析过程中不涉及这方面的计算。

4．注入作业工况

注入作业是指酸压、压井堵漏等向地层注入液体，导致井筒内压力、温度发生较大的变化的过程。在注入作业工况下，井口泵压高，井内压力高，同时地面低温流体注入井筒，井内温度将降低幅度大，如川东北地区酸压施工时井筒压力高达212MPa，温度高达97℃。

在这些工况下，管柱膨胀效应和温度效应都导致管柱产生较大的收缩变形，由于井口与封隔器位置固定，管柱收缩变形导致轴力增大，因此需要着重分析这些工况下的管柱受力与变形情况，判断管柱是否安全。

5．关井压力恢复工况

高温高压气井压力恢复快，井口压力高，若环空压力低，地层高压作用下可能导致封隔器密封失效，因此高温高压气井压力恢复时需要计算关井后的井筒压力分布情况，确保管柱和井下工具安全。

6．测试生产工况

在开井测试求产或正常生产时，由于地层高温流体流入井筒，井底流压、井筒温度和压力的分布、井筒流体性质都会发生变化，导致井内压力、温度发生较大改变。

同时，测试生产的工况下由于地层高温高压气体产出，对管柱安全要求高，在进行管柱力学分析时应考虑井筒内压力温度的耦合问题，以准确判断管柱是否安全。

二、应用实例

HB2井测试层埋深5108m，地层压力101.6MPa，地层温度117℃，油层套管为ϕ193.7mm×(0～4303)m＋ϕ146.1mm×(4303～5200)m，测试管柱采用ϕ88.9mm×9.52mm＋ϕ88.9mm×6.45mm的组合油管，测试管柱结构见表4－1。

本井主要工况条件：在密度为2.28g/cm^{3}的钻井液中下入测试管柱，下放到位后加压20T坐封封隔器，通过OMNI阀用清水替出井内钻井液后进行酸压施工，设计最高施工泵压为

90MPa，最大排量 3.5m^3/min，压后进行测试求产，预测测试产量在(10～200)×10^4m^3/d，求产后环空加压关 RD 安全循环阀进行井下关井，最后开 RD 循环阀压井，解封封隔器，结束本次测试。

下面根据本井主要工况，进行管柱力学分析。

表 4－1　HB2 井酸化测试管柱结构

序号	名称	通径，mm	下深，m
1	锥管挂	78	
2	双公短节	69.86	
3	88.9mm×9.52mm 油管	69.86	1305
4	88.9mm×6.45mm 油管	76	5023
5	OMNI 阀	45	5033
6	RD 安全循环阀	45	5035
7	液压旁通阀	45	5038
8	压力计托阀	45	5039
9	RD 循环阀	45	5040
10	安全接头	45	5043
11	RTTS 封隔器	45	5045
12	88.9mm×6.45mm 油管	76	5105

1．主要工况下井筒压力温度计算

本井测试施工主要工况为下管柱、坐封封隔器、酸压施工、测试求产及关 RD 安全阀，在这些工况里，除酸压及测试求产过程中井筒内流体流动外，其他工况下井筒内的流体均为静止状态，因此主要考虑对酸压和测试求产过程中的井筒压力、温度进行求解。

1）酸压施工管柱内压力及井筒温度的计算

根据本井注酸压力和排量，考虑井斜因素，计算最大施工泵压 90MPa，油管内为静止酸液，在以 2.5m^3/min、3.5m^3/min 的排量注入时的油管内压力分布情况如图 4－9(a)所示，从图中可以看出，相对静止酸液，在以排量 3.5m^3/min 注入时，流动摩阻约 30MPa。

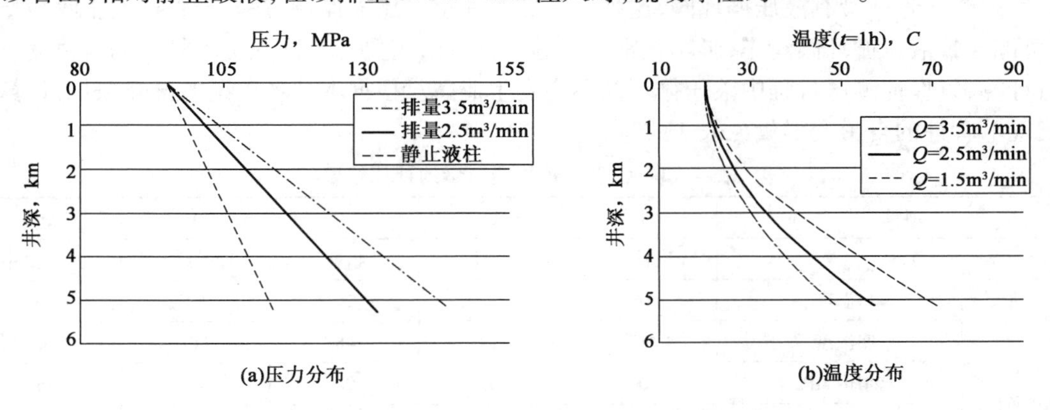

图 4－9　酸压时不同排量下管柱内压力及温度分布

不同排量下连续泵注 1h 后，井筒内的温度分布如图 4－9(b)所示，从图中可以看出，在注入过程中，井筒温度随排量增大呈现明显的非线性分布特征，在以排量 3.5m^3/min 连续注入

1h 后，管柱底部温度降低到 48℃，温度达到 69℃。

2）测试求产时管柱内压力及井筒温度的计算

根据本井目的层测录井资料、区域地质资料及钻井液体系，计算测试产量分别为 $50\times10^4m^3/d$、$100\times10^4m^3/d$、$150\times10^4m^3/d$、$200\times10^4m^3/d$ 时井筒的压力温度分布情况如图 4－10、图 4－11 所示。主要节点压力温度见表 4－2。

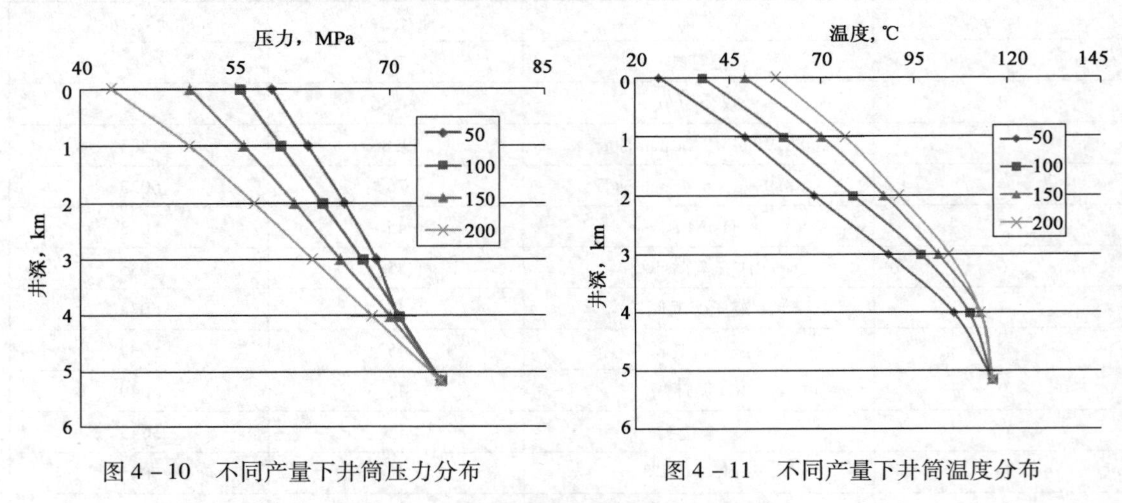

图 4－10　不同产量下井筒压力分布

图 4－11　不同产量下井筒温度分布

表 4－2　主要节点压力与温度分布数据表

井深 5045m		井深 4305m		井深 1305m		井深 0m	
压力，MPa	温度，℃	压力，MPa	温度，℃	压力，MPa	温度，℃	压力，MPa	温度，℃
74.988	117	72.655	110.119	62.979	55.045	58.397	26.345
74.987	117	72.215	112.821	60.915	66.561	55.346	38.291
		70.511	114.012	57.489	75.23	50.205	48.80
		70.566	114.677	57.709	81.592	42.848	57.386

2. 不同工况下管柱自由变形量的计算

考虑测试管柱带有液压循环阀，这种工具靠管柱重量压缩保持封密，当管柱发生收缩变化时，可能导致液压循环阀泄露，影响正常测试施工，因此，需要对不同工况下管柱的自由变形量进行计算，以保证测试过程中液压循环阀不会发生泄露。根据本井各工况的已知条件，计算不同工况下管柱的自由变形量见表 4－3。

表 4－3　各工况管柱变形量的计算结果

项目		1	2	3	4	5
工况		下钻完	坐封	挤酸	测试	井口关井
已知条件	井口温度，℃	16	16	20	58	16
	井底温度，℃	117	117	48	117	117
	油压，MPa	0	0	90	44	85
	套压，MPa	0	0	45	0	0
	油管流体密度，kg/m^3	2.28	2.28	1.1	0.57（天然气相对密度）	
	环空流体密度，kg/m^3	2.28	2.28	1.0	1.0	1.0

续表

项目		1	2	3	4	5
工况		下钻完	坐封	挤酸	测试	井口关井
计算结果	活塞效应,m	1.865	−0.243	−0.369	−0.278	−0.347
	膨胀效应,m	0.836	0.836	−0.103	−0.846	−2.020
	温度效应,m	3.000	3.000	1.045	4.136	3.000
	螺旋效应,m	0	−0.668	0	−0.157	0
	相对位移,m	2.777	0	−2.352	−0.070	−2.292

根据上述计算结果可知,当管柱坐封时管柱被压缩了2.777m,而挤酸、测试求产及井口关井工况下,管柱产生的最大收缩量为2.352m,小于管柱坐封时的压缩距,施工期间不会因管柱收缩导致开启液压循环阀,因此,施工管柱不需要增加伸缩节。

3. 管柱强度校核

考虑管柱两端固定,管柱发生的变形量将转化为管柱的轴向力,若管柱轴向力增加太大则可能导致管柱强度破坏,管柱断裂,其中尤以酸压施工时管柱收缩变形量最大。

应对酸压施工过程中管柱的真实受力情况进行计算,并计算对应的安全系数,确保管柱强度安全。计算结果见表4-4,计算表明管柱在施工过程中是安全的。

表4-4 管柱强度校核

井深,m	三轴安全系数	抗拉安全系数	抗内压安全系数	抗外压安全系数
0	2.50	3.01	3.16	—
500	2.71	3.56	3.13	—
1305	3.05	5.05	3.07	—
2000	2.28	3.76	2.05	—
2500	2.35	4.70	2.03	—
3000	2.40	6.26	2.01	—
3500	2.42	9.35	1.99	—
4000	2.41	18.51	1.97	—
4500	2.36	893.82	1.95	—
5045	2.28	—	1.93	—

采用该套管柱对该井目的层进行酸压测试联作施工,管柱下放到位后加压20T坐封,坐封后进行了113.02m^3的酸压施工,最高施工泵压85.4MPa,施工排量1~4m^3/d,压后测试天然气五无阻流量超过$450\times10^4m^3$,满足了高温高压高产条件下的测试要求。

习　题

1. 管柱的受力特征及其影响因素是什么?
2. 管柱变形有哪些基本效应?
3. 简要分析井下作业主要工况的管柱受力情况。

第五章　常规修井工艺技术

第一节　组配管柱

组配管柱是指按照施工设计给出的下井管柱的规范、下井工具的数量和顺序、各工具的下入深度等参数，在地面丈量、计算、组配的过程。采油、采气、注水、油层改造和修井施工都要下入不同结构的管柱，并通过下入井内的工具来完成施工设计目的。各种不同的下井管柱都需要在地面预先组配好，并严格按照下井顺序编号，在油管桥上摆放整齐，按顺序下入井内。

一、刺洗油管

(1)用蒸汽刺洗油管，清除油管内外的结蜡、死油、泥砂和杂物。

(2)清洗油管螺纹，检查螺纹是否完好无损坏。

(3)检查管体是否有裂痕、孔洞、弯曲和腐蚀。

(4)用内径规逐根通过油管。ϕ73mm 普通油管用 ϕ59mm×800mm 内径规通过；玻璃油管用 ϕ57.5800mm 内径规通过；ϕ76mm 普通油管用 ϕ73mm×1000mm 内径规通过。

(5)将不合格的油管抬出油管桥 2m 以外。

二、丈量油管

(1)使用经检测后标定合格的钢卷尺丈量油管，钢卷尺的有效长度要大于 15m。

(2)丈量时拉直钢卷尺，防止钢卷尺产生弧度。

(3)丈量油管时不得少于 3 人，反复丈量 3 次，作好记录，做到三对口。

(4)3 人 3 次丈量的管柱累计长度误差不大于 0.02%。

(5)丈量时，钢卷尺的零点位于接箍上端面，另一端对准油管螺纹根部(普通油管余 2 扣，玻璃油管余 3 扣，抽油杆丈量同油管相同，但去掉扣)，读出油管单根长度，作好记录。

(6)将丈量好的油管整齐排列在油管桥上，每 10 根拉出 1 根油管接箍长度，以井口方向按下井顺序排列。

三、组配管柱的过程

(1)管柱结构应满足各种施工设计和施工目的要求，密封可靠，施工作业方便。注水井在射孔井段顶界以上 10～15m 处设一级保护套管封隔器。

(2)封隔器卡点应选择在套管光滑部位，避开套管接箍和射孔炮眼及管外窜槽井段，满足分层管柱的要求。

(3)封隔器卡点符合设计深度。

(4)按照施工设计精确配出封隔器卡点、卡距和油管的下入深度。卡点深度与设计深度误差不超过 ±0.2m。

(5)下井管柱要有下井工具、管柱结构示意图,注明各种下井工具的名称、规范、型号及下井深度。

(6)管柱配好后要与下井工具出厂合格证、作业设计书、油管记录对照,核实无差错方可下井。

(7)注水管柱完成深度应在油层射孔井段底界10m以下。计算方法:完成深度=油补距+油管挂长度+油管挂短节长度+油管累计长度+工作筒长度+喇叭口长度+其他工具长度。

(8)找水管柱:完成深度应在射孔井段顶界5~10m以上。计算方法同上。

(9)机械采油井管柱按设计的泵挂深度和尾管完成深度组配。计算方法:泵挂深度=油补距+油管挂长度+油管挂短节长度+油管累计长度+泵筒吸入口以上工具长度。

(10)分层管柱。

①单级封隔器管柱:完成深度=油补距+油管挂长度+油管挂短节长度+卡点以上油管累计长度+配产器长度+封隔器长度+配产器长度+卡点以下油管累计长度+丝堵长度。

②多级封隔器卡距间管柱:卡距长度=上封隔器密封件上端面以下长度+中间下井工具长度+中间油管累计长度+下封隔器密封件上端面以上长度。

(11)偏心配水管柱。

①偏心活动式管柱自上到下由封隔器、偏心配水器、封隔器、偏心配水器、撞击筒、挡球短节及底部球与球座组成。

②底部球座(挡球)深度必须安装在射孔井段底界10m以下,对使用撞击筒的偏心管柱,撞击筒深度应在射孔井段底界5m以下。

③偏心管柱相邻两级偏心配水器之间距离不小于8m,下面一级偏心配水器与撞击筒之间距离不小于10m,撞击筒与尾管底部距离不小于5m。

④上面一级配水器与油管工作筒的距离大于8m以上。

第二节 起下管柱

起下管柱是指用吊升系统将井内的管柱提出井口,逐根卸下放在油管桥上,经过清洗、丈量、重新组配和更换下井工具后,再逐根下入井内的过程。

一、作业准备

1.资料

(1)施工设计。

(2)井内油管规格、根数和长度,以及井下工具名称、规格深度、井下管柱结构示意图。

(3)与起下油管有关的井下事故发生时间、事故类型、实物图片及铅印图。

2.施工设备

(1)修井机或通井机必须满足施工提升载荷的技术要求,运转应正常、刹车系统应灵活可靠。

(2)井架、天车、游动滑车、绷绳、绳卡、死绳头和地锚等均应符合技术要求。

(3)调整井架绷绳,使天车、游动滑车和井口中心在一条垂直线上。

(4)检查动力钳、管钳和吊卡,应满足起下油管规范要求。

(5)作业中的修井机或通井机都应安装合格的指重表或拉力计。

(6)大绳应使用 ϕ19mm 以上的钢丝绳,穿好游动滑车后整齐地缠绕排列在滚筒上。游动滑车放至最低点时滚筒余绳不少于 9 圈。

3. 管材及下井工具

(1)油管、抽油杆、钻杆的规格、数量和钢级应满足工程设计要求,不同钢级和壁厚的管材不能混杂堆放。

(2)清洗油管内外螺纹,检查油管有无弯曲、腐蚀、裂缝、孔洞和螺纹损坏。不合格油管标上明显记号单独摆放,不准下入井内。

(3)用锅炉车清洗油管内外泥砂、结蜡、高凝油等,并涂抹螺纹密封脂。

(4)下井油管必须用油管规通过,油管规选用应符合表 5-1 规定。

表 5-1　油管规选用规定

油管公称直径,mm	油管外径,mm	油管规直径,mm	油管规长度,m
40	48.26	37	800~1200
50	60.32	47	
62	73.02	59	
76	88.90	73	
88	101.60	85	

4. 搭油管(钻杆、抽油杆)桥

(1)油管(钻杆)桥离地高度不小于 0.3m,不少于 3 个支点。

(2)抽油杆桥离地高度不小于 0.3m,不少于 4 个支点。

(3)油管(钻杆)桥和抽油杆桥距井口 2m,并留有安全通道。

二、不压井起油管

1. 投堵塞器

(1)按井内工作筒的规格选择相应的堵塞器。

(2)正打入井筒容积 2 倍的 70℃ 以上的热水,关井化蜡 20min 后投入堵塞器。

(3)过 20min 后,正憋压 8~10MPa,稳定 10~30min 后放空,如油管无溢流,则投堵成功。

2. 拆采油树、安装井控装置

(1)拆掉采油树及地面生产流程。

(2)安装井控装置。

3. 试提

(1)井口提升短节的长度要比井口控制装置长 0.5m 以上。

(2)上紧提升短节,松开油管挂顶丝,打开井控装置的全封和半封封井器,关闭法兰短节上的放空阀门。

(3)操纵滚筒,上提井内管柱,上提拉力不超过井内管柱悬重 200kN。操作台及井口 10m 以内严禁站人,同时有专人观察地锚和绷绳受力情况。用 1 挡车缓慢提起井内管柱。当井内管柱提起 50cm,应刹车暂停上提,检查大绳死绳及拉力表各绳卡受力情况,检查各绷绳及绳卡受力情况，确认正常后再倒油管挂。

4. 倒出油管挂

(1)上提井内管柱，待油管挂进入法兰短节位置后，关闭下部半封封井器，打开法兰短节处的放空阀门，放净井控装置内的余压，卸掉自封封井器的压盖。

(2)继续上提管柱，将油管挂提出井控装置，在井内第一根油管接箍下放好吊卡，下放管柱坐在吊卡上。

(3)卸掉油管挂，在井内管柱上部放正自封芯子和自封封井器的压盖，再将提升短节插入自封芯子，上紧短节。

(4)提起管柱，移开吊卡，下放管柱，使第一根油管的接箍处在法兰短接位置。

(5)上紧自封封井器的压盖，关闭法兰短节上的放空阀门，打开半封封井器，上提管柱提出井内第一根油管的接箍，在接箍下面放入吊卡，下放管柱坐在吊卡上。

5. 起管柱

(1)再次调整井架绷绳，使井架天车、游动滑车、井口三点成一直线。

(2)先用1挡车起管柱，再分别换挡。

(3)起出的油管要顺滑道滑到油管桥上，按起出的顺序整齐排列在油管桥上，每10根为一组。

(4)当油管扣卸不开时，严禁用榔头敲击接箍，可以用锚头拉开。

(5)当起到管柱尾部油管有上顶显示时，应及时安装安全卡瓦，倒换加压起下装置，转为加压起下管柱。

6. 加压起油管

(1)当管柱起至有上顶显示时，应采用加压绳与井控装置配合起下。

(2)加压绳、提升绳、加压吊卡和分段加压吊卡等加压工具应符合要求。

(3)提升绳在滚筒上缠绕不少于13圈。

(4)加压绳、提升绳与加压吊卡通过加压支架连接后，加压吊卡应平正，加压绳应松紧适当。

(5)连接滑轮应有安全舌，应锁紧拴牢。

(6)倒换好加压绳后控制安全卡瓦，控制套管放压阀门。

(7)向下压油管，松开安全卡瓦，控制油管上顶速度至1m/s以下，匀速起出油管。

(8)当井内的油管接箍提起高出安全卡瓦35～50cm时，按下安全卡瓦卡住油管，扣上吊卡，卸掉起出的油管。

(9)起至管柱尾管时，要控制油管的提升速度至0.5m/s以下，确认尾部的工作筒提过井控装置的全封封井器时，按下安全卡瓦，关闭全封封井器，打开法兰短节上的放空阀门放净控制器内的压力，提出尾管。

三、压井起油管

1. 压井

打入施工设计要求的压井工作液，压井工作液的名称、密度、黏度、数量、打入方式等要符合设计规定。

2. 卸采油树、安装井控装置

(1)卸下采油树及井口地面流程,安装井控装置。

(2)拿出自封封井器的胶皮芯子,防止把死油和蜡块刮入井内,影响起下管柱。

3. 试提、卸油管挂

(1)打开井控装置的全封和半封封井器,卸掉自封压盖。

(2)松开油管挂顶丝,上紧提升短接,提起管柱 50cm。

(3)观察地锚、绷绳、拉力表显示正常后,再提出油管挂。

4. 起油管

(1)逐根起出井内油管,按起出顺序在油管桥上排列整齐。

(2)每起出 10 ~ 20 根油管向井内灌一次压井工作液,防止井内压井工作液液面降低发生井喷。

(3)起到管柱尾部时要放慢速度,防止井下工具刮、碰井口。

四、不压井下油管

1. 加压下油管

(1)提起尾管,用加压绳将尾管压入自封,合紧安全卡瓦,关闭法兰短节放空阀门,打开全封封井器,同时检查各封井器是否处于全开位置。

(2)用加压绳缓慢加压下入尾管,遇到卡阻时可以用管钳转动油管旋转下入。

(3)当尾管接箍距安全卡瓦上平面 30 ~ 50mm 时合紧安全卡瓦,扣上吊卡,摘掉加压吊卡。

(4)提起下一根油管,上紧螺纹,移开吊卡,加压下入井内。

2. 正常下油管

(1)当下入管柱的底部有封隔器、通井规、铅模、卡瓦等不可刮、碰的工具时,下到射孔井段,应该限速下入,下入速度不得超过 5m/min。当管柱底部接近人工井底时,也应该限速下入。

(2)下油管时螺纹要上紧上满,余扣不超过 2 扣。按照各类油管规定的最佳上扣扭矩上紧螺纹。

3. 倒入油管挂

(1)全部油管下入井内后,用一根油管短接连接在第一根油管上,关闭下部半封封井器,打开法兰短节处的放空阀门,放净井控装置内的余压,提起管柱,移开吊卡,再下放管柱使第一根油管的接箍进入控制器内,卸开自封封井器的压盖。

(2)上提管柱,将第一根油管的接箍提出井控装置,在井内第一根油管接箍下放好吊卡,下放管柱坐在吊卡上。

(3)卸掉提升短节,移开自封封井器的压盖和自封芯子,上紧油管挂,在油管挂上部放正自封芯子和自封封井器的压盖,将提升短节插入自封芯子。

(4)上紧提升短节提起管柱,移开吊卡,再下放管柱使油管挂进入法兰短节位置。

(5)上紧自封封井器的压盖,关闭法兰短节上的放空阀门,打开半封封井器,缓慢下放管柱,使油管挂坐在四通上。上紧顶丝,打开法兰短接上的放空阀门,放净井控装置内的余压,观察 5 ~ 10min 后,放空阀门处若无溢流,则完成倒油管挂。

4. 拆井控装置、安装采油树

(1)卸下倒油管挂的短节,拆掉井控装置,用擦布擦净四通上的钢圈槽,在钢圈槽内涂上黄油,放入擦净的钢圈。

(2)将采油树用蒸汽刺净,用钢丝绳套吊起,平稳放在四通上。先对角均衡用力上紧四条螺钉,再上紧其余螺钉,连接生产管线。

5. 捞堵塞器

(1)将打捞车滚筒钢丝绳通过地滑车穿过天车,摆正打捞车,掩住打捞车的轮胎,检查刹车和离合器。

(2)连接好加重杆、安全接头、打捞头。用一根油管做防喷管,将打捞头放入防喷管,上紧防喷堵头,将防喷油管和打捞头一起提起。

(3)卸下采油树顶部的丝堵,安装胶皮阀门,将防喷油管上紧螺纹。缓慢下放打捞头。在下放打捞头时,井口和打捞车滚筒旁都要有人察看钢丝绳的记号。快接近管柱底部堵塞器时,下放速度要放慢,不超过1m/min。当钢丝绳明显拖地放松,此时应刹住滚筒。

(4)连接水泥车管线,向井内油管灌入清水,根据套管压力向油管平衡加压。转动打捞车滚筒,上提钢丝绳。

(5)钢丝绳起至距井口100m时要放慢速度,不超过1m/s,使打捞头缓慢进入防喷油管。关闭胶皮阀门,松防喷盒放压,卸下防喷油管,取出加重杆、打捞头和捞出的堵塞器。

(6)关闭总阀门,卸下采油树上的胶皮阀门,上紧丝堵,打开总阀门和生产阀门投产。

五、压井下油管

(1)下井油管螺纹要清洁,连接前要涂匀密封脂。

(2)油管外螺纹要放在小滑车上或戴上护丝拉送。拉送油管的人应站在油管侧面,两腿不准骑跨油管。

(3)用管钳或动力钳上紧油管螺纹。要防止上偏扣,应上满旋紧螺纹,其扭矩应符合相关规定。

(4)油管下到设计井深的最后几根时,下放速度不得超过5m/min,防止因长度误差顿击人工井底,顿弯油管。

(5)下入井内的大直径工具在通过射孔井段时,下放速度不得超过5m/min,防止卡钻和损坏井下工具。

(6)油管未下到预定位置遇阻或上提受卡时,应及时分析井下情况,复查各项数据,查明原因及时解决。

(7)油管下完后上紧油管挂(装有密封圈),平稳坐入四通上,上紧顶丝。

(8)按设计要求安装采油树。

第三节　压井和替喷

一、压井

压井是将具有一定性能和数量的液体泵入井内,依靠泵入液体的液柱压力平衡地层压力,使地层中的流体在一定时间内不能流入井筒,以便完成某项作业施工。

1. 压井工作液的选择

1)选择压井工作液的原则

(1)对油层造成的伤害程度最低;

(2)其性能应满足本井、本区块地质要求;

(3)能满足作业施工要求,达到经济合理的目的。

2)压井工作液密度的确定

压井工作液的密度的计算公式为

$$\rho = 10^2 \frac{p}{gH}(1 + k)$$

式中 ρ——压井工作液密度,kg/m^3;

p——油水井近期静压,MPa;

H——油层中部深度,m;

k——附加量,作业施工取0~15%,大修井施工取15%~30%。

3)压井工作液用量的确定

压井工作液用量的计算公式为

$$V = \pi r^2 h(1 + k)$$

式中 V——压井工作液用量,m^3;

r——套管内径半径,m;

h——压井深度,m;

k——附加量,取15%~30%。

2. 压井方式

1)压井方式的选择

(1)对有循环通道的井,可优先选用循环法全压井或半压井。

(2)对没有循环通道的井,可选用挤注法压井。

(3)对压力不大、作业施工简单、作业时间短的井,选择灌注法压井。

2)压井程序和技术要求

(1)连接好进出口管线,先缓慢放套管气,直至出口排液为止。

(2)关闭套管阀门,对压井管线试压合格。

(3)打开进出口阀门,泵入隔离液6~12m^3。

(4)泵入压井工作液。泵入过程中不得停泵,排量不低于0.3m^3/min,最高泵压不得超过油层吸水压力。

(5)在出口见到压井工作液时取样检测密度,进出口的压井工作液密度差小于0.02kg/m^3,可以停泵。

(6)关进出口阀门,稳压20min,开油套管阀门,如无溢流,则压井成功。

二、替喷

替喷是用具有一定性能的流体将井内的压井工作液置换出来,并使油气井恢复产能的过程。

1. 替喷工作液的选择

替喷工作液性能应满足替喷施工的质量要求。

替喷工作液用量的计算公式为

$$V = 2\pi r^2 h(1 + k)$$

式中 V——替喷工作液用量，m^3；

r——套管内径半径，m；

h——压井深度，m；

k——附加量，取0～15%。

2. 替喷方式

替喷方式分为一次替喷和二次替喷。

(1)对自喷能力弱的井可采用一次替喷。

(2)对自喷能力强的高压油井可采用二次替喷。

3. 替喷程序和技术要求

1)一次替喷

(1)按施工设计要求，准备足够的替喷工作液。盛装替喷工作液的容器要清洁，不能有泥砂等脏物。

(2)下入替喷管柱。替喷管柱深度要下至人工井底以上1～2m，下至距人工井底100m时开始控制管柱的下入速度，不超过5m/min，以免井内压井工作液沉淀物堵塞管柱。

(3)连接泵车管线，从油管正打入替喷工作液，启动压力不得超过油层吸水压力，排量不低于$0.5m^3/min$，大排量将设计规定的替喷工作液全部替入井筒，替喷过程要连续不停泵。

(4)替喷后，进出口替喷工作液密度差应小于$0.02kg/cm^3$。

(5)上提管柱至设计完井深度，安装井口采油树完井。

2)二次替喷

(1)按施工设计要求，准备足够的替喷工作液。

(2)下入替喷管柱至人工井底以上1～2m。

(3)连接泵车管线，从油管正打入替喷工作液，液量为人工井底至完井管柱设计深度以上10～50m井段的套管容积。

(4)正打入压井工作液，液量为完井管柱设计深度以上10～50m至井口井段的油管容积。

(5)上提油管至设计完井深度，安装井口采油树，最后大排量将设计规定的替喷工作液全部替入井筒。

第四节　探砂面及冲砂

一、探砂面

探砂面是下入管柱实探井内砂面深度的施工。通过实探井内的砂面深度，可以为下步下入的其他管柱提供参考依据，也可以通过实探砂面深度了解地层出砂情况。如果井内砂面过高，掩埋油层或影响下步要下入的其他管住，就需要冲砂施工。

(1)探砂面施工可以用两种管柱来完成，一种是加深原井管柱探砂面，一种是起出原井管柱下入探砂面。

(2)准备冲砂管、油管或其他下井工具，准备灵敏的拉力表。

(3)起出或加深原井管柱，下管柱探砂面。

(4)用金属绕丝筛管防砂的井，要下入带冲管的组合管柱探砂面。

(5)当油管或下井工具下至距油层上界30m时，下放速度应小于1.2m/min，以悬重下降10～20kN时为遇砂面，连探3次。2000m以内的井深误差应小于0.3m，2000m以上的井深误差应小于0.5m。连探3次的平均深度为砂面深度。

(6)用带冲管的组合管柱探砂面，在冲管接近防砂铅封顶或进入绕丝筛管内时，要边转管柱边下放，以悬重下降5～10kN为砂面深度，连探3次，允许误差小于0.5m，记录砂面位置。

(7)起出管柱后，还要复查丈量油管，进一步确认砂面深度。

二、冲砂

冲砂是向井内高速注入液体，靠水力作用将井底沉砂冲散，利用液流循环上返的携带能力，将冲散的砂子带到地面的施工。

1. 冲砂液

冲砂的工作液也有多种，要根据井下的油气层物性来选用。

(1)具有一定的黏度，以保证有良好的携砂性能。

(2)具有一定的密度，以便形成适当的液柱压力，防止井喷和漏失。

(3)与油层配伍性好，不伤害油层。

(4)来源广，经济适用。

通常采用的冲砂液有油、水、乳化液等。为了防止伤害油层，在液中可以加入表面活性剂。一般油井用原油或水做冲砂工作液，水井用清水(或盐水)做冲砂工作液，低压井用混气水做冲砂工作液。

2. 冲砂方式

冲砂方式一般有正冲砂、反冲砂和正反冲砂三种。

(1)正冲砂：冲砂工作液沿冲砂管向下流动，在流出冲砂管口时以较高的流速冲击井底沉砂，冲散的砂子与冲砂工作液混合后，沿冲砂管与套管环形空间返至地面的冲砂方式。

(2)反冲砂：冲砂工作液沿冲砂管与套管环形空间向下流动，冲击井底沉砂，冲散的砂子与冲砂工作液混合后，沿冲砂管返至地面的冲砂方式。

(3)正反冲砂：采用正冲砂的方式冲散井底沉砂，并使其与冲砂工作液混合，然后改为反冲砂方式将砂子带到地面。

3. 冲砂的水力计算

冲砂时为使携砂液将砂子带到地面，液流在井内上返速度必须大于最大直径的砂粒在携砂液中的下沉速度，推荐速度比大于或等于2($V_{实} \geqslant 2V_{降}$)。

$$V_{砂} = V_{液} - V_{降}$$

式中 $V_{砂}$——冲砂时砂粒在上升速度,m/min;

$V_{液}$——冲砂时冲砂工作液上返速度,m/min;

$V_{降}$——砂粒在静止冲砂工作液中的自由下沉速度,m/min。

$V_{实}$——保持砂子上升所需要的最低液流速度,m/min。

冲砂时泵车的最小排量为

$$Q_{泵} = 2AV_{降}$$

式中 $Q_{泵}$——泵车排量,m^3/min;

A——冲砂工作液上返流动截面积,m^2/min;

$V_{降}$——砂粒在静止冲砂工作液中的自由下沉速度,m/min。

在固定排量下冲砂,井底砂粒返到地面的时间为

$$T_{实} = \frac{H}{\frac{Q_{泵}}{A} - V_{降}}$$

式中 $T_{实}$——冲砂时井底砂粒返到地面的时间,min;

H——井深,m;

$Q_{泵}$——冲砂时实际泵入排量,m^3/min;

A——冲砂工作液上返流动截面积,m^2/min;

$V_{降}$——砂粒在静止冲砂工作液中的自由下沉速度,m/min。

相对密度为2.65的石英砂在清水中自由沉降速度见表5-2,在油中自由沉降速度见表5-3。

表5-2 相对密度为2.65的石英砂在清水中自由沉降速度

平均颗粒大小 mm	在水中下降速度 m/s	平均颗粒大小 mm	在水中下降速度 m/s	平均颗粒大小 mm	在水中下降速度 m/s
11.90	0.3930	1.850	0.1470	0.200	0.0244
10.30	0.3610	1.550	0.1270	0.156	0.0172
7.300	0.3030	1.190	0.1050	0.126	0.0120
6.400	0.2890	1.040	0.0940	0.116	0.0085
5.500	0.2600	0.760	0.0770	0.112	0.0070
4.600	0.2400	0.510	0.0530	0.080	0.0042
3.500	0.2090	0.370	0.0410	0.055	0.0021
2.800	0.1910	0.300	0.0340	0.032	0.0007
2.300	0.167	0.230	0.0285	0.001	0.0001

表5-3 相对密度为2.65的石英砂在油中自由沉降速度

名称	原油温度,℃	20	25	30	35	40	45	50
脱气无水原油	原油黏度,mPa·s	74	41	8	25	24	—	22
	粗砂下降速度,cm/min	78	95.5	202	273	400	—	600
	细砂下降速度,cm/min	13.7	5	66.5	5	111	—	143
脱气乳化原油	原油黏度,mPa·s	2616	2074	1431	1169	939	737	512
	粗砂下降速度,cm/min	2.92	3.05	3.30	3.55	4.8	5.6	9.24

【例 5-1】 已知某井砂面深度为2000m,套管内径为0.124m,用外径为0.073m的油管正冲砂,井内最大砂粒为1.2mm,冲砂时泵的排量为$0.3m^3/min$,求井底砂粒上返到地面的时间。

解:查表5-2可知,$V_{降}=0.105\times60m/min$,$H=2000m$,$Q_{泵}=0.3m^3/min$,则砂粒上返的截面为

$$A=\frac{0.124^2-0.073^2}{4}\times3.14=0.007887(m^2/min)$$

井底砂粒上返时间为

$$T_{实}=\frac{H}{\frac{Q_{泵}}{A}-V_{降}}=\frac{2000}{\frac{0.3}{0.007887}-0.105\times60}=63(min)$$

答:在$0.3m^3/min$的冲砂排量下,井底砂粒上返到地面的时间为63min。

4. 冲砂程序及技术要求

(1)下冲砂管柱。当探砂面管柱具备冲砂条件时,可以用探砂面管柱直接冲砂;如探砂面管柱不具备冲砂条件,需下入冲砂管柱冲砂。

(2)连接冲砂管线。在井口油管上部连接轻便水龙头,接水龙带,连接地面管线至泵车,泵车的上水管连接冲砂工作液罐。水龙带要用棕绳绑在大钩上,以免冲砂时水龙带在水击振动下卸扣掉下伤人。

(3)冲砂。当管柱下到砂面以上3m时开泵循环,观察出口排量正常后缓慢下放管柱冲砂。冲砂时要尽量提高排量,保证把冲起的沉砂带到地面。

(4)接单根。当余出井控装置以上的油管全部冲入井内后,要大排量打入井筒容积2倍的冲砂工作液,保证把井筒内冲起的砂子全部带到地面。停泵,提出连接水龙头的油管卸下,接着下入一单根油管。连接带有水龙头的油管,提起1~2m,开泵循环,待出口排量正常后缓慢下放管柱冲砂。如此一根接一根冲到人工井底。

(5)大排量冲洗井筒。冲至人工井底深度后,上提1~2m,用清水大排量冲洗井筒2周。

(6)探人工井底。冲砂结束后,下放油管实探人工井底,连探三次管柱悬重下降10~20kN,与人工井底深度误差在0.3~0.5m为实探人工井底深度。

(7)冲砂施工中如果发现地层严重漏失,冲砂液不能返出地面时,应立即停止冲砂,将管柱提至原始砂面以上,并反复活动管柱。

(8)高压自喷井冲砂要控制出口排量,应保持与进口排量平衡,防止井喷。

(9)冲砂至井底(灰面)或设计深度后,应保持$0.4m^3/min$以上的排量继续循环,当出口含砂量小于0.2%时为冲砂合格。然后上提管柱20m以上,沉降4h后复探砂面,记录深度。

(10)冲砂深度必须达到设计要求。

(11)绞车、井口、泵车各岗位密切配合,根据泵压、出口排量来控制下放速度。

(12)泵车发生故障需停泵处理时,应上提管柱至原始砂面10m以上,并反复活动管柱。

(13)提升设备发生故障时,必须保持正常循环。

(14)采用气化液冲砂时,压风机出口与水泥车之间要安装单流阀,返出管线必须用硬管线,并固定。

第五节　洗　　井

洗井是在地面向井筒内打入具有一定性质的洗井工作液，把井壁和油管上的结蜡、死油、铁锈、杂质等脏物混合到洗井工作液中带到地面的施工。洗井是井下作业施工的一项经常项目，在抽油机井、稠油井、注水井及结蜡严重的井施工时，一般都要洗井。

一、洗井工作液

(1)洗井工作液的性质要根据井筒污染情况和地层物性来确定，要求洗井工作液与油水层有良好的配伍性。

(2)在油层为黏土矿物结构的井中，要在洗井工作液中加入防膨剂。

(3)在低压漏失地层井洗井时，要在洗井工作液中加入增黏剂和暂堵剂或采取混气措施。

(4)在稠油井洗井时，要在洗井工作液中加入表面活性剂或高效洗油剂，或用热油洗井。

(5)在结蜡严重或蜡卡的抽油机井洗井，要提高洗井工作液的温度至70℃以上。

(6)洗井工作液的相对密度、黏度、pH值和添加剂性能应符合施工设计要求。

(7)洗井工作液量为井筒容积的2倍以上。

二、洗井方式

(1)正洗井：洗井工作液从油管打入，从油套环空返出。正洗井一般用在油管结蜡严重的井。

(2)反洗井：洗井工作液从油套环空打入，从油管返出。反洗井一般用在抽油机井、注水井、套管结蜡严重的井。

正洗井和反洗井各有利弊，正洗井对井底造成的回压较小，但洗井工作液在油套环空中上返的速度稍慢，对套管壁上脏物的冲洗力度相对小些；反洗井对井底造成的回压较大，洗井工作液在油管中上返的速度较快，对套管壁上脏物的冲洗力度相对大些。为保护油层，当管柱结构允许时，应采取正洗井。

三、洗井程序及技术要求

(1)按施工设计的管柱结构要求，将洗井管柱下至预定深度。

(2)连接地面管线，地面管线试压至设计施工泵压的1.5倍，经5min后不刺不漏为合格。

(3)开套管阀门打入洗井工作液。洗井时要注意观察泵压变化，泵压不能超过油层吸水启动压力。排量应由小到大，出口排液正常后逐渐加大排量，排量一般控制在0.3～0.5m^3/min，将设计用量的洗井工作液全部打入井内。

(4)洗井过程中，随时观察并记录泵压、排量、出口排量及漏失量等数据。泵压升高、洗井不通时，应停泵及时分析原因后进行处理，不得强行憋泵。

(5)严重漏失井采取有效堵漏措施后，再进行洗井施工。

(6)出砂严重的井优先采用反循环法洗井，保持不喷不漏、平衡洗井。若正循环洗井时，应经常活动管柱。

(7)洗井过程中加深或上提管柱时，洗井工作液必须循环2周以上方可活动管柱，并迅速连接好管柱，直到洗井至施工设计深度。

第六节 通井、刮蜡、刮削

一、通井

用规定外径和长度的柱状规，下井直接检查套管内径和深度的作业施工，称为套管通井。套管通井施工一般在新井射孔、老井转抽、转电泵、套变井和大修井施工前进行，通井的目的是用通井规来检验井筒是否畅通，为下步施工做准备。通井常用的工具是通井规和铅模。

1.通井工具

（1）准备适应本井套管规范的通井规或铅模。通井规是检查套管内径的常用工具，用它可以检查套管内径是否符合标准。套管通井规规范见表5－4，铅模规范见表5－5。

表5－4　套管通井规规范

套管规格，mm（in）		114.30 （4½）	127.00 （5）	139.70 （5½）	146.50 （5¾）	168.28 （6⅝）	177.80 （7）
通井规规格，mm	外径	92～95	120～107	114～118	116～128	136～148	144～158
	长度	500	500	500	500	500	500
接头连接螺纹	钻杆	NC26	NC26	NC31	NC31	NC31	NC38
	油管	2⅜TBG	2⅜TBG	2⅞TBG	2⅞TBG	2⅞TBG	3½TBG

表5－5　铅模规范

套管规格，mm（in）		114.30 （4½）	127.00 （5）	139.70 （5½）	146.50 （5¾）	168.28 （6⅝）	177.80 （7）
铅模规格，mm	外径	95	105	118	120	145	158
	长度	120	120	150	150	180	180

（2）对于有特殊要求的通井操作，可以根据施工设计的要求确定通井规的尺寸，但其最大外径应该小于井内套管柱中内径最小的套管内径6mm。

2.通井程序及技术要求

（1）组配管柱。按施工设计管柱图组配管柱，选择的通径规直径要比套管内径小6～8mm，长度为500～2000mm。也可先选小直径通井规通井，通过之后再选大直径的通井规。

（2）下井管柱的结构。自上而下为油管（钻杆）、通井规。

（3）下入管柱。缓慢下入管柱，速度控制在10～20m/min，下到距人工井底100m时，下放速度不能超过5～10m/min，当通到人工井底悬重下降10～20kN时，连探3次，误差小于0.5m为人工井底深度。

（4）管柱遇阻后的处理措施。如果通井规遇阻起出后，应当下入铅模进一步通井检查，以确定井下套管变形或落物情况。下铅模打印时要控制下管柱的速度，接近遇阻点10m时下放速度不应超过5～10m/min。遇阻后管柱悬重下降15～30kN，特殊情况最大不得超过50kN，加压打印一次后即可起出管柱。

（5）分析。起出管柱检查，发现通井规有变形印痕要仔细分析，再采取下一步措施。

二、刮蜡(套管刮蜡)

下入带有套管刮蜡器的管柱,在套管结蜡井段上下活动刮削管壁的结蜡,再循环打入热水将刮下的死蜡带到地面,这一过程称为刮蜡(套管刮蜡)。

1. 刮蜡前的准备

(1)准备井史资料,查清结蜡井段。

(2)根据套管内径,准备相应的套管刮蜡器,其直径要比套管内径小6~8mm。如果下不去,可适当缩小刮蜡器的外径(每次小2mm)。

(3)按施工设计组配管柱。尽量选用大通径的油管。

2. 刮蜡程序及技术要求

(1)下入刮蜡管柱。

(2)遇阻后上提3~5m,反打入热水循环,循环一周后停泵。再反复活动下入管柱,下入10m左右后上提2~3m,反打入热水循环,循环一周后停泵。如此反复活动下入管柱,每下入10m左右打热水循环一次,直至下到设计刮蜡深度或人工井底。

(3)刮蜡至设计深度后,用井筒容积1.5~2.0倍的热水或溶蜡剂洗井,彻底清除井壁结蜡。

(4)起出刮蜡管柱。

三、刮削(套管刮削)

套管刮削是下入带有套管刮削器的管柱,刮削套管内壁,清除套管内壁上的水泥、硬蜡、盐垢及炮眼毛刺等杂物的作业。套管刮削的目的是使套管内壁光滑畅通,为顺利下入其他下井工具清除障碍。

1. 套管刮削工具

常用的套管刮削器有两种,一种是胶筒式刮削器,一种是弹簧式刮削器,其使用规范见表5-6和表5-7。

表5-6 胶筒式刮削器使用规范

序号	刮削器型号	尺寸,mm	接头连接螺纹		适用套管规格	
			钻杆	油管	mm	in
1	GX-G114	ϕ112×1119	NC26	$2^3/_8$TBG	114.30	$4^1/_2$
2	GX-G127	ϕ119×1340	NC26	$2^3/_8$TBG	127.00	5
3	GX-G140	ϕ129×1443	NC31	$2^7/_8$TBG	139.70	$5^1/_2$
4	GX-G146	ϕ133×1443	NC31	$2^7/_8$TBG	146.05	$5^3/_4$
5	GX-G168	ϕ156×1604	$3^1/_2$REG	$3^1/_2$TBG	168.28	$6^5/_8$
6	GX-G178	ϕ166×1604	$3^1/_2$REG	$3^1/_2$TBG	177.80	7

2. 刮削前的准备

(1)准备井史资料,查清历次施工情况。

(2)根据套管内径,准备相应的套管刮削器。

(3)按施工设计组配管柱。管柱的结构自上而下依次为油管(或钻杆)、刮削器。

表 5-7　弹簧式刮削器使用规范

序号	刮削器型号	尺寸,mm	接头连接螺纹		适用套管规格	
			钻杆	油管	mm	in
1	GX-T114	$\phi112\times1119$	NC26	$2^3/_8$TBG	114.30	$4^1/_2$
2	GX-T127	$\phi119\times1340$	NC26	$2^3/_8$TBG	127.00	5
3	GX-T140	$\phi129\times1443$	NC31	$2^7/_8$TBG	139.70	$5^1/_2$
4	GX-T146	$\phi133\times1443$	NC31	$2^7/_8$TBG	146.05	$5^3/_4$
5	GX-T168	$\phi156\times1604$	$3^1/_2$REG	$3^1/_2$TBG	168.28	$6^5/_8$
6	GX-T178	$\phi166\times1604$	$3^1/_2$REG	$3^1/_2$TBG	177.80	7

3. 刮削程序及技术要求

(1)下管柱要平稳,要控制下入速度为 20~30m/min,下到距设计要求刮削井段以上 50m 时,下放管柱的速度控制在 5~10m/min。在设计刮削井段以上 2m 开泵循环,循环正常后,一边顺管柱螺纹旋转方向转动管柱,一边缓慢下放管柱,然后再上提管柱反复多次刮削,直到管柱下放时悬重正常为止。

(2)如果管柱遇阻,不要顿击硬下,当管柱悬重下降 20~30kN 时应停止下管柱。开泵循环,然后顺管柱螺纹旋转方向转动管柱缓慢下放,反复活动管柱到悬重正常再继续下管柱。

(3)管柱下到设计刮削深度后,打入井筒容积 1.2~1.5 倍的热水彻底清除井筒杂物。

第七节　找窜、验窜

油水井发生套管外壁与水泥环或水泥环与井壁之间的窜通,称为套管外窜槽。发生管外窜槽后,分层采油和注水以及分层改造措施无法实现,严重影响到油田的开采速度和最终采收率。找窜和验窜都为下一步封堵窜槽井段提供依据。

一、找窜

通过测井和井下作业施工等方法,落实确定管外窜槽层位和井段的过程称为找窜。

1. 管外窜槽的原因

(1)固井质量差引起管外窜槽。

(2)射孔时震动引起水泥环破裂,形成窜槽。

(3)开采过程中管理措施不当引起窜槽。如水井洗井时放压过快或采油参数不合理,引起地层出砂和坍塌,造成窜槽。

(4)分层作业引起窜槽。酸化或分层压裂时,容易在高压下将管外地层憋窜,特别是夹层较薄时,憋窜的可能性更大。

(5)套管腐蚀造成窜槽。

2. 找窜方式

1)声幅测井找窜

声幅测井找串是根据声波幅度衰减在测井曲线上的变化来判断窜槽井段的,当套管外水泥环与套管、水泥环与地层胶结程度发生变化时,声幅测井曲线也发生相应的变化。

在声幅测井前，应用通井规通井至人工井底或欲测井段以下，彻底洗井，清洗套管内壁的结蜡。然后，起出通井管柱，下入测井仪器测井。

2）同位素找窜

向井下地层挤入含有放射性元素的工作液，再测得井下的放射性曲线。通过放射性曲线与未挤含有放射性元素工作液前的自然放射性曲线相比较，来判断地层的窜槽情况。施工过程如下：

（1）通井，以保证测井仪器在井内自由起下，然后测自然放射性曲线。

（2）下入双封隔器挤水管柱，上封隔器卡在欲测井段，试挤清水待封隔器工作正常后，可挤入同位素。

（3）起出管柱，测放射性曲线。

（4）与挤入同位素前的自然放射性测井曲线相比较，可以判断是否窜槽。

3）封隔器找窜

封隔器找窜是下入单级或双级封隔器注水管柱至欲测井段，然后挤注清水，在地面测量套压变化或套管溢流量的变化，若套压变化或套管溢流量变化超过定值，则可以定为该井段窜槽。用封隔器法找窜由于管柱自重、管柱承压、上扣的余扣误差都会影响封隔器卡点深度发生变化，故对找窜层间的夹层厚度有一定要求，找窜层间的夹层厚度规定见表5－8。

表5－8　找窜层间的夹层厚度规定

井深，m	夹层厚度，m	井深，m	夹层厚度，m	井深，m	夹层厚度，m
<1500	>1	1500～2500	>3	>2500	>5

3. 封隔器套溢法找窜程序及技术要求

（1）下入单封隔器管柱或双封隔器管柱。单封隔器管柱自上而下的顺序是：上部油管、封隔器、节流器、尾部油管、丝堵。双封隔器管柱自上而下的顺序是：上部油管、封隔器、节流器、封隔器、尾部油管、丝堵。

（2）预探砂面。先预探井下砂面和用通井规通井，了解井下砂面位置和套管完好情况，然后下入封隔器管柱。

（3）验证封隔器和油管密封性能。封隔器下至射孔井段以上，连接水泥车管线，正打入清水。按10MPa、8MPa、10MPa或8MPa、10MPa、8MPa 3个压力值注水，每个压力值稳定时间大于10min。观察记录套管溢流量的变化，如果套管溢流量随注水压力的变化而变化，且变化值大于1L/min，则说明封隔器或油管密封性能不合格，要起出管柱重新下入。若套管溢流量变化值小于1L/min，则说明封隔器密封和油管密封性能合格，可以加深油管至欲找窜层位找窜。

（4）管柱下至预定找窜位置后，连接水泥车管线，正打入清水。按10MPa、8MPa、10MPa或8MPa、10MPa、8MPa三个压力值注水，每个压力值稳定时间大于10min，观察记录套管溢流量的变化。如果套管溢流量不随注入量变化，则可认定无窜槽。如果套管溢流量随注水压力的变化而变化，且变化值大于10L/min，则初步认定该层位至以上井段窜槽。这时需要再次将管柱上提到射孔井段以上，再按10MPa、8MPa、10MPa或8MPa、10MPa、8MPa3个压力值注水，验证封隔器的密封性能，如封隔器密封，则认定该层位至以上井段窜槽。

（5）起出管柱后，再次丈量复查管柱。

4. 封隔器套压法找窜程序及技术要求

（1）套压法找窜下入的管柱及井筒前期准备与套溢法找窜相同。

（2）将封隔器下到射孔井段以上，先验证封隔器和油管密封性能。按10MPa、8MPa、10MPa或8MPa、10MPa、8MPa3个压力值注水，每个压力值稳定时间大于10min，观察记录套压的变化。如果套管压力随油管注水压力的变化而变化，且变化值大于0.5MPa，则说明封隔器或油管密封性能不合格，要起出管柱重新下入。若套管压力变化值小于0.5MPa，则说明封隔器和油管密封性能合格，可以加深油管至欲找窜层位找窜。

（3）管柱下至预定位置后，连接水泥车管线，正打入清水。按10MPa、8MPa、10MPa或8MPa、10MPa、8MPa3个压力值注水，每个压力值稳定时间大于10min，观察记录套管压力的变化。如果套管压力变化值小于0.5MPa，则可认定无窜槽。如果套管压力值随油管注水压力变化而变化，且变化值大于0.5MPa，则初步认定该层位至以上井段窜槽。这时需要再次将管柱上提到射孔井段以上，再按10MPa、8MPa、10MPa或8MPa、10MPa、8MPa3个压力值注水，验证封隔器的密封性能，如封隔器密封，则认定该层位至以上井段窜槽。

（4）起出管柱后，再次丈量复查管柱。

（5）用封隔器法找窜可以连续找多个找窜点。

二、验窜

验窜是下入封隔器管柱，通过套压法或套溢法验证某一井段套管外是否窜通的施工。验窜施工程序及技术要求与封隔器找窜的施工步骤相同。

三、监督要点

（1）同位素找窜要有安全防护措施，非施工人员严禁进入井场，井场周围要设置同位素施工标志。要防止操作失误造成人身伤害和环境污染。

（2）封隔器法找窜要求保证下井油管螺纹无漏失，油管下井前要认真涂抹螺纹密封脂。施工前对井口使用的油压表、套压表要进行校验，保证压力表的准确度和灵敏度。

（3）用单封隔器找窜时，要防止井口油管上顶。如果井口有井控装置，可以在井口加防顶提升绳。如管柱用油管挂悬挂在四通上，要上紧顶丝，并加防顶提升绳，防止管柱上顶顶坏顶丝。

（4）如果在较薄夹层用封隔器法找窜时，可以在管柱下入井内预定位置后，采用磁性定位测井检测封隔器深度。

（5）施工过程严格执行SY/T 5587.4的规定。

第八节　气举和液氮排液气举

一、气举

气举是使用高压气体压缩机向井内打入高压气体，用高压气体置换井筒内液体的施工方法。气举的目的是大幅度降低井底的回压，使地层中的流体流入井筒。气举一般用在试油施工的诱喷和求产、酸化施工的排酸、气井压井施工后的诱喷、低压井压裂后返排等施工。

1. 气举方式

（1）正举。正举就是用压风机从油管打入高压压缩空气，使井筒内的液体及气液混合物从套管返出的气举方法。

(2)反举。反举是用压风机从油套环空打入高压压缩空气,使井筒内的液体及气液混合物从油管返出的气举方法。

一般在正举时,压力变化比较缓慢;反举时,当井内的压缩气体到达井内管柱底部上返时,压力下降十分剧烈,容易引起地层出砂或损坏套管。

2. 气举程序及技术要求

(1)井内下入气举管柱。一般气举管柱要求是光油管。

(2)连接气举管线。气举管线一律使用硬管线,出口管线放空出口不允许接弯头,全部管线用地锚固定,防止举通后管线飞起伤人。进口管线长度应大于20m,连接好压风机。

(3)倒井口流程。先启动压风机,向管线中打0.5~2MPa压力,防止井内液体进入压风机。打开套管阀门和油管阀门。

(4)注入压缩气体。向井内打入压缩气体,直到举空为止。

3. 气举阀气举程序

为加快排液,在深井气举时,可以利用气举阀气举法。用气举阀气举,要根据排液的深度和井内液面的高度及压风机的排量,在气举管柱上设计下入多级气举阀。多级气举阀气举排液可以逐级降低井内液柱的回压,比常规气举举空时造成的剧烈压力下降要缓和一些,对油层和套管的伤害也要小些。

(1)使用气举阀气举,要采用反举方式。

(2)当压风机把高压气体由油套环空打入井筒,液面降到气举阀的位置时,气体顶开气举阀进入油管举出油管中的液体,降低油管内压力。

(3)压力降到一定程度后,气举阀自动关闭,打入的高压气体继续下行,依次打开下面的各级气举阀。

(4)最后高压气体通过油管底部进入油管,举空气举深度井筒内的液体。

4. 连续油管气举

连续油管气举是用连续油管车把连续油管下入井内的生产管柱内,然后再把液氮泵车与连续油管车相连。液氮泵车把低压液氮升至高压,再使高压液氮蒸发,从连续油管注入到生产管柱中。蒸发的高压氮气通过连续油管的底部,从连续油管和生产管柱的环形空间返到地面。连续油管可以逐步加深下入深度,逐步降低井底回压,可以减少回压突降对地层造成的伤害。

连续油管车主要由卡车底盘、连续油管滚筒、注入头、井口防喷装置、液吊等组成。全部台上设备都是采用液压传动,方便操作控制。美国BOWEN公司生产的30MB型连续油管作业车的主要工作性能如下:

(1)最大工作压力:34.5MPa;

(2)最大起下速度:76m/min;

(3)连续油管外径:25.4mm;

(4)连续油管最大容量:4880m;

(5)注入头最大推力:91.2kN;

(6)最大注入速度:76m/min;

(7)液吊起重力矩:171kN。

目前使用连续油管车气举，最大下入深度可以达到6000m，排出1000m的液柱约用30min。连续油管车的油管外径有1¼in（31.8mm）、1½in（38mm）、2in（50.8mm）、3½in（89mm）等规格。

二、液氮排液

液氮排液是一种安全的气举施工，是使用专用的液氮车将低压液氮转换成高压液氮，并使高压液氮蒸发注入井中，替出井内的液体。

1. 液氮泵车

液氮泵车包括液氮罐、高压液氮泵、液氮蒸发器及控制装置和仪表等组成。主要功能是储存、运输液氮，使低压液氮增压为高压液氮，并使高压液氮蒸发注入井中。

液氮泵车有多种型号，有美国AIRCO公司生产的PAUL37500－1型、美国CRYOTEX公司生产的TR－6000DF－15型和TR－6000C10S/15型、美国哈里伯顿公司生产的M300－15CH型、加拿大NOWSCO公司生产的NTP－3500型等。

1）NTP－3500型液氮泵车的主要技术参数

（1）最高排出口压力：103.4MPa；

（2）试验压力：151.1MPa；

（3）最大液氮排量：142L/min；

（4）最大氮气排量：3500SCFM（标准立方英尺每分钟）；

（5）排出温度：10～40℃；

（6）蒸发器最大蒸发能力：液氮203L/min，氮气5000SCFM[1]；

（7）作业环境温度：－40～40℃；

（8）液氮储罐总容量：7.27m^3；

（9）车台发动机额定功率：67kW；

（10）底盘发动机额定功率：317kW。

2）NTP－3500型液氮泵车的结构特点

（1）该车是一种独立的液氮储运、泵注及转换装置，能在低压状态下短期储存和运输低温液氮，并能把低压液氮转换为高压液氮或常温氮气排出。

（2）该车结构紧凑，安全装置可靠，运移性较好，能单独作业而不需另配辅助设备。

（3）增压泵、风扇、燃油泵采用液压传动，简化了传动系统。由于使用液氮增压泵为高压液氮泵提供正净吸入压头，从而降低了储罐的工作压力。

（4）排量选择不受压力限制，可以在最高工作压力103.4MPa下输出最大排量。

2. 制氮车

制氮车可以在空气中收集氮气，并将氮气增压。该设备的主要特点是采用了膜技术，空气进入膜中即可将氮气、氧气分离。整个设备性能好、排量大、氮气排出压力高、能长时间连续运转。其主要的技术参数如下：

（1）氮气最大输出排量：10～15m^3/h；

（2）最高工作压力：26～35MPa；

---

[1] 1SCFM＝1.699008m^3/h

(3)氮气纯度：>95%。

制氮车可以用于常规气举排液，它具有排液速度快、施工时间短、适合不同压力的油层排液的特点。在高压井施工安全可靠，在低压井施工可形成较大的负压，有利于自喷投产的诱喷施工。

3. 液氮排液程序

(1)连接气举管线，连接液氮泵车，在进口管线上可以加一个单流阀，防止井筒流体进入泵车。

(2)启动液氮增压泵和高压液氮泵前，必须充冷却泵腔，由于工作介质液氮是低温液化气，必须保证泵有足够的正净吸入压头，即泵腔吸入压力应比液氮在泵腔温度下的饱和蒸气压高一定值。

(3)泵腔温度降低达到规定标准后，启动增压泵和高压液氮泵，注入氮气。

第九节　油井(检泵)作业

目前，油田人工举升方式主要有气举、有杆泵采油和无杆泵采油。无论采用什么举升采油方式，由于油田开发方案调整、设备故障等原因，都需要进行检(换)泵作业。本节着重介绍抽油机有杆泵(简称抽油泵)、地面驱动螺杆泵(简称螺杆泵)、电动潜油泵(简称电潜泵)、水力活塞泵的作业方法。

一、检(换)抽油泵

抽油机有杆泵采油是将抽油机悬点的往复运动通过抽油杆传递给抽油泵，抽油泵活塞上下运动带出井内液体的采油方式，是目前各油田应用最广泛的一种人工举升采油方式，约占人工举升井数的90%左右。它主要由抽油机、抽油泵、抽油杆及配套工具所组成。

1. 检泵的原因

由于井下抽油泵发生故障应进行检泵。两次检泵之间的时间间隔称为检泵周期。油井的产量、油层压力、油层温度、出气出水情况、油井的出砂结蜡、原油的腐蚀性、油井的管理制度等因素都会影响检泵周期的长短。

抽油井由于事故检泵的原因一般有以下几种：

(1)油井结蜡造成活塞卡、阀卡，使抽油泵不能正常工作或将油管堵死。虽然油田上为了防止蜡在油管内析出做了大量的预防措施，但对一些结蜡较为严重的井，蜡卡、蜡堵的现象时有发生。

(2)砂卡、砂堵检泵。油田上为了提高地层的出油能力，对一些抽油井采取压裂的增产措施，压后支撑地层用的压裂砂，在下泵抽油过程中，压裂砂随油流进入泵筒，有部分砂柱沉积在阀处或积满了活塞砂槽，造成砂卡泵；对一些地层砂岩胶结疏松，或因施工过程带入井内的砂粒，都可能造成砂卡泵的现象。

(3)抽油杆的脱扣造成检泵。由于抽油杆不停地改变受力方向，加之受井内液流的阻力和各种摩擦力的作用，使抽油杆扣产生松动，造成脱扣。

(4)抽油杆的断裂造成检泵。由于抽油杆在抽油过程中，不停地受交变应力的作用产生疲劳或因砂卡、蜡卡造成过载断裂。

(5)泵的磨损漏失量不断增大,造成产液量下降,泵效降低。

(6)由于产出液黏稠,特别是目前有些油田进入三次采油阶段,注聚合物采出井的采出液黏弹性较大,对活塞下行阻力较大,使抽油杆在下冲程中发生挠度变形,抽油杆接箍或杆体与油管壁产生摩擦,长期作用将油管磨坏或将接箍、杆体磨断。

(7)油井的动液面发生变化,产量发生变化,为查清原因,需检泵施工。

(8)根据油田开发方案的要求,需改变工作制度换泵或需加深或上提泵挂深度等。

(9)其他原因,如油管脱扣、泵筒脱扣、衬套乱、大泵脱接器断脱等造成的检泵施工等。

2. 检泵作业施工工序及要求

检泵作业施工主要包括施工准备、洗井、压井、起抽油杆柱、起管柱、刮蜡、通井、探砂面、冲砂、配管柱、下管柱、下抽油杆柱、试抽交井、编写施工总结等施工工序。

1)施工准备

(1)编写施工设计,其内容和格式应符合 SY/T 5873.4—2003《有杆泵抽油作业工艺作法 大泵抽油》的规定。

(2)按施工设计要求准备质量合格的油管、抽油杆、抽油泵及下井工具,油管、抽油杆及抽油泵的维护和使用应符合 GB/T 17745—2011《石油天然气工业套管和油管的维护和使用》、SY/T 5643—2010《抽油杆维护与使用推荐作法》和 SY/T 5188—2002《抽油泵维护与使用推荐作法》的要求。

(3)立井架、穿大绳、校井架、拆卸井口、吊转驴头等按有关技术标准进行操作。根据井场情况,合理摆放设备。

2)热洗

(1)根据油井结蜡情况决定是否进行洗井,洗井时要防止洗井液对地层的污染。

(2)在光杆上卡好方卡子,将活塞提出泵筒。

(3)新井下泵井施工要求正洗井,检泵井施工要求反洗井。

(4)洗井用水量不低于井筒容积的 2 倍,水质应清洁,水温不低于 60℃。

(5)大排量洗井,出口进干线。

3)压井

(1)需要压井作业施工的井,要尽量使用无固相或低固相的优质压井液,以减少压井液对地层的伤害。

(2)根据油井地层压力值和油层深度计算压井液相对密度,附加系数为 10% ~15%。根据压井液的相对密度选择压井液见表 5 -9,压井液量为井筒容积的 1.5 ~2 倍。

表 5 -9 压井液类型与相对密度

相对密度	<1	1 ~1.18	1.18 ~1.26	>1.26
压井液类型	油田污水	盐水	盐水加氯化钙水溶液	钻井液

(3)检泵井采用反循环压井,热洗后直接替入压井液,要求大排量、中途不停泵,待出口返出压井液后要进行充分循环,并及时测量出口压井液相对密度,当进出口压井液相对密度差小于 0.02 时,关井稳定 30min,打开出口无溢流现象,则压井成功。

(4)压井过程中要注意观察井口泵压、进出口排量和压井液相对密度变化,做到压井适度而不致引起井漏、井喷。

4)起抽油杆柱

(1)装有脱接器的井,起第一根抽油杆时要缓慢上提,以保证脱接器顺利脱开;装有开泄器的井,当开泄器接近泄油器时也要缓慢上提,以保证顺利打开泄油器。上提抽油杆柱遇阻时,不能盲目硬拔,应查清原因制定措施后再进行处理。

(2)起抽油杆柱时各岗位要密切配合,防止造成抽油杆变形和造成井下落物。

(3)平稳操作起完抽油杆及活塞。抽油杆桥要求使用4根油管搭成,每根油管至少使用4个桥座架起,起出的抽油杆在杆桥上每10根1组排放整齐,抽油杆悬空端长度不得大于1.0m,抽油杆距地面高度不得小于0.5m。

5)起管柱

(1)试提油管头,待大勾载荷正常后方可进行正常起管柱作业。如果井下管柱被卡,最大上提载荷不能超过井架及游动系统的安全载荷。

(2)井下管柱装有油管锚时,按照油管锚的使用要求使锚爪脱离套管;井下管柱装有封隔器时,解封封隔器;丢手管柱装有活门时,如果上提管柱一次活门不严,应活动几次以关闭活门。

(3)平稳操作,管柱有上顶显示时应装有加压装置。起管柱做到不碰、不刮、不掉。

(4)油管桥至少使用3根油管搭成,每根油管至少使用5个桥座架起,起出的油管在管桥上每10根1组排放整齐,接箍朝向井口,油管悬空端长度不得大于1.5m,油管距地面高度不得小于0.3m。

(5)钻井液压井作业施工起管柱带出的压井液要收到土油池内;不压井作业施工起泵管柱期间改套管生产。

(6)起完泵管柱,检查原井管柱完好情况,作好记录。

6)刮蜡

(1)自喷井转抽下泵施工要进行刮蜡。检泵井施工要按设计的要求决定是否进行刮蜡。

(2)刮蜡器直径应比套管内径小6mm,如果刮蜡器下不去,则可根据情况先用小直径刮蜡器进行刮蜡。

(3)刮蜡深度应超过油井结蜡点深度和设计下泵深度。

(4)刮蜡后要替入井筒容积2倍的热水,循环出井筒的死油和蜡,水温不得低于60℃。

7)通井

(1)新井下泵施工前必须通井。检泵井施工要按照设计的要求决定是否通井。、

(2)通井规外径比套管内径小6~8mm,长度不小于0.5m。如有特殊要求可根据情况选择特殊规格的通井规。

(3)通井深度要达到设计要求,遇阻井段应调查清楚。

8)探砂面、冲砂

(1)新井下泵、压裂后下泵、自喷井转抽下泵要探砂面,如果砂柱超过允许高度,要进行冲砂、探人工井底。检泵井施工要按照设计要求决定是否探砂面、冲砂、探人工井底。

(2)严禁使用带封隔器的管柱探砂面。

(3)砂面深度以管柱悬重下降20~30kN,连续3次数据一致为准,其管柱深度即为砂面深度。

(4)冲砂管柱必须装冲砂管,如果原井是光油管,允许用原井管柱冲砂。

(5)从砂面以上2～3m开始冲砂，液量要充足，排量不低于$20m^3/h$。

(6)平稳缓慢加深，仔细观察悬重变化，冲砂过程做到不堵不卡。

(7)冲砂到人工井底后要用井筒容积2倍的清水，以$20m^3/h$以上的排量进行循环，出口含砂小于0.2%为合格。

(8)实探人工井底，误差每1000m小于0.3m为合格。

9)配管柱

(1)用蒸汽清洗油管、抽油杆，确保下井油管、抽油杆及工具清洁。

(2)螺纹损坏、杆体弯曲、接头或杆体磨损严重，或有其他变形的抽油杆不许下井。螺纹损坏或管体有砂眼、孔洞、裂缝的油管不许下井。必要时应检测油管和抽油杆的抗疲劳强度。

(3)ϕ73mm普通油管使用ϕ59mm×800mm内径规通油管，ϕ89mm油管使用ϕ73mm×800mm内径规通油管，不合格油管不许下井。

(4)油管和抽油杆要丈量3次，做好记录，3次丈量结果下井管柱总长度误差小于0.02%为合格。

(5)组装下井工具做到设计、合格证、实物三对口，复核无差错后方可下井。

10)下管柱

(1)下井油管螺纹必须清洗干净后涂密封脂。

(2)下油管时应平稳加压，做到不“飞”、不“顶”、不压弯油管，井口要有防掉、防喷措施，顺利下完管柱，做到不“掉”、不“上碰下礅”。

11)下抽油杆柱

(1)抽油杆螺纹及接触端面必须清洗干净。

(2)抽油杆上紧矩应符合表5-10的规定。

表5-10　抽油杆上紧矩

抽油杆规格	上紧矩，kN·m	
	应力=245MPa	应力>245MPa
16	0.30	0.33
19	0.487	0.53
22	0.72	0.79
25	1.10	1.22
28	1.52	1.67

(3)防止上紧矩过大，损坏抽油杆螺纹。

(4)平稳缓慢下放，使活塞顺利进入泵筒。装有脱接器的井，对接好脱接器，对接后提抽油杆不能超高，防止脱接器脱开。装有井下开关的井，按照使用要求打开井下开关。

(5)活塞坐进泵筒后，光杆伸入顶丝法兰以下长度不小于防冲距与最大冲程长度之和，光杆在防喷盒平面以上长度应在1.2～1.5m之间。

12)试抽交井

(1)装驴头对中井口，严防搞弯光杆，并按照设计要求对好防冲距。

(2)试抽憋压达到3MPa以上，稳压15min，压降小于0.3MPa为合格，憋压不合格者应查找原因。

(3)倒流程、起抽。观察正常后交井。

13）编写施工总结

完工后及时编写施工总结，施工总结的格式和内容应符合SY/T 5873—2005《有杆泵抽油系统设计、施工推荐作法》的要求。

14）安全质量控制

（1）施工单位要有安全检查员和质量检查员，负责施工现场的安全检查和质量检查工作。班组有兼职质量检验员检查工序施工质量，每道工序只有达到质量要求后方可进行下道工序，班组兼职安全检查员负责班组安全检查工作，不符合安全规定不能施工。

（2）冬季施工时防止冻管线，设备和管线冻结后只许用蒸汽解冻，禁止用明火解冻。

（3）施工井场禁止使用明火，需要进行焊接井口作业时，要先履行用火手续并采取相应安全措施。

（4）施工井场必须按规定数量配备消防设施，所有岗位人员对消防设施做到会保养、会检查、会使用。

（5）严禁使用裸线作施工井场照明用线，照明线必须用专用电线杆架起，不能挂在井架、值班房或其他铁器上。不准带电移灯，电源闸刀必须符合安全规定。

（6）搬迁井下作业设备时要合理吊装，不挤压、不撞击，盛液容器必须放空排净。吊装用的钢丝绳必须满足承吊重物的安全载荷，提钩要挂牢，捆绑要结实。

（7）用专用送泵车运送抽油泵，应放平卡牢，平稳行驶。多台抽油泵同车运送时，要区别标记不能弄混。

（8）高空作业必须系安全带，安全带要拴在可靠的位置上。高空处理故障时下面不得站人。梯子、踏板、栏杆要牢固可靠，手要扶牢，脚要蹬稳，高空作业完不许往下扔工具和用具。

（9）校井架倒花篮螺钉必须先卡好备用绳套，不许用作业机拉井架，不许用游动滑车背井架，校完井架后各道绷绳必须拉紧。

（10）试提油管头时要检查顶丝和井口控制器，有专人看拉力表并担任试提指挥，并有专人看守前后地锚，密切注视井架和基础的动态，井口不许站人，重载荷不能猛提猛放。

（11）井架基础附近不挖坑积水，防止井架基础下沉。

（12）起下作业时井口操作应分工明确，正确使用液压油管钳，不许上井架扶滑车。

（13）施工用高压管线试压压力为工作压力的1.5倍，若发现刺漏必须停泵放压后再处理。高压作业时施工人员不能靠近作业区，严禁跨越。

二、螺杆泵井作业

螺杆泵作为一种机械采油设备，它具有其他抽油设备所不能替代的优越性，它主要适用于稠油、含砂、高含气井的开采，具有体积小、安装方便、无污染、能耗低等易于推广的重要特征。近几年来随着高黏度原油的开采和三次采油的发展，螺杆泵采油得到了较大规模的应用，随之螺杆泵井的作业工作量也在不断地增加，作业技术也在不断地发展。

1.螺杆泵采油系统常见故障的处理方法

1）抽油杆断脱

抽油杆断脱有三种情况，即杆断、脱扣、撸扣，一般情况三种形式很难区分，通常在处理这类事故时，首先按脱扣来处理，上吊车下放杆柱进行对扣，如果是脱扣，这样处理成功率较高，对扣不成功，只有动杆柱，起出杆柱视断脱情况下打捞工具打捞余下杆柱，打捞再不成功，只有动管柱起出所有杆柱，重新作业。

2）油管脱落

油管脱落的处理，首先要起出杆柱，然后动管柱判断脱扣位置，加深油管进行对扣，对扣成功起出原井管柱，如对扣不成功就要下打捞工具进行打捞。

3）蜡堵

螺杆泵井发生蜡堵造成机组不能运转时，通常要上吊车上提杆柱，使转子脱离定子，然后进行彻底洗井，洗通后下放杆柱重新投产，如果洗井洗不通又无其他解堵措施，只好上作业动管柱。

4）井下泵出现故障

一旦井下泵出现故障，必须上作业进行检泵。

5）地面驱动装置出现故障

地面驱动装置的齿轮、轴承、油封等零件因管理不当或制造缺欠等原因也会出现故障，这类故障一般通过维修即可解决，主要零部件不能维修只有更换。

6）启动困难

出现这类事故，如果排除蜡堵，只要上吊车活动一下杆柱即可解决。

2. 螺杆泵作业施工工序及技术要求

螺杆泵井作业的施工内容主要包括编写施工设计、施工准备、施工过程、施工验收等。施工过程的主要工序包括热洗、压井、起原井管柱、通井、刮削、冲砂、连接井下工具、下管柱、坐封锚定工具、下杆柱、替喷、安装地面机组、提防冲距、试运转和交井等。

1）编写施工设计

螺杆泵施工前应编写施工设计，以指导施工作业，其主要内容包括：

（1）在对各种情况调查的基础上，根据工艺设计方案要求、上次施工总结和基础数据，结合具体实际情况编写施工设计。

（2）编写施工设计应包括施工目的、油井基础数据、目前井下管柱及杆柱、本次施工应下井的管柱及杆柱、施工工序、技术要求及安全措施等。施工设计编写后，必须经有关主管技术人员审批后方可施工。

（3）每道施工工序应严格按设计技术要求施工，在施工中需改变施工程序或采用新的施工措施时，应由要求改变施工内容单位提出新的补充设计。

（4）施工设计应选择防脱方式，确定泵挂深度和防冲矩。

①防脱方式的选择。螺杆泵转子在定子内转动抽油过程中的扭矩作用使上部正扣油管卸扣，故此需对泵上部油管实行防卸扣措施。一般防油管卸扣措施为：锚定油管；用反扣油管；支人工井底；加防转锚。

②泵挂深度的确定。一般情况下应根据油层供液能力和油层出砂程度来确定。

③防冲距的确定。在下转子时，保证转子与定子的限位销有一定的距离。如转子距定子限位销距离太大，泵的系统压头将减少，同时易造成定子因不均衡摩擦，使定子橡胶过早磨损。

限位销是转子进入定子后唯一的限位点。当杆柱（限转子）达到限位销后，上提一定杆柱距离，这个距离称为防冲矩。

2）施工准备

（1）地面调查应包括井位、井场、电源、土油池、采油树、地面管路流程、井架及作业设备等。

(2)井下调查应包括井身结构、井况现状、油层资料、射孔资料、目前井下管柱、杆柱结构、采油方式、生产现状、上次施工情况及效果等。

(3)按施工设计下井管柱、杆柱、螺杆泵等,经检查验收合格后方可运往井场。尤其是螺杆泵必须经运转,试压检测合格。防脱器下井前必须经性能试验和检测,保证灵活,性能可靠方可下井。

3)压井

(1)根据油井近期静压和压井管柱深度计算,确定压井液密度。对配制的压井液必须进行黏度、密度等有关参数检测,各项质量指标达到设计要求方可使用。

(2)根据设计要求进行正反压井,压井前必须放套管气,出口见油后泵入60℃左右热水,出口见水后替入压井液。在压井过程中防止间断,当进出口压井液经测定密度基本相等时,可停止替入压井液。停泵15min,出口无溢流则压井合格。

(3)压井时间的确定。施工作业中,如需压井作业,希望压井时间越短越好,以防伤害油层。一般在1000m的情况下,起下作业不超过24h;起下刮蜡作业不超过36h;起下测井及射孔作业不超过48h。对于处理事故作业,根据具体情况,可另行决定。

4)起出原井管柱

起原井管柱的质量及作业规程符合SY/T 5587.5—2004《常规修井作业规程　第5部分:井下作业井筒准备》的要求。

5)探砂面、冲砂、刮蜡

一般在井下作业时,探砂面冲砂、刮蜡采用下一次管柱完成,特殊情况可采用多次。

(1)探砂面、冲砂。

①探砂面用油管硬探。当下放油管管柱到达砂面后,指重表悬重下降500kg时上提,下放连探3次,数据一致后为砂面深度。

②所下冲砂管柱螺纹必须上紧,防止渗漏。冲砂管柱距砂面以上2m,进行冲砂,排量在$20m^3/h$。在保证冲砂泵压条件下,边冲边下,直到冲至人工井底经彻底循环,出口含砂量测定在小于0.2%时为合格。深度误差保证在0.3m以下。

(2)刮蜡。

①一般采用小于套管内径6mm刮蜡器进行刮蜡。如结蜡严重,可根据具体情况缩小刮蜡器直径分次进行刮蜡,刮到射孔井段以下10~20m。

②在射孔井段要增加上提下放数次,经刮蜡后用80℃左右热水边冲边刮,保证刮蜡彻底并用热水循环,使刮掉蜡质冲出地面。如果刮蜡后需压井作业,则采用压井液冲出刮掉蜡质。

③刮蜡用替洗液不少于井筒容积的1.5~2倍。

④起出刮蜡器,必须进行检查。

6)连接组配井下工具

按照施工设计的管柱结构,自下而上依次将丝堵、尾管、筛管、气锚、防蜡器、锚定工具、螺杆泵定子、油管扶正器、油管的顺序依次摆放。

(1)如下锚定工具,尾管不得少于3根油管。

(2)锚定工具下井前,要彻底清除活动件内的脏物,并涂上黄油,使锚定工具处在解封状态。

7)下管柱

(1)在地面按设计要求配好管柱,用相应通井规检验合格,并在螺纹上涂上黄油。

(2)按施工设计组配好的管柱,自下而上依次下井,即尾管、筛管、防转锚、油管短接、油管扶正器、油管短接、泵定子、油管短接、油管扶正器、油管、油管挂。油管上扣扭矩符合标准要求。

(3)如锚定工具是支撑卡瓦,下入泵和第1根油管后,试坐卡瓦(上提管柱1m,缓慢下放管柱坐卡瓦)。试坐成功后,上提管柱1m解封,然后继续下管柱。

(4)更换油管吊卡时,注意上提高度不允许超过400mm,以防支撑卡瓦中途坐封,如中途坐封,缓慢上提管柱1m以上,然后缓慢下放管柱解封,要平稳操作。

(5)螺杆泵下部有限位销,下井时勿将定子倒置。

8)坐封锚定工具

(1)如坐支撑卡瓦时,上提管柱800mm左右,缓慢下放油管,坐卡位置(油管头上平面与套管法兰平面距离)控制在10~20mm之间,如果坐封尺寸不合适,可反复几次,直至达到要求。用钢丝绳压下油管挂,上紧顶丝。

(2)如锚定工具是用水力释放时,连接好油管挂,上提管柱至设计要求高度,连接好打压释放管线,打压至锚定工具设计压力,坐封后,用钢丝绳压下油管挂,上紧顶丝。

9)下杆柱

(1)清点并丈量检查抽油杆,按下井顺序配好杆柱,按设计要求加抽油杆扶正器。

(2)转子涂黄油后连接在第1根完整抽油杆上,以减少转子上的应力。同样原因驱动轴下部也必须装1根完整抽油杆。

(3)下抽油杆过程中速度要慢,当转子进入定子时,从地面可看到抽油杆转动,当转子碰到定子限位销时,指重表指针随之慢慢下降,这时上提抽油杆,安装井口装置。再慢慢下放抽油杆,当转子再次碰到限位销时,按要求上提防冲距,使转子和限位销有一定距离。

(4)吊起转子时,因上部连接1根抽油杆,整件较长,起吊速度要慢,并用手扶着转子中部,以防转子弯曲损伤表面。

(5)下抽油杆过程中防止杆件弯曲变形,如造成变形弯曲必须换掉;抽油杆螺纹要涂黄油上紧,扭矩符合规定值。

(6)在转子碰到限位销后,不得转动抽油杆,以防扭坏抽油杆或泵。

10)安装专用井口

将专用井口从光杆上穿入坐在套管法兰上,紧固好螺栓。

11)替喷

(1)将转子缓慢全部提出定子,关闭井口上清蜡阀门,连接好替喷管线。

(2)按SY/T 5587.3—2013《常规修井作业　第3部分:油气井压井、替喷、诱喷》的规定进行替喷,直到井口见清水10min后停止。

(3)打开清蜡阀门,缓慢将转子放入定子,直至吊卡松弛。

12)安装地面机组

(1)安装前应检查地面机组零部件是否齐全完好,吊升用钢丝绳、吊环无损伤,防反转装置灵活无遇卡现象,减速箱内注入齿轮油到油杆处、往密封盒内添加填料等。

(2)驱动装置的安装。

①将螺杆泵地面驱动装置吊起穿入光杆并坐在专用井口上，固定好螺栓，校正井口上紧螺栓。

②上提防冲距：缓慢上提杆柱，记录指重表载荷达到整个杆柱负荷时（记录数值），再上提光杆，上提高度应符合表5－11的要求。提防冲距后，安装方卡子并拧紧螺栓和备用平卡。

表5－11　泵挂深度与防冲距的关系

泵挂深度，m	700	800	900	1000	1600
防冲距，m	0.65	0.75	0.85	0.9	1.6

③电动机安装与调试。一般情况下，驱动电动机与减速箱连为一体坐在井口上。打开电动机接线盒，用三角形型法接电动机的三个接线柱，接好电动机接线盒及密封口，再将电缆的另一端接入电控箱的输出端，将电控箱的输入端与变压器输出的三相动力电缆连接好。接通电源，启动电动机使其空转，判定电动机输出轴转向，如果是逆时针方向转动，要更换电动机电缆任意两相的相序，使其顺时针转动，并测量空载电动机电流、电压，上紧皮带使其固定好。

④皮带的安装与调节。根据油井的预测产能及设计要求，选择螺杆泵的工作参数，即选择高、中、低挡转速及其对应的皮带、皮带轮。

a. 皮带轮的拆卸及安装。拆卸：首先用内六角扳手卸掉带轮上的三个固定螺栓，然后用拉力器把带轮从轴上拉下来。安装：将皮带轮与轴锥套的螺栓也对齐，把带轮推进轴锥套上，带上三个螺栓，然后用内六角扳手均匀上紧。

b. 传动皮带的安装及调节。皮带在张紧力的情况下才能发挥预期的传动功能，皮带的使用寿命很大程度上取决于皮带的松紧程度，一般要求传动皮带的张紧力在300N左右。即要求皮带固紧后，在皮带中间施加压力p为30N，皮带向下变形量小于6.0mm，此时的张紧力为合适。调节皮带松紧程度步骤如下：松开电动机支架螺栓；调节电动机支架前后顶丝，使皮带张紧或松弛；皮带张紧后固定支架螺栓并上紧。

13）试运转

（1）加齿轮油。从减速箱注油孔处加入齿轮油，油面在油标½～⅔处。

（2）加密封填料。每根密封填料丈量好长度，斜度大于45°切割，密封填料表面涂上黄油，每层密封填料切口处要错开，最后压紧压盖。

（3）调电动机正反转。

① 将变压器、电控箱、电动机连接好，电动机采用三角形接法。

② 卸掉皮带，接通电源使电动机空转，如光杆是逆时针方向转动，只需调换电缆任意两相相序，确保光杆为顺时针转动。

（4）设置过载保护电流。表5－12给出了保护电流经验数据，过载保护时间调到5～10s范围内。

表5－12　过载保护电流设置

电动机功率，kW	设置电流，A		
	低转速	中转速	高转速
11	15	18	20
15	18	24	28
22	25	30	40
37	30	40	45

(5)安装井口流程。连接好出油、掺水管线，安装井口油压力表、套压力表。把驱动头出油口与生产管线相连，专用井口出油口作为放空出口。

(6)试投产。

①打开清蜡阀门，检查地面生产流程是否开关正常。

②启动电动机，同时监测运转电流，井口见液后，缓慢关闭生产阀门，观察油压表有无上升，如压力上升到规定值，且地面机组无异常现象，打开阀门，然后进行液量计量，如液量正常，可确认机组正常，投产成功。

14)交井

待试运转正常后与油井管理单位进行交接，后正常投产。

15)起泵作业程序

如原井为螺杆泵井，可按以下程序操作：

①切断变压器与电控箱电源；

②拆下电动机动力线；

③拆开皮带卸下电动机；

④上提光杆使方卡子同减速箱输出轴轴端脱离；

⑤卸下变速箱与井口装置全部拧固件；

⑥继续上提光杆达井口装置上平面后，卸下光杆；

⑦起出全部抽油杆和转子；

⑧卸下井口装置；

⑨松开油管挂顶丝；

⑩按要求起出井内油管及定子等全部管柱；

⑪清理地面设备及井下管柱、杆柱和螺杆泵等井下工具。

三、潜油电泵井作业

近些年来，国内外潜油电泵举升技术发展很快，在油田生产中，特别是在高含水期，大部分原油是靠潜油电泵生产出来的。电潜泵在非自喷高产井或高含水井的举升技术中将起重要的作用。

1.施工前准备

1)资料

(1)井史资料，包括完钻日期、井深、人工井底；套管规格、壁厚、下入深度、套补距；射孔井段、层位及射孔枪型；砂岩厚度、有效厚度、饱和压力和原始压力等。

(2)油井生产参数，包括静压、流压、产液量、产油量、气油比、含水率、油压及套压等。

(3)其他资料，包括套管情况、历次作业情况、附近井注水效果、电源和交通情况等。

2)施工设计书

(1)设计书的内容，包括施工目的、基础数据、原井下管柱和拟下井管柱、施工步骤及工艺要求等。

(2)填写要求要条理清晰、简明扼要、字体工整，逐项认真填写。设计书格式和内容符合SY/T 5863—2012《潜油电泵起下作业方法》的要求。

(3)设计书审批。设计必须经业务主管技术负责人审核，批准后方可实施。需要更改施工设计时，必须重新审批。

3）设备、配套附件和工具

（1）根据设计书要求准备潜油电泵机组。

（2）施工设备包括井架（或联合作业机）、电缆滚筒支架（或电动绞车）、模拟泵。

（3）施工用附件包括单流阀、泄油阀（或测压阀）、电泵井采油树、电缆卡子、电缆保护装置、扶正器、井下工具等。

（4）专用工具包括电动机吊卡（带吊链）、泵吊卡（带吊链）、拉紧钳、锁紧钳、注油泵、小吊钩、导向滑轮、井口支座、电缆卡子剪刀等。

2. 下泵前作业

1）起原井管柱

用不压井作业工艺将井下工具和管柱全部起出，检泵时可利用井下活门或采取压井起出原井下电泵机组和管柱，操作时应符合 SY/T 5587.5—2004《常规修井作业规程　第5部分：井下作业井筒准备》的要求。

2）套管刮蜡

将刮蜡器从井口下到油层顶部或泵挂深度以下50m。

3）洗井冲砂、探人工井底

刮蜡后应进行洗井、冲砂、探人工井底等工序，作业时应符合 SY/T 5587.5—2004《常规修井作业规程　第5部分：井下作业井筒准备》的要求。

4）测井径

用井径仪测套管内径变化情况和射孔质量，套管最小内径应大于机组径向最大投影尺寸。检泵井可免此工序。

5）通井

将模拟泵下至泵挂深度以下40m，检查套管内径尺寸有无异常情况。通井过程不得有强行加压或遇阻现象。

6）下丢手管柱

根据地质方案需要下丢手工具或分采管柱时，应执行此工序，并应符合 SY/T 5587.5—2004《常规修井作业规程　第5部分：井下作业井筒准备》的要求。

7）换套管头

将原井套管头换成电泵采油树的套管头。检泵井不必进行此工序。

3. 电泵下井作业

1）井下机组下井前的地面检查

（1）电动机检查。

①打开电动机运输护盖进行盘轴检查，盘轴应轻快无卡阻。

②用兆欧表测量电动机绕组相间及对地的绝缘电阻应达到规定的要求。新电动机绝缘电阻应大于500MΩ。

③测量绕组直流电阻。三相直流电阻不平衡度不得大于2%。

（2）泵、分离器、保护器检查。

泵、分离器、保护器等均应打开运输护盖进行盘轴检查，盘轴应轻快无卡阻。

(3)电缆检查。

①卸下电缆头护盖，用兆欧表测量相间及对地绝缘电阻。电缆绝缘电阻应大于500MΩ。

②测量电缆直流电阻。三相直流电阻不平衡度不得大于2%。

③发现电缆有损坏处，应立即修复，否则不许下井。

2)井下机组连接

(1)机组备件要逐节起吊下井，不能在地面上连接后再起吊下井。最后一节泵必须用提升短节安装，严禁先接到油管上后再起吊下井。

(2)下井的机组各部件、油管和井下工具必须保持清洁。

(3)机组备件的上、下运输护盖在机组连接之前不要取下。但电动机、保护器的上运输护盖在起吊之前应稍微打开一下，既保证注油时跑气又能保证防尘要求。

(4)拆卸机组备件运输护盖时，要保护法兰面，保持干净清洁不受损伤。

(5)安装机组时，所有连接部位上的O形密封圈、阀体及丝堵的铅垫都必须换成新的。

(6)所有注油阀、排气塞、放油塞、操作完毕必须拧紧。

(7)机组各连接法兰上的连接螺栓都应用力矩扳手按制造规定的扭矩拧紧。拧螺栓时必须采用对角顺次上紧的操作方法。

(8)传感器、电动机、保护器之间的对接以及电缆头与上接电动机的对接，必须保证对接法兰面清洁，冬季应用吹风机吹干后，对接法兰面应用洁净的白布和电动机油清洗。

(9)随着机组逐节下井，对每一节电动机、保护器、分离器、泵都要随时盘轴，确保轴转动灵活。切忌花键套用错规格和放错方向。

(10)每完成一节机组连接程序和电缆头与电动机连接前后，都要测试电动机和电缆的绝缘电阻、直流电阻，并和下井前的测量数值相比较，如数值变化异常，必须查清原因并予纠正，否则应停止施工。

(11)电动机上下节对接时必须使用灵活可靠的千斤顶。对接操作必须十分准确平稳，千斤顶上升应缓慢并且左右两个千斤顶升速一致。

3)电动机、保护器注油

(1)应在清洗注油泵管路和注油阀后方可将注油泵之注油接头接到注油阀上。

(2)应按制造厂规定的注油程序给电机和保护器注油，注油速度要缓慢。

(3)当放油孔(排气孔、连通孔或上端运输护盖处)有电机油连续流出时，应停止注油10～15min，之后再缓慢注油并注意观察使油溢出所需注油机转数。继续上述步骤，直到不足一转就可以注满油并引起油溢出为止。

(4)注油过程中，不允许水、污物进入电机或保护器。

(5)冬季施工，电机油之油温不宜低于10℃。

(6)所用电动机油必须符合潜油电泵机油标准。

4)相序检查

(1)电缆头与电动机连接完毕应进行相序检查，保证开机时井下机组转向正确无误。

(2)可以用通电点车观察电动机转向或用电动机转向表检查电机转向。检查完毕必须在电缆末端做好相序标记，以后不得弄错。

5)电缆安装和下井

(1)电缆下井过程中，作业机起车、停车和运行操作必须平稳；必须有专人管理电缆滚筒。

(2)保护器和泵侧面的扁电缆及电缆护罩必须与机组中心线平行并避开防倒块。扁电缆不允许有弯曲或缠在机组上。

(3)机组上的扁电缆护罩应卡紧,表面应平整光滑,电缆护罩上不许有凹痕。

(4)当机组与套管间的环形空间比较小时,机组上的扁电缆护罩也可以不用,但电缆卡子应加密,电缆卡子间距以 0.5m 为宜。

(5)油管上的电缆必须与油管中心线平行,严禁电缆在油管上缠绕。

(6)每根油管应打两个电缆卡子,一个打在油管接箍上方 0.5m 处,另一个打在油管接箍下方 0.5m 处。

(7)打电缆卡子时卡子应卡紧,不允许有窜动。

(8)严禁在电缆连接包上打电缆卡子,但应在电缆连接包上方 0.3m 和下方 0.3m 处各打一个电缆卡子。

(9)严禁电缆连接包和油管接箍重合。

(10)严格控制下油管的速度,一般下油管速度不得超过 5m/min。

(11)电缆下井过程中,应保持有一段电缆拖在有防污保护的地上,拖地点到井口的距离不应大于 8m。

(12)下生产管柱时,每下 10 根油管必须测量一次电缆的直流电阻和绝缘电阻,并与上次测量结果进行比较。发现数值变化异常,必须查明原因并消除。

(13)下油管时,单流阀、泄油阀和全部油管丝扣外部均必须涂螺纹密封脂或缠螺纹密封带并拧紧。

(14)油管连接时必须注意保护电缆。

(15)如需在现场连接电缆时,必须严格按电缆连接规程操作。

6)单流阀和泄油阀的安装

(1)潜油电泵井必须使用单流阀和泄油阀。

(2)使用单流阀和泄油阀之前应予检查,单流阀之阀芯、泄油阀之泄油销子和铅垫都必须是新的。

(3)单流阀应安装在泵出口以上第 1 ~ 10 根油管接箍处,具体位置由设计者视油井产气情况而定。

(4)泄油阀一般装在单流阀以上第一根或第二根油管接箍处。

7)泵挂深度

(1)潜油电泵机组一般都应下在射孔井段以上。

(2)在大直径套管中,如果泵挂深度使电机下在射孔井段以下,则必须采用电机护罩。

8)井口安装

(1)安装井口时必须有专人指挥,不得碰、挤电缆。四通锥面、法兰钢圈槽、萝卜头锥面必须擦净并涂黄油。座好井口后,井口保证不刺不漏。

(2)安装井口开剥电缆铠装时不得损伤电缆绝缘。通过萝卜头的三根电缆线芯要包两层绝缘带再涂上黄油后安装到四通内。

9)电泵井口流程安装

(1)电泵井口流程必须按双翼生产方式设计和安装。

(2)双翼都必须装有油套联通、单流凡尔、油嘴套。

(3)井口流程所用采油树、管线、阀门,压力表都必须保证泵在最大工作压力下安全工作。

(4)完井后抽大绳时必须使用引绳。

10)启泵投产

测量对地电阻、直流电阻达到规定要求,泵机组运行电流、电压达到正常。

4. 电泵起出施工

1)起机组前的准备

(1)拆井口前必须切断电源,并将井下电缆从接线盒的接线端子上拆下来。

(2)起油管前应检查一次井下电缆、机组绝缘电阻及直流电阻。

(3)起油管前应向井下投直径 $\phi 35\sim40mm$、长 2.5m 的金属棒,砸断泄油阀上的泄油销子。

2)起出油管

(1)起油管时,必须待吊卡挂好后方可慢慢起吊。

(2)起油管时应随时注意指重表悬重,提升悬重不可超过正常悬重 12kN。

3)起出电缆

(1)起出电缆时,施工人员必须仔细检查记录电缆的损伤情况(打扭、变形、断、磨损、起泡、腐蚀等)和位置,并做好标记。

(2)起电缆时电缆应从电缆滚筒上方缠绕到滚筒上。

(3)电缆应在滚筒上排列整齐,严禁电缆打扭、打卷。

(4)往电缆滚筒上缠电缆时,应用橡皮锤排电缆;缠完电缆应将电缆头牢固地绑扎在滚筒上。

(5)油管和机组上的电缆卡子应剪断。

(6)必须检查记录整个管柱上电缆卡子缺少的数量,由现场技术人员确定缺少原因和决定处理措施。

4)起出机组

(1)卸下泵头以后,应盘轴检查整套机组转动的灵活性。

(2)拆卸过程中应分别对各节泵、分离器、保护器、电动机进行盘轴检查和外观检查(如内部结垢、腐蚀情况、含砂情况、部件损坏情况等)。

(3)保护器应进行放液测定,分别测定井液、电动机油、隔离液的体积。

(4)拆卸电缆头时应保证井液、水、杂质不进入电动机引线口和电缆头内;在电缆和电动机分开后,应分别测量电动机和电缆的绝缘电阻、直流电阻;测量完毕应及时给电缆头和电动机引线口带上护盖。

(5)拆电动机以前,应先从传感器或星点上的放油孔将电动机内的液体放出。若有水、油污或不干净的电动机油出现,则必须将其放干净。

(6)对泵、保护器、分离器、电动机、传感器上所有的连接法兰面在拆卸和装箱过程中必须保护好,不得损伤。

(7)泵、保护器、分离器、电动机、传感器在拆机组时,必须逐节拆开后下放装箱。严禁两节以上连在一起下放装箱。

5)起出设备评价和运回设备

(1)起出的泵、分离器、保护器、电动机和传感器都必须装上运输护盖。

(2)对起出设备应由电泵专业技术人员做出评价及确定是否可以重新下井。

第十节　注水井作业

一、试注与油井转注

在油田开发方案确定以后,为确定能否将水注入油层并取得有关油层吸水启动压力和吸水指数等资料,在正式注水之前,必须经过一定的试注阶段。

1. 试注、转注前的准备

试注就是注水井完成之后,在正式投入注水之前,进行试验性注水。试注的目的在于确定地层的启动压力和吸水能力。经过试注阶段,摸索经验,找出规律,为以后正常注水准备条件。试注对油田开发来讲,是为了提供注水的各种初步经验,取得注水多方面资料,从而为油田开发方案提供依据。对注水井来讲,试注在于清除完井或转注前所造成的井壁和井底的滤饼杂质和脏物,并确定井的吸水指数。

1)排液

排液的目的是在井底附近造成适当的低压带,清除油层内的堵塞物(特别是钻井、完井过程中造成的近井地带的堵塞),同时还可以采出部分原油。

排液时间应根据油层性质和开发方案确定,排液的强度以不伤害油层结构为原则。

排液的方法有自喷排液和抽汲排液两种。

2)调查注水系统完善情况

(1)调查了解井身结构是否完好,有无套损井史,以及其他井况。

(2)调查井口装置是否符合注水要求。

(3)调查注水系统、流程是否完善。

3)施工设计要求

根据地质和工程方案要求,编制施工设计,设计必须有设计人、审批人签字,设计一般内容按常规施工设计编制,有特殊要求必须逐条注明。变更方案、设计必须经审批后方可实施。

2. 施工准备

(1)立井架、校正井架。

(2)搬迁、设备就位。

(3)搭油管桥。

(4)根据施工设计,准备下井工具及原材料。

(5)填写交接书。

3. 施工步骤及技术要求

(1)起原井管柱。执行 SY/T 5587.5—2004《常规修井作业规程　第5部分:井下作业井筒准备》标准。

(2)通井、刮蜡。执行 SY/T 5587.5—2004《常规修井作业规程　第5部分:井下作业井筒准备》标准。

(3)探砂面、冲砂、探人工井底。

①探砂面。一律采用光油管硬探,不许带其他工具,砂面深度以油管管柱悬重下降5~

20kN 时,连续 3 次数据一致的深度为准,其管柱深度为砂面深度。

②冲砂。当冲砂管柱下至距砂面 1 ~ 2m 处大排量下冲洗,冲至人工井底,至出口返液含砂小于 0.2% 为合格。冲砂时平稳缓慢加深,要求管柱不喷、不堵、不卡。冲砂必须连续进行,若中途因故不能继续冲砂时,必须立即上提管柱,严防沉砂埋卡下部管柱。

③探人工井底。当冲砂至人工井底时,核实人工井底,误差每 1000m 不得超过 ±0.3m。

4. 清洗、丈量、组配试注管柱

(1)清洗油管达到无死油结蜡、无泥土、无杂物。

(2)防腐油管必须用标准内径规逐根通过,有变曲、防腐层起泡、脱皮、螺纹损坏等不得使用下井。

(3)试注管柱下入深度至射孔井段底界以下 5 ~ 15m。

(4)在油层射孔顶界以上 10 ~ 15m 处下一级可洗井套管保护封隔器,对套管进行保护。至上而下依次为保护封隔器、工作筒、喇叭口。

5. 洗井

洗井是整个注水井试注工作中很重要的一个环节,排液结束后,在试注之前要进行洗井。

洗井的目的就是反复冲洗注水层的渗滤表面、套管内壁、油管内外及井底,将腐蚀物、杂质等污物冲洗出来,以确保注水井的清洁。

洗井的步骤如下:

(1)冲洗来水管线,在洗井之前用排量 $25m^3/h$ 以上,把配水间到井口之间的注水管线冲洗干净。

(2)接好反冲井管线,油套管装上压力表。

(3)装上校对水表,校对排量,进出口误差不得超过 5%。

(4)倒流程洗井,按时计量进出口排量,做好记录。

(5)洗井排量由小到大分三级:$10 \sim 15m^3/h$、$20m^3/h$、$25 \sim 30m^3/h$,累计洗井水量不少于 $300m^3$。

(6)混气水洗井。在地层压力和静水柱压力之差较大时,用清水洗井中发现漏失严重,则应采用混气水洗井。在用混气水洗井时应按以下要求进行:

①进出口管线必须用高压硬管线连接,地面管线要平直,少弯。

②进口管线必须装放空阀门、单流阀、气压表,出口要装回压表。

③若管线有刺,不可带压操作,一定要放空后再上紧,泄压时人员必须远离高压管线。

④停洗时,一定要先停水后停气,洗井时一定要先供气后供水。

⑤混气水洗井要大排量连续进行。

⑥进出口水质一致时为洗井合格。

6. 释放封隔器

按照下井封隔器的型号打压达到释放压力值,稳压 30min,观察套管无溢流,即证实释放成功。

7. 试注、转注

经排液洗井合格后开始试注,步骤如下:

(1)关井,倒好注水流程,上紧井口丝堵并装好压力表。

(2)装好并校对计量水表。

(3)将洗井流程改为注水流程，投入试注。先放大注水一周，测绘吸水指示曲线，确定启动压力，然后再控制注水量达到配注水量，记录油压、套压。

(4)测绘注水指示曲线：试注的目的在于确定地层的启动压力和吸水能力，通常采用吸水指数来表示，在实际工作中一般采用测绘注水指示曲线的方法来计算。吸水指数的计算公式为

$$K = (Q_2 - Q_1)/(p_2 - p_1)$$

式中 K——吸水指数，$m^3/(d \cdot MPa)$；

Q_2, Q_1——不同压力下的注水量，m^3/d；

p_2, p_1——不同日注水量时的对应注水压力，MPa；

测绘指示曲线要在注水井吸水量稳定以后进行，一般 3～10d 以内。

对一些地层具有盐敏、速敏、碱敏、酸敏等特性的油层要在试注前采取相应的油层保护措施(如注入黏土防膨剂、稳定剂等)。

有些井由于钻井、完井过程中油层伤害严重，虽经强烈排液和反复洗井，试注效果仍然不好。这种情况通常需要预先选用高质量深穿透射孔弹射孔以及进行酸化、压裂等增注措施后再试注。

注水井经过排液洗井及试注阶段，在取得相关的资料后即可按地质方案要求转入正常的注水生产。

二、试配

试配就是把注入地层的水，针对各油层不同的渗透性能，采用不同的压力注水。对渗透性好、吸水能力强的层，适当控制注水；渗透性差、吸水能力低的层，则加强注水。尽可能把水有效地注入地层，使注入水在高、中、低渗透层中都能发挥应有的作用，从而使层间矛盾得到调整，地层能量得到合理补充，控制了油井含水上升速度。所以，注水井实行分层配注，是实现油田长期高产稳产、提高油田无水采收率和最终采收率的有效措施。

要想搞好试配，首先要把注水井的层段划分清楚，然后根据注水井和油井连通层渗透率的好坏，合理地确定层段性质。一般注水层段可划分为加强层、接替层和限制层三种。根据全井笼统注水测得的指示曲线和吸水剖面、受效油井的开采情况以及其他的地质资料，进行综合分析，选择确定各层段的合理水嘴大小，以达到对各层段定量注水的目的。

1. 试配前的准备工作

(1)按照地质方案、工程方案的要求，作好施工设计，设计要有设计人，审批人签字，设计一般内容按常规施工设计编制，有特殊要求必须逐条注明，变更方案必须经审批后方可实施。

(2)现场调查，除按常规施工井要求调查外，应取得该井的套管接箍磁性定位深度资料，以备计算卡封隔器深度时避开套管接箍位置。

(3)准备井下工具，按照施工设计到工具车间领取井下工具，领取工具时必须逐件与设计型号、出厂合格证认真核对，三者一致时方可装车，搬运时要轻拿轻放，拉运途中不能让工具在车上乱滚动，卸车时不能从车上摔下，应摆放在井场地形较高、干净的地方。

2. 试配前的井下调查

在注水井进行分层配注前，必须对井下情况进行全面和细致的调查，因为分层配注时井内要下入外径较大的分层注水工具，要求注水井有一个比较完好的井身结构和一个干净的井筒

和井底，这样分层配注才能收到良好的注水效果。进行井下调查的内容有探砂面、冲砂、探人工井底、查套管内径变化、查射孔质量、查管外窜槽。

1）探砂面、冲砂

有些注水井在排液阶段就有出砂现象，若排液后直接转注，砂子就会沉积在井底，分层注水前必须将砂子冲出地面。探砂面、冲砂、探人工井底，可用试注管柱加深后进行，有关内容参见常规施工要求进行。

2）查套管内径变化

分层配注要下入注水封隔器把油层分隔开来，如果封隔器卡在套管变形部位，就会使封隔器不密封或密封不好，这样就达不到分隔油层的目的，无法进行分层注水。如果套管变形部位在射孔井段以上，则封隔器有下不去或被刮坏的可能。因此，在分层注水前，必须查清套管内径变化情况。其方法是用微井径仪进行检查，也可下入不同直径的铅模进行通井。

3）查射孔质量

如果用58－65型聚能式射孔弹射孔，由于炮弹爆炸的能量大，往往会使套管发生较大变形，甚至会发生破裂。如果不进行检查，把封隔器正好卡在套管变形较大或发生破裂的地方，封隔器就不能密封。所以对射孔层段部位更要详细检查，其方法也是用微井径仪进行检查，但是径向要用1∶200的放大比例来测井。如发现有误射，应进行补孔。

4）查管外窜槽

分层注水是通过下入注水封隔器，密封油套管环形空间，把油层分隔开来，使其互不连通。如果套管外窜槽，尽管在套管内分隔了地层，而在管外两油层之间仍然是相互连通的，这样就达不到分层配注的目的。所以要进行分层配注，必须查清两油层之间在管外是否存在窜槽，如有窜槽就要进行封堵。

3. 试配施工步骤

（1）组配管柱要求。

①在射孔井段顶界以上10～15m处，下保护套管封隔器一级（可洗井型）。

②注水管柱使用防腐油管。

③偏心配水器之间距离不应小于8m，撞击筒与尾管底部距离不小于5m。

④配水器应下至对准油层中部位置。

⑤封隔器卡点位置不能在炮眼、套管接箍和套管损坏部位。

⑥管柱完井深度应下至射孔底界以下5～15m。当井底口袋不足时可适当提高3～5m。

⑦丈量、计算管柱误差，油管每1000m，实际累计长度与丈量累计长度误差不超过±0.2m，可用磁性定位校深来检查。

⑧要求对下井油管丈量3遍，计算结果一致。

（2）下管柱要求。

①油管螺纹涂上密封脂或厌氧胶等。

②上正扣、上紧扣，确保上扣扭矩达到标准要求值。

③当管柱下至设计深度后，用磁性定位校对下井封隔器深度，如需调深度，可用油管短节对井内管柱的深度进行微调，达到设计要求后，方可坐井口。

（3）坐井口、安装采油树。

①把井口钢圈用柴油清洗干净，将钢圈擦干净，把钢圈放平、放正。

②对角上紧井口螺栓。

(4)反洗井。

①连接好反洗井管线,油套管装上压力表。

②校对水表,进出口误差不超过5%。

③倒反洗井流程,按时计量进出口排量,作好记录。

④洗井排量按试注井要求标准进行至洗井合格。

(5)释放封隔器。按照下井封隔器的型号,打压达到释放封隔器的释放压力要求,稳压30min,观察套管至无溢流,即证实释放成功。

(6)投捞堵塞器。按设计配水嘴下入,如下井水嘴为可溶性的水嘴时,可待24h水嘴溶化后,即可进行验封。

(7)验证封隔器密封。

(8)转入正常注水。

(9)交井。取得验封,注水和测试资料后,即可把井正式交给采油队管理,并在交接书上签字,作为验收、结算依据。

三、重配与调整

注水井在分层配注后,常常因地层情况发生变化,实际注入量达不到配注要求时,需要进行重新配水嘴,这一施工过程称为重配。或根据油田地下的需要,改变了原来的配注方案,配注量和封隔器位置都有改变,这一施工过程称为注水井的调整。

在井下工具损坏或失灵后,不能进行正常注水时,也要动管柱作业,起出检查更换井下工具。

根据下井管柱结构的不同,如果是活动式配水管柱,在封隔器和其他井下工具没有失败的情况下,需要调整水量或检查更换水嘴时,都可以不动管柱。而只用小型绞车下入录井钢丝打捞出活动芯子、换上适合的水嘴即可。对于井下管柱为固定式配水管柱时,若需进行上述工作,则必须动管柱作业。

1. 准备工作

(1)有地质、工程方案,有设计人、审批人签字,变更方案必须经审批。

(2)现场调查,取得常规作业应有资料。

(3)按试配井对准备井下工具的要求进行准备。

(4)提前24h通知管井单位关井降压,若在高寒地区,注意防止冻坏井口设备和冻结管线,应采取放溢流降压的方式,开始2h,溢流量控制在$2m^3/h$以内,以后逐渐增大,最大不超过$10m^3/h$。

2. 施工步骤及技术要求

(1)抬井口,安装控制井口装置。

(2)试提管柱,负荷正常,井内管柱无卡阻方可起油管。

(3)起油管,在起油管时观察油管有无穿孔漏失或螺纹刺漏。

(4)鉴定原管柱。对起出的管柱要详细检查,并把井下工具卸成单件,编号后送往工具车间进行试压鉴定,并填写鉴定结果。根据鉴定情况与施工设计相结合,最后选择出合适的水嘴,装配好后,一次把全部新下井工具运往井场。

(5)检查,丈量、组装管柱。对起出的防腐油管要认真检查,有死油要求用蒸汽刺净,对有弯曲和损坏的油管要调换上好的。准确地丈量油管,对下井的管柱要做到三丈量、三对扣;按设计要求组装配好下井管柱,并详细地检查两遍,无差错时方可下井。

(6)下配水管柱,油管螺纹涂抹密封脂或厌氧胶,上扣扭矩达到质量标准要求。

(7)电磁定位校对封隔器卡点深度,当准确无误即可坐井口,安装采油树。

(8)反洗井,按洗井质量要求,洗井至水质合格。

(9)释放封隔器,按照设计封隔器型号对释放时的技术要求,正打压,并稳压至套管保护封隔器密封无溢流,证实释放成功。

(10)投捞配水堵塞器,如下井水嘴为死嘴子时,需捞出死嘴子,投入配注水嘴,如下井的是可溶性水嘴时,可待水嘴溶化后即可进行投注验封。

(11)验证封隔器密封。

(12)按全井配注水量,转入正常注水。

(13)交井。备齐验封资料,注水和测试资料后,即可进行交井验收结算。

第十一节　打捞工艺技术

一、井下落物

井下落物是钻井、修井作业中常遇到的复杂情况和事故,正确认识他们对于作业施工有很大益处。按落物名称性质划分,井下落物类型主要有管类落物、杆类落物、绳类落物和小件落物。

二、基本打捞

基本打捞就是井下作业修井作业中打捞一些管类、杆类、绳类和小件落物的施工作业。

1. 管类落物的打捞

1)打捞管类落物的常用工具

打捞管类落物的常用工具有:公(母)锥、滑块打捞矛、各种管类打捞筒与捞矛等。

2)打捞管类落物的操作步骤

打捞前应首先掌握油水井基础数据,即了解清楚钻井和采油资料,搞清井的结构、套管情况、有无早期落物等。其次搞清楚造成落物的原因,落物落井后有无变形及砂面掩埋等情况。计算打捞时可能达到的最大负荷,加固井架和绷绳坑。还要考虑捞住落物后,若井下遇卡应有预防和解卡措施等。具体步骤如下:

(1)丈量打捞油管长度,核实鱼顶井深、打捞方入。

(2)选择打捞工具,下打捞管柱探鱼顶。

(3)结合所用打捞工具进行打捞。

(4)试提,如拉力计读数明显增大,说明已经持获,则平稳上提管柱,捞出落物;如拉力计读数无明显变化,则上提管柱至鱼顶以上,再次打捞。

(5)如捞获后遇卡,则进行解卡或倒扣,起出打捞管柱,研究下一步方案。

2. 杆类落物的打捞

杆类落物大部分是抽油杆类,也有加重杆和仪表等。

1)打捞杆类落物的常用工具

打捞杆类落物的常用工具有:抽油杆打捞筒、组合式抽油杆打捞筒、活页式捞筒、三球打捞器、摆动式打捞器、测试井仪器打捞筒等。

2)打捞杆类落物的操作步骤

(1)下铅模打印,以便分析井下鱼顶形态、位置。

(2)根据印痕分析井下情况及套管环形空间的大小,选择合适的打捞工具。

(3)按操作程序下打捞工具进行打捞。

(4)捞住落物后即可活动上提。当负荷正常后,可适当加快起钻速度。

3. 绳缆类落物打捞

目前,油田常见的绳类落物有钢丝绳、电缆等细长而体软的落物。落物有的落到油管里,也有的落到套管里。

1)油管内打捞抽汲钢丝绳

抽汲钢丝绳落入油管内打捞的方法比较简单,就是起油管,当发现钢丝绳断头后先将钢丝绳卡紧卡稳结好上提扣子活动上提解卡。如解除则先起出抽汲钢丝绳及抽子并记录遇卡位置,分析遇卡原因。如果活动上提不能解卡时,可采用起出一根油管,抽出一段抽汲钢丝绳,在抽出抽汲钢丝绳前必须将钢丝绳卡牢在一个牢固的地方,以防抽汲钢丝绳下滑,打伤操作人员。

油管内打捞抽汲钢丝绳,在不能活动解卡、拔出钢丝绳的情况下,可采用起一根油管截掉一段钢丝绳的方法,但如果条件允许,尽可能不用这种方法,因为这种方法会导致全井抽汲绳报废,不能再用,经济损失至少在万元以上,是不划算的。

2)套管内打捞抽汲钢丝绳

当抽汲钢丝绳落入油井套管内时,主管部门、操作人员必须慎重对待且不可盲目操作,以免使打捞工作复杂化,在套管内打捞抽汲钢丝绳的具体方法有:从地面判断钢丝绳落井位置。用起出的油管长度计算钢丝绳在井内油管上部的深度,然后选择打捞工具。一般打捞钻具及操作方法如下:

(1)单壁外钩打捞。其管柱组合由下至上为单壁外钩、调整短节、半球型挡板(直径小于套管内径、管柱、油补距。

操作方法:将钻具下至鱼顶以上 5m 时,边下边旋转,当拉力表显示钻具悬重下降时,继续加力旋转,然后上提观察悬重,判断打捞效果。

如果井内绳类落物已经成了团,一般外钩插不进去时,可用活动外钩,因为这种外钩遇阻时,活动钩子缩入钩身,这样钩身就易于插入绳类落物团。当上提管柱时,活动钩子靠弹簧弹力和它背后的牙齿突出来挂住绳类落物。

(2)双壁内钩打捞。其管柱组合由下至上为双壁内钩、调整短节、半球型挡板(其最大外径应小于套管内径、管柱、油补距)。

操作方法:将钻具下至鱼顶以上 5m 时,慢慢下放。当从拉力表观察出悬重下降时采用上提下放、旋转和转换方向的方法进行打捞。在套管内打捞抽汲绳的时候应注意井口要装防掉器,严防发生井下落物;下井工具要有专人鉴定,要确保结实可靠。

4. 小件落物的打捞

小件落物种类很多,如钢球类、钳牙、牙轮、螺栓等。打捞小件落物的工具有:反循环打捞篮、一把抓等。

1) 反循环打捞篮

反循环打捞篮是专门用于打捞小件落物,如钢球、钳牙、螺母、胶皮碎片等。其操作方法如下:检查打捞篮各部件是否完好,各部分螺纹必须紧扣。将工具连接在钻具组合最下端,入井。当距离井底 3 ~5m 时,反洗井,当循环正常后,再慢慢下放钻具,边冲边下放。循环 10min 后,停泵,起钻。

2) 一把抓

一把抓,多为自制打捞工具,与反循环打捞篮类似,也是打捞小件落物,但与反循环打捞篮不同的是,一把抓一般是一次性的,再次使用需要另行制作,不可重复使用,可以打捞的小件落物可以比较大,如牙轮钻头巴掌等。使用一把抓,因需要加压,所以要求井底不能太软,否则无法将爪压弯,从而无法捞中落物。

制作一把抓时,根据落鱼情况合理设计每个爪的宽度、厚度及长度,使用时,注意每个爪的挠性,不可多压,下压过多会把爪压断,不但捞不到落物,反而增加落物,也不可下压过少,过少,某些爪甚至全部爪变形不够,同样无法抓住落鱼。

由于此类工具多需要自制,要根据实际情况,合理制作和操作。

另外打捞小件落物的工具还有随钻打捞杯、强磁打捞器等,随钻打捞杯所能打捞的落物更小一些,一般不用于专门打捞,强磁打捞器也只能打捞可磁化金属落物,由于两者使用范围较小,原理也较简单,不再赘述。

由于发生井下落物的原因多种多样,落物情况具有多样性、复杂性和随机性,因此在进行打捞处理过程中要做到具体情况具体分析、具体处理,针对不同落物研制不同的打捞工具,同时要本着不能使问题复杂化,既要能捞得上,又要能退得出。

三、复杂打捞

一些压裂后封隔器解卡、水平井修井、小井眼、大位移斜度井、生产措施井等需要复杂的落物打捞修井技术,从而我们需要了解复杂打捞的一系列方法措施,逐渐完善打捞工艺。该类打捞情况众多,这里仅介绍解卡打捞。

井下复杂落物打捞时一般会遇卡,解卡时需要分析出卡钻的原因,这就需要我们了解卡钻的类型及原因,从而采用相应的方法解卡打捞。

1. 砂卡的原因与处理措施

1) 砂卡的原因

(1) 在生产过程中,地层砂随油流进入井内,随着流速的变化,部分砂子逐渐沉淀,从而埋住部分生产管柱,造成卡钻。

(2) 冲砂时,泵排量低,冲砂液携砂性能差,冲砂工作不连续,使用直径较大的其他工具代替冲砂工具等,造成冲起的砂子重新回落并沉淀造成卡钻。

(3) 压裂设计有误,施工不连续,加砂量过大,压裂后排液过猛等造成卡钻。

2)砂卡的处理措施

对卡钻时间不长或砂卡不严重的井,可采取上提下放井下管柱,使砂子疏松解除卡钻事故。对于砂卡严重井的处理,一是上提时慢慢增加负荷到一定值后,立即下放迅速卸载;二是上提下放活动一段时间后,提紧管柱刹住车,使管柱在拉伸情况下悬吊一段时间,使拉力逐渐传到下部管柱。两种形式都可能奏效,但每次活动 5 ~ 10min 应稍停一段时间,以防管柱疲劳而断脱。处理砂卡还可采用憋压反循环解卡、冲管解卡、大力上提解卡、千斤顶解卡、倒扣套铣解卡等方法。

2. 落物卡钻的原因与处理措施

1)落物卡钻的原因

井下落物造成的钻柱卡钻事故是落物卡钻的主要原因。

2)落物卡钻的处理措施

落物卡钻是指钳牙、卡瓦牙、小件工具等落井将井下工具卡住,造成卡钻。处理落物卡钻,切忌大力上提,以防卡死,造成事故复杂化。一般处理方法有两种:如被卡管柱可转动时,可以轻提慢转管柱,将落物挤碎,使井下管柱解卡;如上述方法无效,可用壁钩拨正鱼顶后,再捞落物。

3. 套损卡钻的原因与处理措施

1)套损卡钻的原因

由于增产措施或其他原因使套管变形、破损等,并误将井下工具下过破损处造成卡钻。

2)套损卡钻的处理措施

处理时,将卡点以上管柱出,修好套管后才能解卡。

习　　题

1. 简述不同工况下起下油管的作业过程。
2. 简述修井作业的压井方式。
3. 简述螺杆泵采油系统常见故障的处理方法。
4. 简述井下落物的主要类型及其相应的打捞方法。

第六章　井下作业典型案例

第一节　油井维护作业检泵施工设计

一、基本数据

(1)基本数据见表6－1。

表6－1　基本数据表

	项目				
钻井情况	一开日期	2011年1月11日	二开日期	2011年1月14日	
钻井情况	完钻日期	2011年2月21日	完井日期	2011年3月1日	
钻井情况	完钻井深,m	3123.00(斜深),2990.23(垂深)			
井底数据	井斜,(°)	29.2	方位,(°)	219.99	
井底数据	闭合位移,m	500.70	闭合方位,(°)	211.93	
固井情况	水泥返深,m	2277(电测)	人工井底,m	3004(测井遇阻深)	
固井情况	阻流环深,m	3085.03~3085.33			
固井情况	固井质量	井段	含测井解释层号	第1胶结面	第2胶结面
固井情况	固井质量	2277.0~2656.0m		中—差	中—差
固井情况	固井质量	2656.0~2660.5m		优	优
固井情况	固井质量	2660.5~2741.2m	3	差—中	差
固井情况	固井质量	2741.2~2759.0m	4	优	优—中
固井情况	固井质量	2759.0~2975.0m	5~15	中—差	中—差
固井情况	固井质量	2975.0~2984.0m		优	优
固井情况	固井质量	2984.0~3005m	16、17	差	差
定位短节		1号:2640.7~2642.4m　$\Delta H=1.7$m;2号:2899.8~2901.6m　$\Delta H=1.8$(电测)			
备注		3004m以下固放磁未测			

(2)井身结构数据见表6－2。井身结构如图6－1所示。

表6－2　井身结构数据表

钻头直径 mm	钻达井深 m	套管名称	套管外径 mm	壁厚 mm	套管总长 m	套管鞋深 m	水泥返深 m	水泥浆密度 g/cm^3	实际出地高 m
346	344	表层套管	273.1	8.89	343.6	343.50	返出	1.85	0.1
215.9	3123	油层套管	139.7	7.72	3107.39	3107.29	2275	1.89	0.1

	下入深度,mm	外径,mm	壁厚,mm	钢级	内径,mm	抗内压,MPa	抗外挤,MPa
油层套管	0~3107.29	139.7	7.72	P110	124.27	74.8	55.4

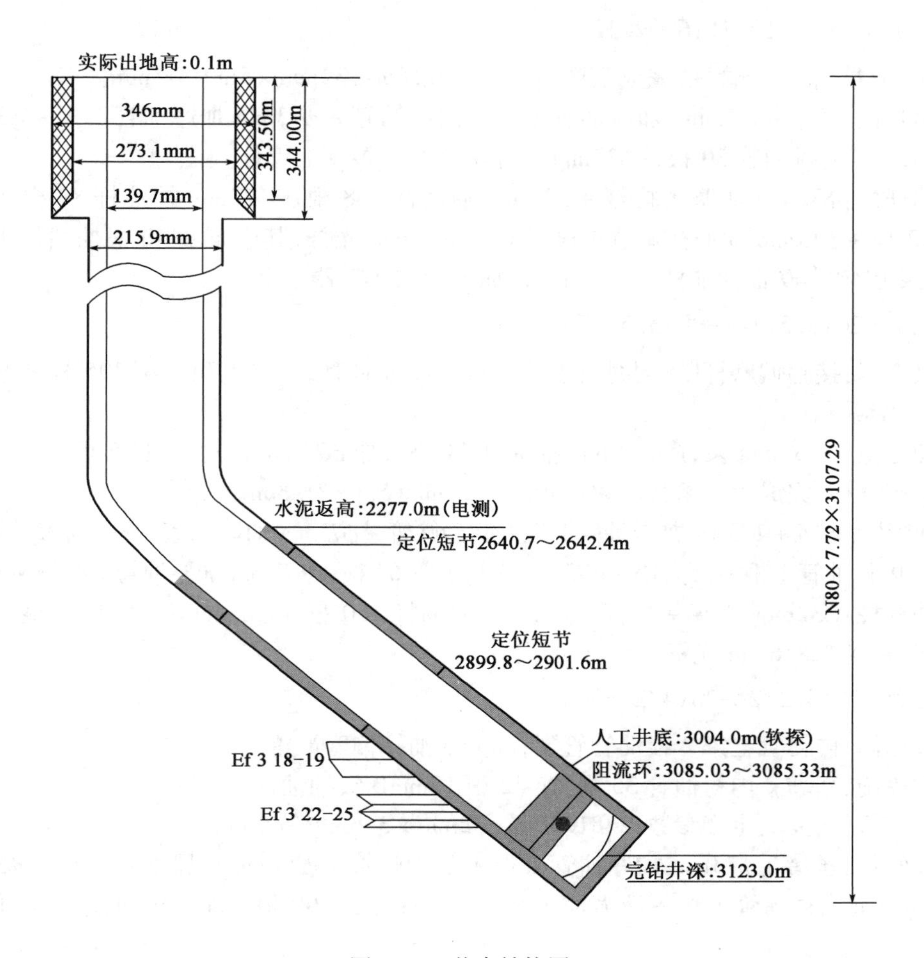

图6-1　井身结构图

(3)井斜情况。

直井段:0.00～2050.00m(井斜角0～4.88°);

增斜段:2050.00～2290.00m(井斜角6.74°～28.13°);

稳斜段:2290.00～3123.00m(井斜角29.03°～34.27°);

最大井斜:34.27°/2953.71m。

二、作业井史

1.新井试油(2011.6.6—2011.9.15)

通探洗,下ϕ116mm通井规探人工井底3077.32m,固放磁测井,TCP射孔,抽汲,抽时8h,抽次2,抽深2300m,动液面,日产油量为0.25t,日产水量为0.01t,脱气15%。探人工井底3084.01m,待CO_2吞吐至2011.9.6。

完成注气管柱(喇叭口2997.46m),正打压20MPa,稳压20MPa,3.5min正注柴油0.5t(0.6m^3),测得试吸水指数8.57L/(MPa·Min)。正注液态CO_2,泵压30MPa,油压30MPa,套压29MPa,累计注入液态CO_2合计60t,测吸气剖面,结果见生产成果。正注柴油1t,排量4m^3/h,最高泵压24MPa,关井测压降。关停至2012.7.16。

2. 新井复试(2012.7.16—2012.8.7)

放喷,洗井,下生产管柱,完成生产参数:2480.14m×32mm×5m×3r/min。

机抽管柱:丝堵+ϕ73mm 加厚油管 1 根+防砂筛管+ϕ73mm 加厚油管 1 根+ϕ32mm 整筒泵+ϕ73mm 内衬油管 30 根+ϕ73mm 加厚油管 231 根+油管挂。

机抽杆柱:ϕ32mm 活塞+拉杆+ϕ19mm 抽油杆 148 根+ϕ22mm 抽油杆 89 根+ϕ25mm 抽油杆 72 根+ϕ25mm 抽油杆短节 4 根(5m)+ϕ28mm 光杆,其中泵上 40 根抽油杆更换防偏磨接箍,泵上 40~60 根抽油杆,每根抽油杆加自旋式扶正器一个。

3. 检泵(2013.5.14—2013.5.17)

检泵原因:接箍偏磨杆断,内衬管上等 2 根加厚油管管裂,自上而下第 195 根杆开始出现严重偏磨、结垢。

治理方案:换 32mm 泵,换 ϕ19mm 抽油杆 115 根,加 ϕ73mm 内衬油管 35 根。

下生产管柱,完成生产参数:2481.30m×32mm×5m×3r/min。

机抽管柱:丝堵+ϕ73mm 加厚油管 1 根+防砂筛管+ϕ73mm 加厚油管 1 根+ϕ32mm 整筒泵+ϕ73mm 内衬油管 1 根+液力锚+ϕ73mm 内衬油管 64 根+ϕ73mm 加厚油管 196 根+油管挂。

机抽杆柱:ϕ32mm 活塞+拉杆+ϕ19mm 抽油杆 150 根+ϕ22mm 抽油杆 89 根+ϕ25mm 抽油杆 68 根+ϕ28.6mm 光杆。

4. 检泵(2014.2.2—2014.2.6)

检泵原因:内衬管上第 2 根油管管裂,部分抽油杆偏磨严重。

治理措施:新增新内衬油管 35 根,换 42 根 19mmD 级抽油杆。

下生产管柱,完成生产参数:2481.30m×32mm×3.6m×3r/min。

机抽管柱:丝堵+ϕ73mm 加厚油管 1 根+防砂筛管+ϕ73mm 加厚油管 1 根+ϕ32mm 整筒泵+ϕ73mm 内衬油管 1 根+液力锚+ϕ73mm 内衬油管 99 根+ϕ73mm 加厚油管 161 根+油管挂。

机抽杆柱:ϕ32mm 活塞+拉杆+ϕ19mm 抽油杆 155 根+ϕ22mm 抽油杆 88 根+ϕ25mm 抽油杆 63 根+ϕ25mm 抽油杆短节 5 根 7.0m+ϕ28.6mm 光杆。

5. 机抽(2014.6.17)

2014.6.17 不出液,现场综合判定杆断脱,待检泵复产。

三、井筒状况提示

(1)下 ϕ116mm 通井规探人工井底 3077.32m,抽汲后 7.11 复探人工井底,探得人工井底 3084.01m。射孔顶深 3013.8m,底深 3048.6m。

(2)目前的油套压数据:油压 0.5MPa,套管 0.5MPa。

四、地面设备状况提示

(1)抽油机:CYJY12-5-73HF。

(2)采油树:150 型采油树,未安装抽油杆防喷器,套管升高节连接。

五、检泵原因分析

(1)不出液前后示功图对比见作业井史描述。

(2)结论:现场综合判定杆断脱,需维护作业。

六、机抽管柱、杆柱组合结构

1. 目前井内管柱、杆柱结构

油管管柱:丝堵 + ϕ73mm 加厚油管 1 根 + 防砂筛管 + ϕ73mm 加厚油管 1 根 + ϕ32mm 整筒泵 + ϕ73mm 内衬油管 1 根 + 液力锚 + ϕ73mm 内衬油管 99 根 + ϕ73mm 加厚油管 161 根 + 油管挂。

抽油杆杆柱:ϕ32mm 活塞 + 拉杆 + ϕ19mm 抽油杆 155 根 + ϕ22mm 抽油杆 88 根 + ϕ25mm 抽油杆 63 根 + ϕ25mm 抽油杆短节 5 根 7.0m + ϕ28.6mm 光杆。

生产参数:2481.30m × 32mm × 3.6m × 3r/min。

作业前管柱、杆柱结构如图 6-2(a)所示。

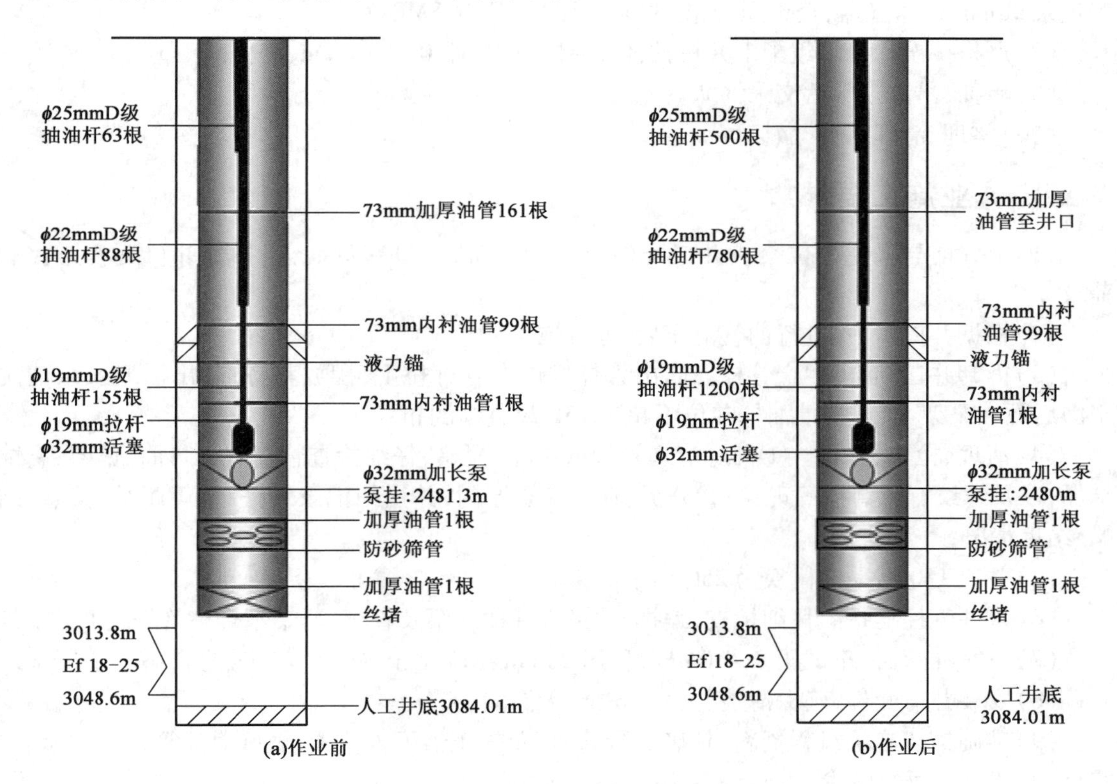

图 6-2 作业前后管柱、杆柱示意图

2. 本次要求管柱、杆柱结构

油管管柱:丝堵 + ϕ73mm 加厚油管 1 根 + 防砂筛管 + ϕ73mm 加厚油管 1 根 + ϕ32mm 整筒泵 + ϕ73mm 内衬油管 1 根 + 液力锚 + ϕ73mm 内衬油管 99 根 + ϕ73mm 加厚油管至井口 + 油管挂。

抽油杆杆柱:ϕ32mm 活塞 + 拉杆 + ϕ19mm 抽油杆 1200m + ϕ22mm 抽油杆 780m + ϕ25mm 抽油杆 500m + ϕ28mm 光杆。

生产参数:2480m × 32mm × 3.6m × 2r/min。后期冲次按生产实际调整。

作业后管柱、杆柱结构如图 6-2(b)所示。

七、施工步骤

（1）上井、标准化井场准备、施工准备，开工验收。

（2）对原井机抽管柱试压8～10MPa，准确记录10min内压降值（需甲方现场监督）。

（3）下抽油杆短节对扣，若对扣不成功按后继步骤施工。

（4）起出原井机抽杆柱，检查抽油杆偏磨腐蚀等情况，并作好记录；视中途起出抽油杆情况决定是否下抽油杆打捞器打捞。若不能打捞则按后继步骤施工。

（5）起出原井生产管柱。认真检查并详细记录泵、油管、筛管腐蚀结垢、结蜡情况，尾管沉砂情况，最终找出并记录检泵原因。

（6）地面检泵，清洗抽油杆、油管，更换新材料，具体更换量视现场起出情况定。

（7）严格按设计要求组配下井机抽管柱，坐封液力锚，对下井机抽管柱试压8～10MPa，准确记录30min内压降值，至试压合格（30min压降小于0.5MPa）。

（8）严格按设计要求组配下井机抽杆柱，要求防冲距0.6～0.8m，光杆留头1m。

（9）启抽，出液正常后交采油队。

（10）整理、清理井场，撤场。

八、作业施工要求

（1）上井前与采油单位交接井口配件及三抽设备，井口卸负荷，保护好井口远程监控载荷仪。

（2）根据井口压力，进行油管泄压后，方可施工。

（3）拆卸井口，起出生产管柱。起出管杆摆放在管杆桥上，摆放整齐；起出活塞及泵清洗干净后放在泵架上，上提抽油杆吨位不超过15t，超过则倒扣；

（4）清理、检查、分析。①彻底清理管杆壁结垢、凝蜡，仔细检查管杆有无弯曲、偏磨、腐蚀结垢，以及螺纹有无磨损等现象；②分析、查出检泵原因，并详细记录管杆、泵等腐蚀、偏磨、结蜡、结垢情况；

（5）井口150型采油树换为250型采油树。

（6）入井管柱准备。仔细检查、编排、丈量入井抽油泵及管杆，严禁不合格管杆入井。

（7）下完油管后，正试压8～10MPa，稳压30min压降小于等于0.5MPa为合格。

（8）安装井口配件，确保清洁、紧固、齐全、无渗漏。

（9）准确描述施工过程资料；精确丈量管、杆及扶正器下入位置，做好对油管、泵、结垢、结蜡点、偏磨等方面的描述。

（10）启抽蹩压合格后与采油队交井，及时交接修井作业资料。

九、井控设计及技术要求

（1）地层情况预测。

①地层压力/垂深：测点2998.99m（垂深2883.06m），一关末外推压力为37.581MPa，折算到地层中部3031.2m（垂深2920.56m）处的压力为30.983MPa，压力系数为1.08；测试层中部温度为106.56℃，地温梯度为3.07℃/100m（扣除江苏地区年平均地表温度18℃）。

②流体预测：油、水。

(2)井控设备与工具。

①油管防喷器型号:SFZ18 －21A 型;试压 21MPa,10min 不刺不漏为合格。抽油杆防喷器:无。

②油管防喷器安装示意图如图 6 －3 所示。

③现场备油管旋塞阀。

(3)压井液的类型为油田污水。

(4)井控技术要求。

①防喷器在工房按要求试压合格,作业单位在施工现场验收合格证。

②作业单位自备与井口法兰相配的防喷器、变径法兰和与井下杆柱相匹配的防喷工具。

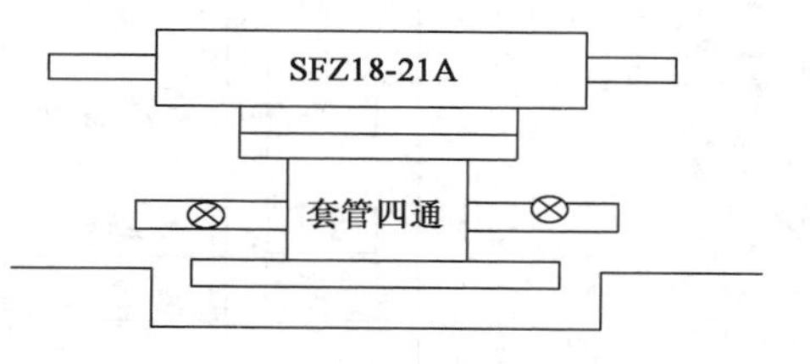

图 6 －3　油管防喷器安装示意图

③防喷器必须安装平正并整体试压合格,保证灵活好用,所有施工用的管线阀门在施工前必须按要求试压合格,各控制阀门、压力表必须灵活,可靠,现场准备好旋塞阀和操作手柄,放在利于拿取的地方。

④井控设备操作人员必须经过专业培训,持证上岗。

⑤起管柱要及时进行下步作业,不得长时间空井筒。如不能及时进行下一步作业,则必须装上采油树。

⑥起下管柱作业过程中,旋塞阀及变扣摆放在井口附近,保证处于完好状态。

⑦防喷器闸板关闭时严禁起下作业,严禁防喷器当采油树使用,严禁开防喷器闸板泄压。

⑧起下管柱作业时,若没有特殊要求,应及时灌满压井液,作业单位应有专人观察井口。

⑨井控设备及工具必须专人负责检查与保养,对控制装置应有标识牌。保证在施工过程中,处于完好状态。

⑩出现溢流等井喷预兆时,按照“五 · 七”动作控制程序进行操作。

⑪发生井喷或井喷失控时,立即启动《井下作业重大井喷事故应急预案》。

第二节　油井冲砂检泵案例分析

一、油井基本情况

该井为超稠油井,截至本次井下作业施工时,已进入 14 吞吐周期生产,累注气 41214t,累产油 32459t,累产水 80621t,累气油比 0. 79,回采水率 196% ,有出地层水迹象,地层压力 3. 15MPa。基本数据见表 6 －3,修井前井身结构如图 6 －4 所示。

表 6 －3　基础数据

完钻井深	1733m	固井质量	合格	套管壁厚	9. 19mm
人工井底	1717. 56m	水泥返高	80m	套管钢级	P110
最大井斜	8. 37°	套管技术情况		完好	
短套管节箍	1487m	与邻井连通	连通	H_2S	0
本井压力系数	1. 2	目前压力		4. 2MPa	

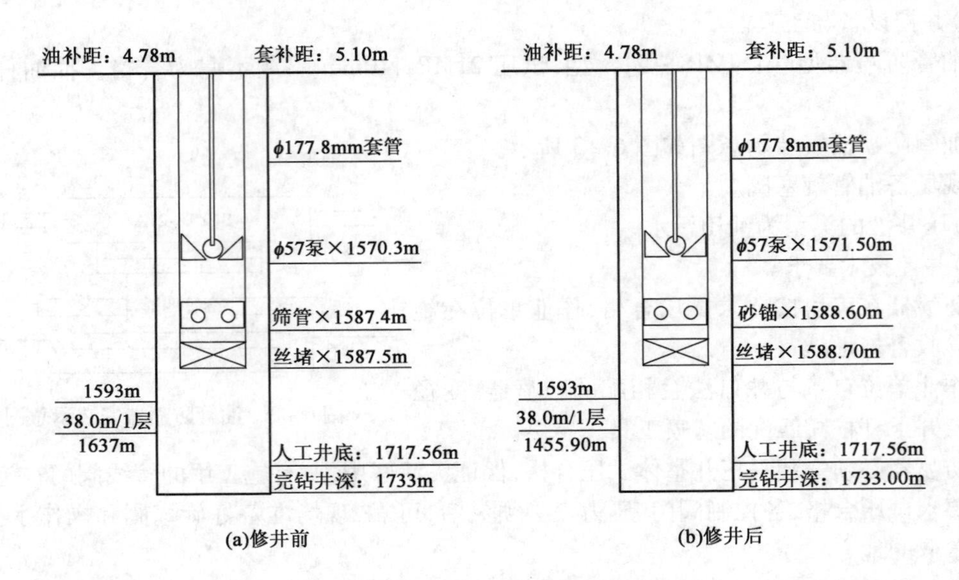

图 6－4　修井前后井身结构图

二、作业施工步骤

该井被发现油井出液下降，测试后断定为供液不足，分析认为有两种可能：一是地层出砂，二是固定阀堵塞。作业上提 ϕ36mm 光杆，提出井内全部抽油杆及活塞，发现活塞内砂堵，砂样为地层砂（细粉砂），拆井口，提出井内全部油管、泵管（ϕ114mm 油管 172 根 + ϕ57mm 泵 + ϕ88.9mm 油管 1 根 + ϕ89mm 筛管 1 根 + ϕ89mm 丝堵 1 个）。下入 ϕ88.9mm 笔尖至 1590.3m，开始冲砂，当水泥车打入 45m^3 热污水后，出口开返液，并下放管柱，当冲砂进尺 20m 后，出现冲砂管柱遇卡现象，泵车无憋压。经上下反复活动管柱未能解卡，最后上提管柱 500kN 解卡，提出全部冲砂管柱。经作业监督和作业队技术人员对卡原因分析为套管变形造成卡管柱。下入 ϕ145mm 铅模打印核实未发现套管变形。经过现场人员仔细检查，发现第 102 根冲砂管柱的接箍以下 20cm 处有一个近 15cm 长的裂缝，此裂缝在冲砂过程中造成“短路”（即油管打入的液体从此裂缝处从油套环空返出）。换掉此根冲砂管，泡沫冲砂至人工井底 1717m，冲出细粉砂约 0.2m^3，冲砂顺利完成。

（1）下泵：下 ϕ89mm 砂锚 4 节 + ϕ88.9mm 平式油管根 + ϕ57mm 重球防砂泵 + ϕ114mm 平式油管 172 根，坐井口，正打压 8MPa，15min 后压力不降，合格。

（2）下杆：ϕ57mm 防砂泵活塞（1.5m）+ ϕ36mm 空心杆 174 根，调整防冲距 1.20m，挂抽。修井后井身结构如图 6－4（b）所示。

三、检泵原因分析

本井造成油井出砂卡泵的原因：一是该井所在区块地层胶结强度小，地层疏松，这是油井出砂的主要地质因素；二是由于油井高轮次吞吐，由于高温蒸汽的冲刷使岩石骨架进一步疏松，造成油井出砂；第三，该井原油黏度大，属超稠油，对地层岩石的拖曳能力强，造成油井出砂；另外，在油井管理上，由于追求原油产量，加大生产压差，提高采油速度也是造成油井出砂的主要因素。

四、施工重点

（1）下井管柱应仔细检查，并丈量，做到“三丈量，三对口”误差每千米不超过3m。

（2）下井管柱必须用相应的通径规通过，方能下井。

（3）下井油管的螺纹必须涂抹螺纹脂，保证油管螺纹密封，并防止偏扣。

（4）冲砂前探砂面时，管柱下放速度应小于1.2m/min，以悬重下降10～20kN时，确认遇砂面，并连探两次。

（5）冲砂前准备工作要充分，冲砂设施要配套，冲砂液要充足。

（6）施工前必须对所有的设备及游动系统进行认真检查，严格执行操作规程。

（7）冲砂施工中一旦发现井漏，必须采取漏失井冲砂措施。

（8）冲砂施工时，先将冲砂管提离砂面3m以上，开泵循环正常后，均匀下放管柱冲砂，冲砂排量就控制在700L/min以上。

（9）冲砂过程中，如水泥车发生故障，必须停泵处理。同时要上提管柱至原砂面30m以上，并反复活动。

（10）冲砂过程中，若提升系统出现问题，应大排量洗井，将冲散的砂子洗净。

第三节　井下作业工程典型质量事故案例

一、分求管串卡钻事故

1. 静态资料

完井日期：2003年9月27日；人工井底：1926.10m；套补距：2.5m；套管外径：ϕ139.7mm；内径：ϕ124.26mm；套管深度：1939.90m；水泥返高：22.0m。压裂层位：长4+5；油层段：1818～1824.8m、1824.8～1829.9m；射孔段：1821.0～1825.0m；采用SYD－102－127弹射孔，孔密32孔/m。

2. 事故过程

2003年11月26日压裂长6^1层后下入分求钻具，结构为母堵＋油管1根＋Y211－114轨封1个＋变径接头＋ϕ62mm花管1个＋油管191根至井口。母堵深度1840.64m，轨封1830.86m，花管深1829.10m。抽汲过程中发现液面突然降低，直至无液面，2003年11月28日，活动管串，起出油管12根，上提第13根管串遇卡，活动解卡，负荷200→250→300→350→400→450kN未解卡，采用水泥车正、反循环洗井均未畅通，泵压范围18～25MPa。后经倒扣、套铣等方法处理，打捞完发现花管中有抽汲抽子1个和1个抽子上接头。

3. 事故原因分析

（1）当解封后下层液体随着压力的释放会携带地层吐出的砂很快随井筒上升，并上升至封隔器以上，随着起钻具工作的进行，砂子又会逐渐下沉聚集，当聚集到一定量时环空砂粒沉积于封隔器上部导致卡钻。

（2）抽汲过程中对抽子未勤检查，长时间使用造成抽子本体脱扣而落井。

（3）解卡时正反洗井均不畅通且泵压高，原因是花管内落有抽汲抽子及上接头。

（4）压裂后裂缝未完全闭合，反洗井起到诱喷作用使地层吐砂。

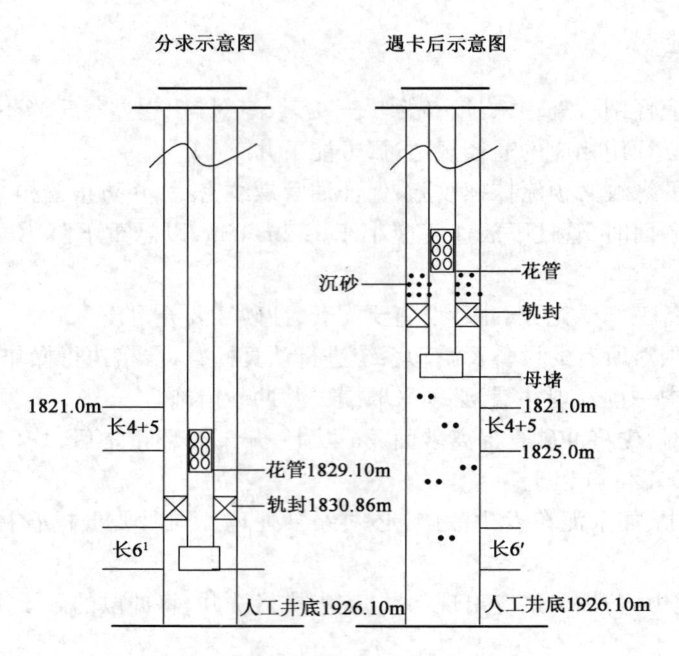

图 6－5　分求管串遇卡前后示意图

4. 预防措施

(1)对于分求钻具,为防止井筒中砂子上返,可在起钻具前,即解封以前,向油管内及环空中灌注活性水至井口,用以平衡地层压力,达到防止砂子上返造成卡钻事故的发生。

(2)分层求产时(求上层),轨封位置尽量靠近射孔段下沿,使轨封上面减少沉砂口袋。

(3)抽完,进行反洗井工序。

(4)上起抽汲钻时应该慢提。

二、油管落井事故

1. 油井静态资料

完井日期:2003 年 11 月 22 日;井深:1989.0m;人工井底:1964.0m;水泥返高:246.9m;套管内径:ϕ124.26mm;套管下深:1985.93m;套补距:2.80m;最大井斜:19.0°;层位:延 9;油层井段:1937.6～1946.0m,厚度:8.4m,为综合解释油层;1946.0～1950.8m,厚度 4.8m,为综合解释油水层;1950.8～1962.9m,厚度 12.1m,为综合解释水层。射孔井段:1937.6～1939.6m,厚度 2.0m。

2. 事故过程及原因分析

该井于 2003 年 12 月 1 日搬上试油,12 月 8 日下单上封压裂管串,当下至封隔器以上第 64 根时管串落井,落井管串为球座＋ϕ62mm 外加厚油管 4 根＋长 454 单上封＋水力锚＋ϕ62mm 外加厚油管 64 根。由于该井液面很低,大约在 1600m 左右,落井油管由于受重力加速度及反弹力的影响油管弯曲变形严重(图 6－6),经五个多月的打捞,捞出油管 53 根。

3. 防范措施

造成油管落井的原因一是用液压钳上扣时油管偏扣,二是外螺纹磨损、锥度变化。

图 6－6　变形油管图片

（1）液压钳下钻操作时要用对扣器，人工先用管钳上 2～3 扣后再用液压钳上扣，禁止慢挡冲击，卸扣后空转小于 1 圈。

（2）液压钳起下管串时严格按其操作规程作业：压力调至 6～8MPa、对于 ϕ62mm、J－55 钢级的非加厚油管扭矩为 1450～180N · m；对于 ϕ62mm、J－55 钢级外加厚油管扭矩为 1700～2850N · m，油管上扣扭矩见表 6－4。

表 6－4　油管推荐上扣扭矩表

外径 mm	内径 mm	钢级	上扣力矩，N · m					
			非加厚			加厚		
			最佳	最小	最大	最佳	最小	最大
60.3	50.3	J－55	1000	750	1250	1800	1350	2250
		N－80	1400	1050	1750	2500	1850	3100
73.02	62.0	J－55	1450	1100	1800	2300	1700	2850
		N－80	2050	1500	2550	3200	2400	4000
88.9	76	J－55	2050	1500	2550	3150	2350	3950
		N－80	2850	2150	3600	4450	3300	5550
101.6	88.6	J－55	1700	1300	2150	3550	2650	4450
		N－80	2400	1800	3000	6300	4750	7900

三、钻杆落井事故

1. 油井静态资料

完井日期：2003 年 7 月 5 日；完钻井深：2323.0m；人工井底：2285.0m；水泥返高：825.0m；套管内径：124.26mm；油套下深（防腐）：1143.54m，钢级 J55×139.7×7.72；油套下深（裸管）：2311.38m，钢级 J55×139.7×7.72。

2. 上修原因

该井是一口采油井，于 2003 年 6 月 21 日开钻，7 月 5 日完钻，完钻井深 2323.0m（项目组确定井深为 2314.0m）。9 月 8 日压裂施工后，下分求钻具时在 751.53m 遇阻，下通井钻时在 751.53m 遇阻，750.39m 处印痕异常，证明该井在试油施工过程中井筒发生变化，本次上修主要是证实套管的技术状况以对症处理。

3. 事故过程及原因分析

该井于2003年10月29日上修，先起出上部75根×734.49m套管后，又下入ϕ73mm反扣钻杆下带5½in捞矛准备倒出下部第一根套管，当下完78根钻杆欲旋转钻具打捞时发现管串落井。打捞过程证实钻杆两处脱扣，第一处捞矛以上第三根钻杆处、落物在套管外面；第二处在由下而上第44根钻杆处，钻杆全部落入井底，后分二次打捞完毕。落物状况如图6－7所示。

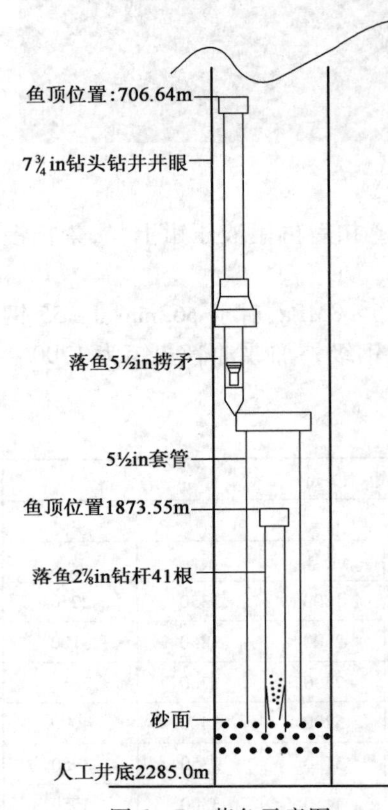

图6－7　落鱼示意图

造成该井钻杆落井的原因分析为：

(1)底钳未打好致使管串转动松扣落井；

(2)在下钻时钻杆公扣台阶处缠了麻绳使螺纹上不紧而造成钻杆落井。

4. 防范措施

(1)初始下钻时一定要打好底钳；

(2)下入井内的钻杆均用标准螺纹脂涂抹，禁止缠麻绳；

(3)新钻杆在地面连续上卸3次扣再下入井内，防止粘扣，并用大钳上紧。

四、测井电缆卡钻事故

1. 油井基本简况

一口生产井，1985年12月28日投产，人工井底：1445.87m，生产层位Y_{10}(1.2)层，日产液量为19.85m^3，日产油量为16.42t，含水率为1.5%，生产至1994年9月，日产液量为21.08m^3，日产油量为4.25t，含水率为76.0%，动液面810m，累计产油量为25942t。

2. 落物的形成

(1)测井执行环空测井任务时，当找水仪(外径ϕ25mm、长2.3m)下至800m处遇阻，上提电缆(外径ϕ8mm、长800m)断，后来在检泵作业时起油管过程中遇卡，经活动起出油管时第8根从外螺纹处断掉。

(2)进行打捞解卡时，倒出52根油管，接着下外钩试抓电缆的过程中突然遇阻，上提至第5根时遇卡，卡点142.90m后通过旋转、活动、循环、碱处理(井内结硫酸盐垢)、上拔、下砸、倒扣等措施，共起出钻杆7根后卡死。

(3)本次上修前，另有一支修井队下公锥＋正扣钻杆进行造扣打捞，结果造成公锥与正扣钻杆不能脱手，造成该井多次、多级、多类型落物且遇卡的复杂情况，当时被人们定为“死井”。

井下落物先后有：

(1)测井电缆880m(外径ϕ8mm)和一台找水仪(长2.30m、外径ϕ25mm)。

(2)母堵(ϕ89mm)×0.08m＋ϕ62mm尾管×1根×8.91m＋ϕ62mm花管×1根×1.03m＋ϕ62mm尾管×1根×8.97m＋ϕ62mm接泵短节×1根×0.20m＋ϕ44mm泵×3.68m＋ϕ62mm油管×59根。

(3)外钩(ϕ62mm)×0.86m＋反扣钻杆(ϕ73mm)×根。

(4)$2\frac{7}{8}$in 钻杆下带公锥一个。

具体井下落物如图 6－8 所示。

后来由修井队再次对该井进行修复，经过活动解卡、倒扣打捞、下内外钩、下正反捞矛、套铣筒、卡瓦捞筒等十八道工序。

3. 事故发生原因

(1)采用外钩打捞电缆时，下入过深，并且外钩上部没附带盖帽，故电缆线上窜，缠绕外钩上部太多，造成第三次落物；

(2)选择公锥打捞外钩时没有考虑到能否脱手，故而造成第四次落物。

4. 防范措施

(1)打捞绳类落物时，工具上部要有挡环，其厚度小于 20mm，外径小于套管内径 6mm，且一定要采用慢下，逐步加深上提试捞；

(2)选择打捞工具要考虑脱手和再打捞；

(3)对打捞管柱总的要求是：下得去，抓得牢，脱得开，起得出。

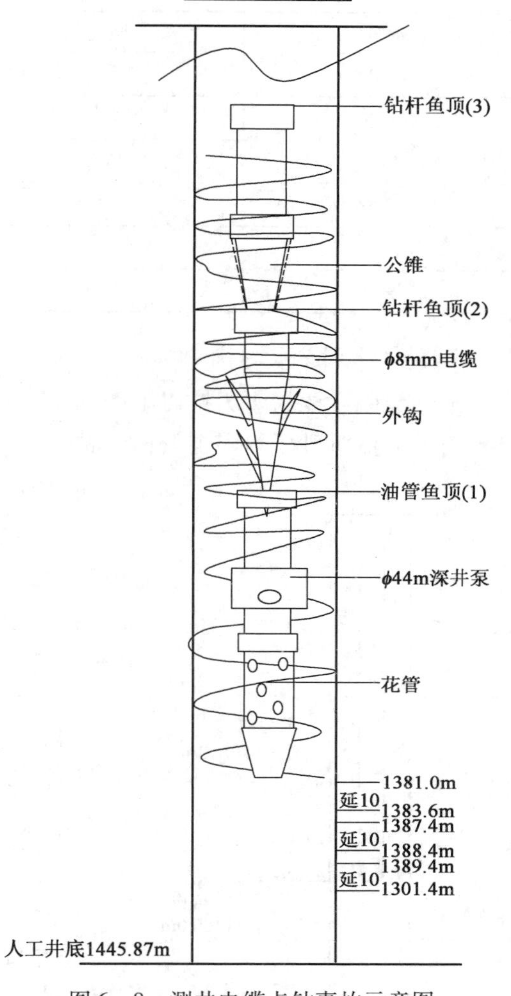

图 6－8　测井电缆卡钻事故示意图

五、压裂卡钻事故

1. 基本数据

完井日期：1998 年 8 月 21 日，套补距：4.70m，水泥塞面：1527.98m，孔段 Y4＋5：1488.0～1490.0m，固井质量：管外水泥上返深度 490.50m，固井质量合格，井斜情况：最大斜度 30.4°。

下压裂钻，其参数为：水力锚 1447.30m，454－2 封隔器 1447.73m，ϕ16mm 直嘴 1477.0m。

2. 事故过程

压裂时，压裂车排量 800～900L/min 时，最高压力达到 8MPa，后压力降至 1MPa，排量提到 1200L/min，压力仍不到 1MPa，现场技术人员分析认为封隔器以上某油管破裂，决定起钻检查，压裂队马上砸卸管线。后因牵扯到压裂车费用等问题，请示有关技术负责人，负责人问明这一口井只有 Y4＋5 一个层位和 1998 年完井等一些情况后决定关套管阀门压裂，压力最高不超过 35MPa。压裂完洗井后，卸井口起钻，拉力最大达到 36 吨，钻具不上行，出现卡钻事故。压裂参数见表 6－5。

表 6－5　压裂参数表

时间	内容	压力，MPa	排量，L/min
15:00	预压	0 ↗ 25 ↘ 23	900
15:06		23	1000
15:09	加砂	23	1000

续表

时间	内容	压力,MPa	排量,L/min
15:20		21	1000
15:26		21	1000
15:32	顶替	21	1000
15:33		26	1000
15:34		28	1000
15:36	停泵	28↘3	1000

3. 事故原因分析

卡钻原因主要为水力锚以上的油管本身有纵向裂缝,在高压下裂口,使液体循环短路,使含砂液体分流沉砂于封隔器处而卡钻。

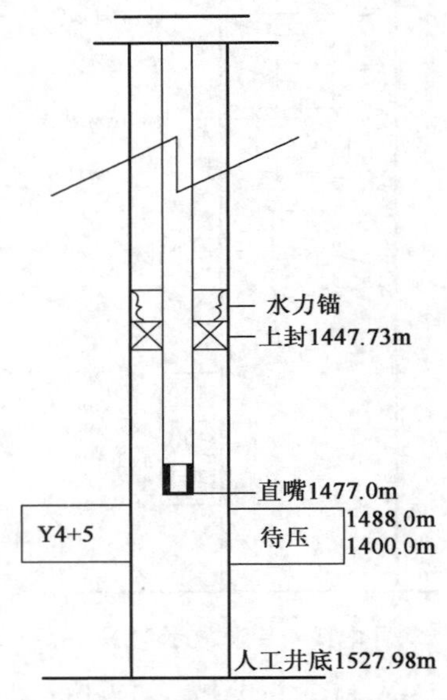

图6-9 压裂钻具结构示意图

4. 预防措施

(1)下管串时,油管若有弯曲变形、缩径、磨损、腐蚀、结垢严重、裂缝、孔洞、砂眼、螺纹损坏者不得下井,从源头上杜绝;

(2)现场人员要有独立见解,出现问题要分清主次、当机立断解决问题;

(3)定期对油管探伤,及时了解油管使用中的技术状况;

(4)加强油管使用管理,每年开工后的第一口井要在洗井后对油管进行试压。

六、解除抽子卡油管落井事故

1. 静态资料

完井日期1996年6月2日,完井深度(斜)1480m,套补距5.0m,人工井底1468.30m、水泥返高39.50m、套管外径ϕ139.7mm、套管内径ϕ124.26mm,套管下深1478.72m、最大井斜20.2°。层位:延9油层井段1416.8~1420.8m、厚度4.0m,延10油层井段1434.0~1440.0m、厚度6.0m,1440.0~1445.0m、厚度5.0m,延10油层射孔井段1434.0~1436.0m、厚度2.0m。

2. 事故过程

该井压裂后抽汲排液时水力式抽子卡死,上提下放活动几十次解卡无效,后上提近12吨拔断抽汲绳起钻。起出后发现加大油管从第36根处出脱扣。

3. 原因分析

在活动解卡过程中井下管串由于上提下放引起的交变载荷和抽汲绳的左向旋转力使油管某处松扣(此处油管上扣紧度不够)直至脱扣;事故解除后证实抽子卡死的原因是抽子胶皮破损严重加之下放抽子过快所致。

4. 预防措施

(1)抽汲油管要用标准通径规逐根通过方能下井;

(2)下放抽子要控制速度,出砂井尤其注意;
(3)抽汲沉没度抽油时控制在 150m 左右,抽水时控制在 100m 左右;
(4)抽子在井下不得停留;
(5)抽子卡死上提下放次数不宜太多;
(6)在斜井上特别是钻井井眼不规则(方位变化大),下入分求抽汲管串时也易倒开油管;
(7)每抽 3 ~5 次对绳冒、加重杆、抽子进行检查。

七、挤水泥固油管事故

如图 6 -11 所示,某井为光油管挤水泥钻具,作业队按设计要求替完水泥浆后即开始挤,最高压力达 25MPa,挤完后上提管串欲反洗井就已卡死,此时,从配水泥浆起时未超过水泥浆的初凝时间(初凝时间为 85min,作业用的水和水泥均合格)。

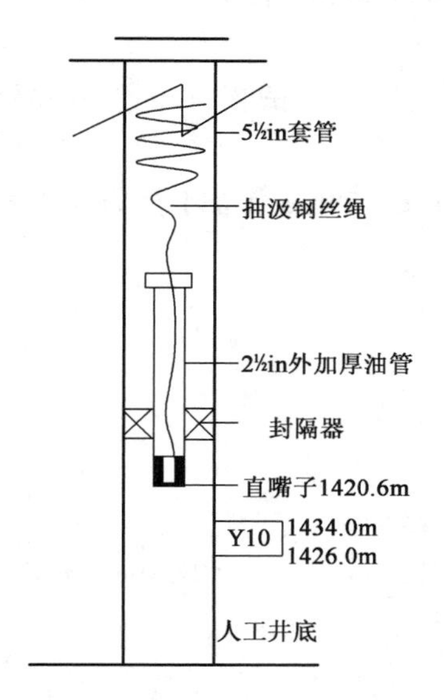

图 6 -10　抽汲钻具落井示意图

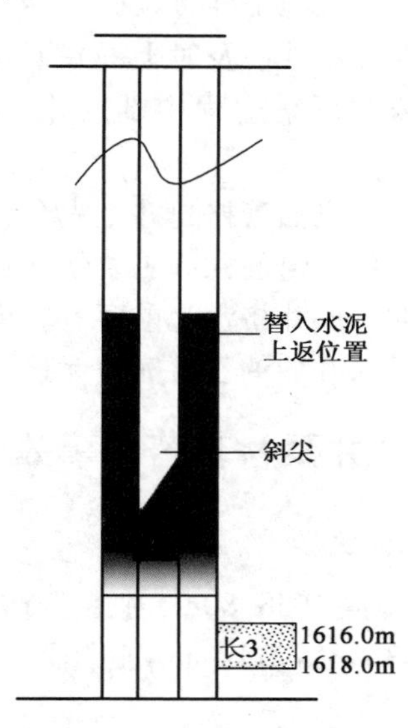

图 6 -11　挤水泥固油管事故

1. 原因分析

高压下挤水泥会缩短水泥初凝时间,泵压 25MPa 加液柱压力 16MPa,则作用于井底的压力为 41MPa,再加温度高,水质变化,水泥浆初凝时间缩短一半多。压力变化对水泥初凝时间的影响见表 6 -6。

表 6 -6　压力变化对水泥初凝时间的影响表

压力,MPa	初凝时间
10	比一个大气压时缩短 10%
20	比一个大气压时缩短 15% ~20%
30	比一个大气压时缩短 35% ~40%
40	比一个大气压时缩短 45% ~50%
50	比一个大气压时缩短 55% ~60%

注:适用于 0.1MPa 时初凝时间为 1.30h。

此外,打水泥固死油管的事故原因如下:
(1)整个作业过程因设备或生产组织不当致使作业时间超过水泥浆的初凝时间;

(2)井下管串因故脱落造成落井油管固死；

(3)套管破损光油管挤水泥时水泥浆上返进入破漏段；

(4)带上封挤水泥时因管外窜通或下带直嘴孔径过大,故嘴损压力小致使封隔器座封不严导致水泥浆上串到封隔器以上；

(5)油管本身有破裂之处造成液体分流加之油管未起出水泥浆外。

本井属第(6)种原因,既当地面加压25MPa时,井底压力相当于41MPa,故水泥浆初凝时间缩短55%左右,加之井下管串未提出水泥面,故而造成水泥固死油管的事故。

2. 预防措施

(1)参考在施工井的温度和施工压力条件下水泥浆的初凝、终凝时间数据；

(2)要保证施工用设备完好运转；

(3)要做好施工准备、反洗井前的施工时间不得超过水泥浆初凝时间的70%；

(4)在反洗井前及时上提井下管串至预计水泥面以上；

(5)要在下钻过程中随时观察指重表并要在挤水泥施工前试提井下管串校核、对比悬重；

(6)要在光油管挤封井上先套管找漏证实套管完好程度,防止水泥浆上移而固死油管；

(7)在单上封的井施工要保证封隔器座封完好；

(8)在多层井挤水泥前要有验窜资料；

(9)下入井的油管要完好无损。

八、深井泵衬套落井事故

1. 基本数据

人工井底1658.80m,射孔段Y9:1582.0~1584.0m,Y10:1595.0~1597.0m。ϕ38mm加长泵1180.33mm,Y211-114封隔器1590.0m,母堵1600.23mm。

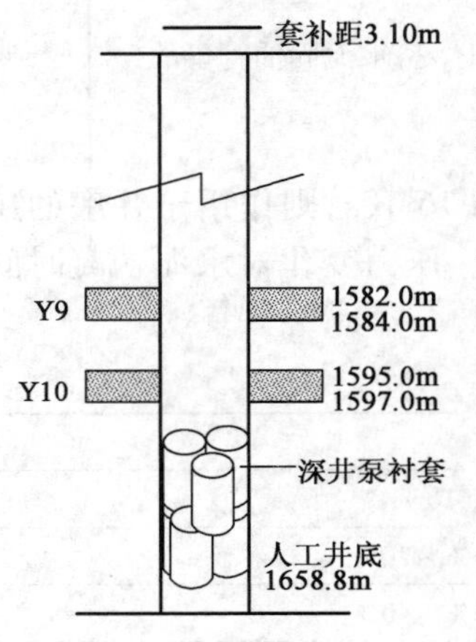

图6-12　深井泵衬套落井事故

2. 事故过程

如图6-12所示,下入Y211-114封隔器实施隔采作业,半年后需重新隔采,起原钻具时发现轨封卡。在上下活动过程中致使ϕ32mm管式泵下压紧接箍拔脱,泵内衬套全部落井,每个衬套长150mm,重约1.76kg,共30个。

3. 原因分析

(1)造成轨封卡钻的主要原因是井筒内结垢所致。

(2)衬套落井是上提力超过压紧接箍螺纹抗拉力或螺纹加工质量不合格所致。

4. 预防措施

(1)在结垢井上不宜下轨道式卡瓦封隔器。

(2)上提解卡力不超过螺纹抗拉力。

(3)对管柱中有深井泵的事故井在活动解卡时,不能硬拔,限吨位活动。若解卡无效,采取其他方法解卡。

(4)螺纹加工质量要合格。

第四节 大修作业井喷事故案例

一、提钻井喷事故 1

1. 基本数据

该开发井是一口大修井，在光管替水后提钻施工中发生井喷。该井完钻井深 2008.8m；井喷时井内修井液密度为 $1.0g/cm^3$；井喷时井内无钻具，SFZ18－21 防喷器已拆除；油层套管 $\phi139.7mm \times 9.17mm \times 2000.28mm$；层位 t_2^2：1738～1745m。

原完钻井深 2008.8m；原人工井底 1989.54m；曾用修井液密度为 $1.3g/cm^3$；t_2^2：1738～1745m，气层，产气量为 $11.2 \times 10^4 m^3/d$；$t_2^2－t_1^2$：1793～1962m，4 层均为油层；修井目的：挤封气层、钻灰塞、回采。

2. 事故发生经过

用密度为 $1.3g/cm^3$ 的修井液压井；提出井内全部结构；挤封气层，试压合格；钻灰塞至 1944m，逐层憋开油层井段；下完井结构试压合格完井。

1）大修施工经过

用密度为 $1.3g/cm^3$ 的修井液压井后提出井内管柱；下 $\phi115m$ 尖钻头划水泥环至 1775.4m；采用循环挤注法挤水泥封气层 t_2^2；候凝钻水泥塞，对堵层试压；钻水泥塞至 1851.39m；下封隔器对 1793～1796.5m 油层憋孔，未开；下光管替水，提钻时发生井喷。抢坐井口失败，井喷失控。

2）井喷事故经过

井队根据白班对 1793～1796.5m 层憋孔无明显效果的情况，决定下光钻杆替水后重新憋炮孔，并给零点班带去指令：下钻替水，替水后观察井内情况，然后提钻。第二日零点班接上班继续下钻替水 $18m^3$，井内稳定后提钻，零点班提钻 114 根钻杆，未及时灌液。第二日白班接班后提钻 8 根，发现井口外溢，当提完全部钻具时，喷势已经形成，抢坐井口未成功，井喷失控。井喷时已将井场电源、火源切断。

井喷后的现场情况是：$\phi73mm$ 卡箍采油树油管头坐入四通，4 颗顶丝只有 2 颗上紧，总阀门已坐在四通上，只穿上了 2 条螺栓，但有 1 条为上紧螺帽，而另 1 条未带螺帽；总阀门被高压气流顶歪，井口法兰 300°～330°圆周天然气喷出十多米远，总阀门只打开⅓，部分天然气由转盘通孔喷上钻台；井口四通上的套管阀门均带 90°短弯头作为作业时的循环出口；两侧套管阀门全部打开，钻台下完全被天然气笼罩，能见度低；井喷声响巨大，距井口 200m 处，高声讲话才能听到；喷出天然气约为 $11.2 \times 10^4 m^3/d$，含水量少，无砂、砾石，不含油。

3. 事故处理方法及主要作业步骤

该井井喷的抢险，主要在于能否在最短的时间内制伏井喷，保护油井和修井设备，其中关键是抢坐好井口和重新压井。抢险指挥小组根据井喷状况和抢险器材准备，决定采取两部分方案同时进行。

第一部分方案：组织抢坐井口，重新压井，抢坐井口和压井机具及压井液的准备同时开展。

第二部分方案：在抢坐井口的同时，另一部分人员做好修井机及设备与井架的分离工作，做好应急准备，一旦事故恶化，强行拉出修井机，尽可能减少损失。

两部分方案分别进行，在实施第一部分方案过程中，由于采取的措施和方法正确，抢坐井口成功，压井后制服井喷，使国家财产免受巨大损失。具体做法如下：

(1)强行加穿井口螺栓，重新坐好井口，为压井创造条件。

加穿井口螺栓快速做好井口的最佳方案是对角上螺栓。但在具体的抢险实施过程中，由于井口气流和压力太大，历时2h才穿上并上紧1条螺栓，而且还不是预想的对角螺栓，而是紧靠原有的螺栓，为此，抢险指挥小组及时讨论并改变原定方案，采取挨着已上好螺栓加穿螺栓，步步紧逼的方法，达到做好井口的目的。实施后行之有效。

(2)因天然气喷出致使所含水在井口结冰、成霜，将四通法兰的螺孔冻结，为能使螺栓顺利穿入，现场采取两部蒸汽车同时给井口解冻，并以铜扳手、铜榔头相配合，才使得强穿螺栓成功。

(3)外排分压是抢坐井口成功的关键，现场引出了两侧套管阀门和总阀门进行放喷。在认真分析了各个阀门完好程度以及能否在承受高压等情况后，成功地在左侧套管阀门、总阀门上连接好放喷管线，为抢坐井口奠定了基础。

(4)在安装放喷管线时，预先在各放喷管线上远离井口的部位加装高压阀门，这样既可防止原有井口阀门失灵、失控而影响后面的压井工作，又可以在整个抢险过程中减少因需要而进入钻台下开关阀门。

(5)压井液的密度和数量，以及压井作业车的压力和排量均要满足压井施工要求。在做好井口后迅速组织压井，以左侧套管阀门和总阀门作为压井进口，泵压控制在20MPa以内，实际为18MPa，挤入排量为1.5m^3/min，压井液密度为1.60g/cm^3，共挤入38m^3，彻底制服井喷。

(6)在保证了井口密封和各阀门安全可靠后，先利用左侧套管阀门作为压井的进口，关闭总阀门，右侧套管阀门保持少量放喷。先利用重力置换法压井，后挤压井，具体做法是：所有管线试压合格后，左侧进口憋压启泵后慢关总阀门，待泵压正常后打开总阀门，两个压井进口同时挤入压井液，再逐渐关闭右侧套管阀门，实施挤压井。

4.事故原因及技术分析

(1)修井过程中改变压井液密度是造成井喷的主要原因。

(2)在改变了压井液密度的情况下起钻又不灌修井液，因替水和起钻不灌压井液使整个井筒液柱压力减少，实际井内液柱压力低于地层压力，是造成井喷的直接原因。

(3)在施工过程中随意拆除防喷器，使得井喷后井口无法控制。

(4)井控技术素质差，发现井喷预兆后，未果断处理抢坐井口，导致抢坐井口失败，以致井口失控。

(5)对油田区域特点的了解、判断失误，制定了错误的憋炮孔施工方案，是严重技术失误。

二、提钻井喷事故2

1.基本情况

该井在提泵出井口时发生井喷。作业目的：打捞出井内被卡管柱，在侏罗纪生产层射孔，完井。

2.事故发生经过

经过井控检查和验收合格后开工，冲洗鱼顶，打铅印，捞出ϕ88.9mm油管9根和泵上短节一根,并套洗。

在提泵和封隔器准备卸扣时,发生了井涌。关闭防喷器(螺杆泵及封隔器内腔堵塞,关井成功);为防止压井施工中挤通管柱,在螺杆泵的顶端安装好油管旋塞,井涌得到初步控制。

挤入清水 $10m^3$,压井未成功;用清水配置好 $15m^3$、密度为 $1.24g/cm^3$ 氯化钙压井液后,继续压井,挤入 $8m^3$,挤后井口压力 1MPa,关井扩压 20min 后打开防喷器,观察井口 10min 后,确认井口稳定后,卸开泵和封隔器(油管锚),并甩到钻台上。此时,套管环空发生外溢,并瞬间形成强势井喷,井内油管被顶出钻台高约 6m,天然气从油管内喷出,喷高接近二层台。

现场班组人员立即采取应急处置措施,关闭防喷器,切断井架电源之后,打开放喷阀门进行外排。同时进行接方钻杆(带有旋塞)的抢接准备。此时,现场总监指挥打开防喷器,但被顶出的油管并未下落,反而一油管立根借助惯性被气流顶出钻台,与之连接的第 3 根油管接箍也露出溢流管,顶出的油管立根担在井架上,下部被气动卡瓦卡住,不能落回井内,造成防喷器无法再次关闭,导致井喷失控。现场人员撤离井场,切断所有电源,等待救援。

3. 事故处理

方案一:将油管用吊车提出,将接好旋塞的防喷管柱下压入井后,关井。

方案二:在油管上打卡子,用麻绳将管柱强行下压入井,并固定在防喷器上,安装好旋塞后,关井。

经研究后采用第二方案,将油管强行下压到距离钻台 1m 左右,使用特制旋塞抢装在油管上,手动关闭防喷器后关闭旋塞,关井成功,关井套压 3MPa。使用密度为 $1.4g/cm^3$ 的压井液挤压井成功。

4. 事故原因分析

(1)第一次井喷关井压井,关井扩压时间以及开井观察时间不足;正规挤压井时间,井深 300m,关井扩压 1h,开井观察不少于 30min。

(2)第二次井喷关闭防喷器后,错误认为被顶的 6m 油管可以通过自重落回井内,盲目打开防喷器,导致更多的油管被顶出井口,致使防喷器无法关闭,造成井喷失控。

三、套取桥塞、回产气层井喷事故

1. 基本情况

该井套取桥塞、回产气层施工过程中,压井作业时和打铅印提钻时发生井喷。完钻井深 4331.7m,人工井底 3577.05m,油层套管 ϕ139.7mm × 7.72mm × 4325.6m,ϕ108mm 电桥分别位于 4131m 和 4065m,ϕ108mm 欧文电桥位于 3750m,ϕ108mm 机械式桥塞位于 3596.96m,要生产的 p_2w 和 p_1j_{3-1} 气层被电桥封隔,本次大修目的是钻水泥塞、套取桥塞、回产气层。设计用密度为 $1.0g/cm^3$ 修井液压井施工,钻取 3750m 电桥;打开 p_2w、p_1j_{3-1} 气层,用密度为 $1.4g/cm^3$ 压井液压井施工作业。

2. 事故发生经过

1)压井过程井喷

第一次压井:用密度为 $1.4g/cm^3$ 压井液 $60m^3$ 正循环压井,压井施工后期发现井涌逐渐增大,瞬时涌出大量天然气并雾化,关半封,用 25MPa 放喷高压阀门控压失败,阀门壳体被刺穿,随后 ϕ62mm 放喷管线又被刺断。关井,更换放喷管线,用右侧外套管阀门控制外排,套压 3 ~

5MPa,油压 0MPa,等压井液。

第二次压井:1400 型压裂泵车组正循环注入清水 $20m^3$、密度为 $1.4g/cm^3$ 压井液 $70m^3$,泵压 2~33MPa,排量 0.6~$1.2m^3/min$,右侧外套管控压阀门壳体被刺穿,大量天然气雾化喷出,放喷管线结霜。压井不成功,等压井液,外排。

第三次压井:连接套管阀门左侧放喷管线,关闭右侧内套管阀门,用密度为 $1.8g/cm^3$ 压井液正循环注入 $10m^3$,油压 0MPa,卸方钻杆,更换旋塞,连接压裂管汇。15:00-17:30 时,1400 型压裂泵车组正循环注入清水 $40m^3$、密度为 $1.8g/cm^3$ 压井液 $100m^3$,泵压 37.2~16MPa,排量 1.4~$0.6m^3/min$,压井成功。

2)打铅印提钻井喷

钻水泥塞至 4060.3m 后,下套铣筒 4 次套铣 ϕ108mm 电桥至 4062.3m 无进尺,用 ϕ115mm 铅印打印后,证明井下有不明落物。下 ϕ116mm 高效磨鞋磨铣落物 16h 无进尺,用磁铁打捞器捞出 ϕ10~50mm 不明碎铁 5 块。下铅印带随钻捞杯至 4062.30m,用密度为 $1.6g/cm^3$ 压井液洗井 3h,压井液稠化严重呈滴流状,下压 80kN 打印,水眼堵,提钻过程中不能正常灌浆,每提十几根钻杆灌满井筒一次,提至 1623.62m 时,钻井泵出故障,停止提钻,修泵。12:00 时井外溢,关井。17:00 时 2SFZ18-35 防喷器半封闸板芯子刺坏,利用套管阀门控制两根放喷管线同时放喷降压,因半封失效,将钻具甩脱落井,关全封,外排降压,加装 FZ18-35 防喷器。

第一次压井:用 1400 型压裂泵车组,挤清水 $20m^3$,泵压 3~7MPa,排量 0.7~$1.7m^3/min$,由于一部主机车泵不上水,关井,修泵 40min 后,防喷器开始滴水、流水,开井瞬间套压升至 18.6MPa,压裂接头脱扣,一声巨响,喷出大量雾化压井液及天然气,压井不成功,外排降压。

第二次压井:用 1400 型压裂车组,挤入密度为 $2.0g/cm^3$ 压井液 $20m^3$,跟进密度为 $1.7g/cm^3$ 压井液 $30m^3$,泵压 1.5~5.5MPa,平均排量 $2.18m^3/min$,历时 23min 压井结束,制服井喷。

3.事故原因分析及压井技术分析

1)压井施工井喷原因

第一次压井过程中,中途停泵检修,控压措施置后,形成钻柱内外的压力差,并且设计压井液密度偏低,诱喷了非目的层 P_2w 解堵是发生井喷事故的主要原因。

2)压井技术分析

第一次正循环压井过程中控压置后,中途停泵检修,形成了钻柱内高密度压井液液柱与环形空间中低密度水的压力差,诱导井喷;第二次压井管线采用了压裂泵车循环压井,泵压最高达 33MPa,而 2in 油接头的承压极限是 25MPa,施工中油接头刺漏两次,中断施工,致使压力差加速了环空压井液的排出,加速了井喷;第三次压井成功说明在高压气井中进行正循环压井时,采用垫水隔气和大排量连续注入高密度压井液的措施是合理有效的。

3)提钻井喷原因

压井液稠化严重,不能正常循环灌注压井液,在铅印水眼堵的情况下提钻,极大地降低了压井液柱压力,用间断性常规灌浆方法不能使稠化严重的压井液充满井筒保持正常液柱压力是发生井喷事故的主要原因。

4)压井技术分析

外排降压在井筒周围形成了“低压漏斗区”,有利于压井成功,一般情况下井喷后的测压是必要的,但关井测压的结果是造成近井筒近地带地层压力的回升,因此在对该井地层压力较清楚的情况下,未进行测压是缩短压井周期的有效措施之一。

第一次挤压井和第二次压井相比在方法上有所不同。第一次压井是采用传统的垫水隔气法,设计使用 $40m^3$,实际注入 $20m^3$ 后停泵,施工过程 70min,井口压力由 1.5MPa 上井至 18.6MPa,即占用了井筒空间又占用了地层压力恢复时间,逐步建立液柱压力的思路和不连续的施工是失败原因。

第二次压井是在放喷后立即进行的,在地层压力恢复高压之前,大排量快速注入高密度压井液,迅速建立液柱压力,压井液几乎不受气浸,这是压井成功的根本技术措施。

四、套铣桥塞时井喷事故

1. 基本情况

该井在套铣桥塞过程中发生井喷,井喷层位 T_2k(2290.0 ~ 2304.0m)井喷时井内修井液密度为 $1.55g/cm^3$。该井完钻井深 2633.5m,油层套管 ϕ139.7mm × 7.72m(9.17mm) × 2632.16m,原人工井底 2621.66m,目前砂面 1772.09m。存在问题:油层被隔封、无法生产。修井目的:钻灰塞及套取液压桥塞,挤封 J_1b 和 J_2t 气水层及 J_3q 出砂层,回采 T_2k 油层。

2. 事故发生经过

1)施工要求及施工过程

用密度为 $1.8g/cm^3$ 修井液压井施工,井口安装 SFZ18 – 21 型防喷器,提出井内上部结构。钻 1772.09m、1839.88m、1989.72m、2142.68m 处灰塞,钻取 2026.35m、2146.68m 处桥塞。上部套管试压:用清水试压 10MPa 经 30min 压降不超过 0.5MPa 为合格(要求封隔器座封于油层顶部以上 30m 之内)。挤封 J_1b 层 2290.0 ~ 2304.0m 井段、J_2t 层 2066.5 ~ 2083.0m 井段、J_3q 层 1954.0 ~ 1963.0m 井段、1786.0 ~ 1788.0m 井段。钻 2423.0m 处灰塞、回采 T_2k 油层。冲砂、洗井至人工井底 2621.66m。用 ϕ115mm 通井规通至人工井底 2621.66m。完井结构为空井筒。

施工步骤:用密度 $1.8g/cm^3$ 修井液压井后提出井内结构;更换 60MPa 井口为 35MPa 井口;上部套管以及验窜通道试压合格;钻老灰塞由 1776.3m 至 2000.36m;挤封出砂层试压合格;挤封 J_2t 气水层试压合格;套取桥塞发生井喷。

2)井喷事故经过

下 ϕ114mm 套铣管至 2165.31m 遇阻准备套取桥塞,现场考虑 J_1b 层试油为气水层(气 $1697m^3/d$,水 $90.24m^3/d$),静压 40.451MPa。于是现场调整修井液密度提高至 $1.83g/cm^3$、黏度 63S 后并且循环至进、出口一致,开始套铣,由 2165.31m 套铣至 2165.65m 后桥塞下落,此时突然听见井口有气体溢出的声音,并发现修井液外溢严重。班组人员迅速进行现场应急处置,按关井程序关井,上提出钻具出钻台面,先打开节流阀,后关闭旋塞,关闭防喷器,关节流阀后观察套压,发现套压迅速上升至 18MPa,由于井口安装的是 SFZ18 – 21 型防喷器,为避免关井压力超过防喷器的额定工作压力,造成防喷器损坏失效,进而井口失控,现场决定进行放喷。放喷后用 $1.0g/cm^3$ 的清水 $6m^3$ 替出单流阀以上修井液 $4.5m^3$。(喷出物为天然气、水混合物,放喷 2h 后喷势逐渐减弱,喷出物为少量天然气和大量的水)。井喷发生时井场已停机、停电。

3. 事故原因分析

(1)套桥塞作业过程中压井液密度由 $1.83g/cm^3$ 下降至 $1.55g/cm^3$,导致液柱压力降低,是造成井喷的主要原因。

(2)原始资料：1989 年 5 月 J_1b 层试油为气水层(气 1697m^3/d，水 90.24m^3/d)，静压 40.451MPa。由于该层位被封多年，圈闭压力较大，在套开桥塞后就出现外溢，而该井采用的是 SFZ18－21 型防喷器，压力等级过小，不能有效进行关井和及时压井。

(3)套开桥塞发生井外溢，应该使用放喷管线阀门进行控制排气，见液即止，待压力回升后再开阀门排气，该队采取的是无控制的排气降压，致使井内修井液全部排出，井内液柱压力降低。

4. 抢险经过及损失

(1)用密度为 2.0g/cm^3 的修井液 40m^3 正循环替入井内，泵压控制在 5MPa，套管压力控制在 3MPa，泵排量 350L/min。在循环压井过程中出水量逐渐减少直至不出。后观察井内稳定不出，更换 SFZ18－21 防喷器为 2SFZ18－70 防喷器。

(2)抢险时间 32h；主要抢险物资消耗密度为 2.0g/cm^3 修井液 60m^3。

第五节　小修作业井喷事故案例

一、射孔井喷事故 1

1. 基本情况

该井在进行射孔作业时，发生井喷失控。

(1)该井投产时：油层套管 ϕ139.7mm×7.72mm×1889m，钢级 J55；地层压力 11.16MPa；钻开油层用密度 1.33～1.43g/cm^3 钻井液；

生产层位 $T_2k_1$1787.5～1801m，ϕ54mm 喇叭口位于 1778.31m；

动态关井油压 3.8MPa，套压 5.9MPa。

(2)此次作业要求及目的：封堵目前生产井段 1787.5～1801m；通井至 1780m 畅通，对 1780m 以上套管试压 15MPa 合格；注灰面于 1770m，并试压 15.0MPa 合格；清水射孔，层位 $T_2k_1$1749.5～1743m；下 ϕ54mm 喇叭口于 1703m。

2. 事故发生经过

现场安装完 QF250－Ⅲ防喷器等井控装置后，10:30—11:20 向井筒灌清水 8m^3，使井筒充满清水；11:30—12:00 对防喷器试压 15MPa 经 10min 压力不降合格；18:37 开始进行电缆通井及传输射孔；19:10 射开目的层油层底层 T_2k_1:1749.5～1743m，射后井口小量外溢，抢提电缆；19:23 溢流高度达到 20cm，通知射孔队剪断电缆后，关井，当时 QF250—Ⅲ防喷器的中间闸板已经关到位，在关两侧半封闸板时，被剪断的电缆携带枪身被高压气流顶出，击打在防喷器中间闸板、两侧闸板的胶芯和推行凹槽上，并将上述部件击出防喷器，19:30 井口失控。

3. 事故处理

19:31　作业队根据井喷失控汇报程序向分公司应急办公室汇报，应急办公室立即启动二级应急处置预案。同时现场员工用气体检测仪对井口周围环境进行检测，检测结果显示 H_2S 气体含量为零。

19:45　向井下作业公司应急办公室作了汇报。

组织应急车辆，20:10 左右两部消防车到井，向井口喷水降温。

21:00　全部六辆水罐车到井，共备水 110m^3。

21:00—22:00　抢座井口成功，外排降压，出口干气成雾状。

22:15　密度为 1.6g/cm^3 压井液 60m^3，由两部罐车拉运到现场。

22:00—23:00　用密度 1.6g/cm^3 压井液 30m^3 挤压井成功，并安装克造 250 型采油树关井，制服井喷。

4. 事故原因分析

(1)关井速度慢；

(2)地质设计预计射开层位为油层，实际射开后为高压气层，导致选择压井液密度过低。

二、射孔井喷事故 2

1. 基本情况

该井在电缆传输射孔后井喷。

(1)射孔前基本数据如下：人工井底 946.59m；油层套管 ϕ177.8mm × 8.05mm × 954.9m，水泥返高地面；射孔层位 J_3q224.5 ~ 227.5m 和 227.5 ~ 230m，合计厚度 5m；原始地层压力 4.12MPa；累计产油量为 3t。

(2)下返射孔要求：挤封原油层 J_3q224.5 ~ 227.5m、227.5 ~ 230m；下返射开层位 $T_2k_1$847 ~ 845m，833 ~ 831.5m；射孔弹型 YD − 89；孔密为 20 孔/m；射孔方式为电缆传输；射孔液为清水。

2. 事故发生经过

修井队的 HSE 监理、值班干部及地质员对现场进行了射孔前的安全巡检，重点对防喷器、放喷管线的安装以及备用的防喷装置，例如：防顶短节、旋塞，防喷单根及简易井口、钢圈、高压阀门等的完好、有效状态进行检查。

12:00　射孔队到达现场，射孔队配备齐全电缆剪切钳，电缆剪切钳摆放在射孔车车厢后，现场班组人员进行防喷演习合格后通知炮队进行射孔作业，井队资料员负责观察井口。

13:45　地质员与射孔队长共同审核井身数据合格，点火射孔。

13:50　现场井口观察人发现井口溢流涌出清水，瞬时形成井涌，高度超过井口 0.5m，瞬间喷势增大，气流携带清水喷高超过 10m，井喷声音巨大，井队值班干部组织人员撤离，并通知射孔队剪断电缆后也撤离至距井口 20m 远处，此时射孔枪身及电缆被强大的气流夹杂清水从井内喷出，撞击射孔天滑轮及修井机大钩，待吊环、枪身落下后，井队当班人员抢下防喷单根及关防喷器。但由于井内喷出的气流强大，多次抢下没有成功。人员撤离，井喷失控。

3. 事故处理经过

14:05　井下作业公司接警后，启动井下作业公司一级应急救援预案，组织抢险人员、应急物资赶赴现场抢险。

14:30　抢险组到达现场，安排人员佩戴正压式呼吸器、耳塞拴上救援绳后，对井口进行可燃气体和 H_2S 检测，可燃气体的爆炸下限为 98%，H_2S 浓度为零；吊车配合进行井口及抢座简易井口。

17:35　抢座简易井口成功，井口被控制。

17:40　观察放喷管线外排情况，待取样观察。

次日 15:20 取样正常，15:28—16:30 关井测压，井口压力 1.5MPa。

按按采油厂下发的《工艺、工序更改通知单》组织压井作业，建立井筒平衡。

4. 事故原因分析

(1)地层流体性质预测错误，原解释射开层位为油层，实际射开为气层；

(2)地层压力提供不准，提供原始地层压力4.12MPa，实际为8.17MPa。

(3)现场无有效的快速防喷装置。

三、射孔井喷失控事故1

1. 基本情况

该井在电缆传输射孔时，发生井喷并失控。

该井人工井底2868.45m；压井液为密度1.2g/cm^{3}盐水；防喷器为QF250－Ⅲ型；射孔层位为P_2w。

2. 事故发生经过

井口安装250－Ⅲ型防喷器，用密度为1.2g/cm^{3}盐水压井后，采用电缆传输射孔，第一炮射开2772.5～2770m井段，在第二炮射孔枪下深至500m时，发生井喷，作业队迅速提出枪身后，关防喷器。由于套压超过关井极限套压，现场实施放喷，喷出物为盐水与天然气的混合物。现场应急处置决定在防喷器上加装总阀门，当人员在井口准备安装时，由于防喷器安装时只装了4条螺栓，井内高压气体不断侵蚀，将螺栓切断，防喷器与总阀门被打飞，井口失控。

3. 事故处理经过

抢险方案是抢装总阀门压井。

现场组织应急人员冒险抢装总阀门，经过2h的奋战，抢装总阀门成功。然后组织压井，第一次直接挤入密度为1.6g/cm^{3}的压井液30m^3，观察，压井失败；第二次采用先后挤入清水60m^{3}密度1.2g/cm^{3}的盐水30m^{3}以及密度1.4g/cm^{3}的压井液30m^3，观察如无外溢，压井成功，下入油管坐井口完井。

4. 事故原因分析

(1)防喷器安装不符合井控装置安装规定；

(2)地质设计预计射开层位为油层，实际射开后为高压气层，导致选择电缆传输射孔方式及低密度压井液。

四、射孔井喷失控事故2

1. 基本情况

该井是一口新投作业井，稠油探井，射孔后发生井喷失控。

完钻井深331m；人工井底319.26m，联入4.5m；油层套管ϕ177.8mm×8.05mm×328.61m，水泥返高至地面；固井质量及管外漏失情况为合格，井口类型为自喷；钻油层时钻井液密度为1.56g/m^3；井内ϕ73mm油管带ϕ150mm通井规。待射孔层位为T_2k_2，井段为282.5～284.5m、293～297m。

2. 事故发生经过

该井在井口安装好SFZ16－14半封闸板防喷器等井控装置后，进行了洗井、防喷器试压及通井等前期各项施工工序后（此时井内充满密度为1.0g/cm^{3}的压井液），配合测井公司射孔队进行电缆射孔作业，下电缆带4m枪身，14:35成功射开293～297m，射孔后准备上提电缆时，瞬时发生井喷，喷高约12m，30s的时间井内压井液被全部喷出，井口喷出物为天然气。

3. 事故处理经过

在发生井喷后，修井队要求射孔队立即切断射孔电缆，射孔队因井内喷出物为天然气，存在电缆切断后与井架撞击发生火灾的可能，不同意切断电缆，要求提出枪身。射孔队在失控状态下冒险上提电缆，14:45枪身提出，14:48修井队现场作业人员抢下防喷油管1根（上部有1m左右油管短节1根），按照关井程序将井口防喷器关闭，放喷管线进行放喷。井喷失控13分钟。后期压井成功。

4. 事故原因分析

(1)地质资料解释不细，把气层当油层射开；

(2)射孔方式选择错误；

(3)对地质送修书中的钻井液密度认识不足，没有给予重视，设计要求的射孔压井液密度过低；

(4)发生井喷后，未按井控实施细则要求，及时切断射孔电缆进行关井。

五、换采油树井喷事故1

1. 基本情况

该井在压井施工时发生井喷。

完钻井深4418m，裸眼完井段4320.33～4418m，钻开油层泥浆密度1.54g/cm^3；本井目前地层压力为62.2MPa；区块目前地层压力为61.1MPa；前次修井使用优质压井液，密度为1.5g/cm^3。

生产参数：4mm油嘴，产液量为83m^3，产气量为4528m^3，油压为21.5MPa，套压为13.6MPa；作业内容：维修（大四通泄漏，更换采油树）。

2. 事故发生经过

小修队上井更换采油树（地质措施标明总阀门损坏，原井采油树两侧生产阀门各只有1个，采油树上无油套压表）。13:40经过开工准备验收合格后开始施工，按要求连接好进出口管线。

20:20在进行压井施工时，出口管线的活动弯头发生刺漏，井队操作人员立即关采油树生产阀门，该阀门关不严，又关上总阀门，也关不严，活动弯头处刺出大量压井液、油气混合物，井口失控。

3. 事故处理经过

21:15启动应急抢险程序，组织抢险队进行抢险作业，23:58时抢装闸阀成功，成功控制井口。次日00:07解除应急状态。井口失控4h。

4. 事故原因分析

(1)没有严格按设计施工：设计中要求在生产阀门一侧加装角阀，而在现场施工时未安装。

(2)设计中要求使用700型泵车压井，在实际施工中用的是400型，降低工艺设计要求，泵车在施工中出现故障，无法正常连续施工。

(3)对石西石炭系地层高压特性认识不足。

5. 纠正与预防措施

(1)严格按照设计要求进行现场施工；

(2)对重点井要安排生产技术管理人员进行现场监护施工。

六、换采油树井喷事故2

1. 事故经过

修井队对该井实施油井维修作业，13:00—16:00用清水75m^{3}反洗井，压力6～3MPa，排量25m^3/h，井深2700.09m，出口油气后清水干净，停泵油套大量外溢，关井憋压30min平衡压力开井不出，观察30min油套不出。根据指令要求更换采油树1套、套管头1个，并抬高井口25cm，卸井口流程，卸四通及套管头（螺栓锈蚀、套管头紧，不好卸），装新套管头。19:20该井出现大量外溢，因套管头低于地面0.6m，所以在上套管头时速度慢，无法再用架子车装四通，抢座油管防喷阀门，由于压力过大，无法抢座防喷阀门后，后又多次组织施工人员抢座防喷阀门，无法抢装上，并组织施工人员放倒井架，防止井口喷出物打到游动滑车上，产生火花引起火灾爆炸。19:35井喷失控，19:35修井队向调度室（应急办公室）汇报井喷失控需抢险，同时组织现场施工人员待命。19:38调度室启动应急程序，成立现场应急指挥小组和现场应急抢险小组，消防车及应急车辆进入现场待命，清点施工人数并立即分工，21:30—2:30用清水150m^{3}正循环洗井，压力6～8MPa，排量20m^3/h，出口大量油气后清水返出，套管大量外溢，2:30—4:30用密度为1.60g/cm^{3}修井液40m^3，用700型水泥车正循环洗井，压力8～5MPa，排量36m^3/h，出口大量清水，修井液未返出井漏，停泵油套不溢，平垫井场，立校架子，对接套管法兰，更换四通，坐采油树，抬高井口30cm，校补心高2.64m，完善井口流程放架子。用700型水泥车清水90m^{3}反外排替泥，压力8～5MPa，排量36m^3/h，洗出大量修井液后清水返出入罐，焊套管头。7月24日7:25解除应急状态，修井应急行动结束。

2. 原因分析

(1)措施由甲方现场变更后，我方针对变更后的指令对施工方案未进行及时的修正及评价。

(2)施工过程中未及时的观察井口液面的变化状况，以便及时补充液面（该井井漏）。

(3)施工作业时间较长与观察时间存在着较大的差距。

(4)施工中配合车辆及洗井管汇未及时跟进，防喷工作不到位。

3. 防范措施

(1)措施由甲方现场变更后，我方针对变更后的指令施工方案进行及时的修正，及评价。

(2)在同类型井施工过程中及时的观察井口液面的变化状况，以便及时补充液面特别是漏失井。

(3)根据井况确定施工作业时间缩短与观察时间之间的差距。

(4)施工中配合车辆及洗井管汇及时跟进，切实做好防喷工作。

(5)在应急现场应确定及时确定总指挥，其他人如有建议应与总指挥商议，确定指挥方案，应急现场总指挥为应急现场负责人，根据应急现场尽心分工，明确不同岗位负责人，便于统一指挥和协调。

(6)在应急库库存一定量的管汇及专用工具，达到应急要求。加强设备管理，对每台车进行设施完整性检查，不留死角，发现问题及时整改，达到应急要求。

(7)加强应急演练，熟练掌握应急程序，在启动主要应急程序的同时启动相关的应急程序，使应急程序启动满足应急需要。

七、提油管井喷事故

1. 基本情况

该井在提油管过程中发生井喷。

完钻井深594m；人工井底为589m；目前地层压力为4.8MPa；井内管柱结构为ϕ62mm平式油管+ϕ90mm喇叭口于559.04m；曾被邻井气窜干扰。

4月2日开始(第八轮)注汽(注汽压力9MPa)，日注汽量为163t，累计注汽量为1802t，4月12日焖井，4月13日焖开。

2. 事故发生经过

4月14日修井队搬家到位，开工验收合格后开始施工。

现场油压为0.1MPa，套压为0.4MPa。11:15使用密度为1.0g/cm^{3}脱油热水30m^{3}反循环压井(泵压变化:0MPa→2MPa)，13:00压井结束，关井扩压30min，13:30打开油套管生产阀门，油套管无外溢。

14:00拆井口，安装SFZ16—21半封防喷器。对防喷器试压2MPa(地层吸收压力)，无渗漏。开始提ϕ62mm平式油管施工，井口工观察井内液面没有下降。

15:07在提出54根油管(速度为10m/min)，井内只剩余油管3根时，井口出现外溢，现场人员立即进行软关井:开放喷阀，接旋塞，关防喷器(未关到位)，大约10s后井内的液体连同油管一起向上窜，窜出ϕ62mm油管3根×28.8m，窜出油管顶带旋塞，底带ϕ90mm喇叭口，井口操作人员见关井无望(井喷失控)，停机停电后全部人员撤离，设置路障。

15:08井内液体喷完，随后喷出大量的高温气体。现场安全监督对现场和井口周围进行监测，不含H_2S和可燃气体。

3. 事故处理经过

15:09现场值班干部按应急程序汇报公司调度室，启动二级应急预案。

16:00泵车、罐车、消防车到达现场，抢险组讨论后制定抢险方案。泵车连续向井口泵入清水降温，组织抢险人员抢坐井口；安全监督人员对现场和井口周围对H_2S和可燃气体进行实时监测。

18:40由四名员工组成的抢险小组进入现场，进行抢险作业。

19:20抢座井口成功，关井，井口得以控制。

4. 事故原因分析

(1)该井是注汽井，并与邻井连同，有气窜干扰，邻井未停注，形成井喷原动力；

(2)在提油管过程中，未及时向井内灌注修井液；

(3)SFZ16-21半封防喷器关闭不到位，无防顶装置，致使井内剩余油管飞出。

习　题

1. 简述油井维护作业检泵施工步骤。

2. 简述油井冲砂检泵施工步骤。

3. 综合所学知识,谈谈如何避免井下作业过程中的各种事故。

参考文献

[1] 王新纯.修井施工工艺技术[M].北京:石油工业出版社,2005.

[2] 崔凯华,苗崇良.井下作业设备[M].北京:石油工业出版社,2007.

[3] 何牛仔.井下作业工具及管柱的应用发展[M].东营:中国石油大学出版社,2010.

[4] 赵磊.简明井下工具使用手册[M].北京:石油工业出版社,2004.

[5] 宋治,冯耀荣,等.油井管与管柱技术及应用[M].北京:石油工业出版社,2007.

[6]《井下作业技术数据手册》编写组.井下作业技术数据手册[M].北京:石油工业出版社,2000.

[7] 李宗田,蒋海军,苏建政.油田采油生产管柱技术手册[M].北京:中国石化出版社,2009.

[8] 胡博仲.油水井大修工艺技术[M].北京:石油工业出版社,1998.

[9] 吴奇.井下作业工程师手册[M].北京:石油工业出版社,2002.

[10] GB/T 23505—2009　石油钻机和修井机[S].

[11] GB/T 22513—2008　石油天然气工业　钻井和采油设备　井口装置和采油树[S].

[12] 聂海光,王新河.油气田井下作业修井工程[M].北京:石油工业出版社,2002.

[13] 沈琛.井下作业工程监督(中石化油气勘探开发工程监督系列培训教材)[M].北京:石油工业出版社,2005.

[14] 步玉环,王德新.完井与井下作业[M].东营:中国石油大学出版社,2006.

[15] 张钧.海上采油工程手册(上册)[M].北京:石油工业出版社, 2001.

[16] 赵磊.简明井下工具使用手册[M].北京:石油工业出版社, 2004.

[17] 高德利.油气井管柱力学与工程[M].东营:中国石油大学出版社,2006.

[18] Lubinski W S,Althouse J L. Helical Bucking of Tubing Sealed in Packers[J]. Journal of Petroleum Technology, 1962,June: 655 -670.

[19] 高宝奎,高德利.高温高压井测试油管轴向力的计算方法及其应用[J].石油大学学报:自然科学版, 1987,11(1):1 -10.

[20] 罗惕乾,等.流体力学[M].北京:机械工业出版社,2007.

[21] Hasan A R,Kabir C S. Heat transfer during two-phase flow in wellbores; Part Ⅱ-Wellbore Fluid Temperatrue [J]. SPE22948, 1991:211 -216.

[22] 金忠臣,杨川东,张守良,等.采气工程[M].北京:石油工业出版社,2004..

[23] 戚斌,乔智国,叶翠莲,等.压力温度数值模拟在管柱变形计算中的应用[J].天然气技术,2009(3):57 -60.

[24] Takacs G,Guffey C G. Prediction of flowing bottom hole pressure in gas wells[J]. SPE19107,1989: 503 -512.

[25] 郑新权,陈中一.高温高压油气井试油技术文集[M].北京:石油工业出版社,1997.

[26] 戚斌,尤刚,熊昕东.高温高压气井完井技术[M].北京:中国石化出版社,2011.

[27] 罗荣禄.修井工艺[M].北京:石油工业出版社,1988.

[28] 崔德明.井下作业300例[M].北京:石油工业出版社,2002.

[29] 刘振军.井下作业施工经典案例[M].北京:石油工业出版社,2003.

[30] 王胜启.井下作业监督案例汇编[M].北京:石油工业出版社,2010.